U0339362

普通高等教育化学化工类应用型系列教材

化工安全与环保

主　编　张晓宇

副主编　胡华南　王慧娟

参　编　严　平　曹小华　李国朝

张新华　高恩丽　尹宁宁

北京理工大学出版社

BEIJING INSTITUTE OF TECHNOLOGY PRESS

内容简介

本教材系根据新形势下应用型本科院校教学的实际情况，在吸取相关企业、同行专家、教师意见的基础上编写而成。

本教材的主要内容有：绪论、危险化学品管理、风险管理、职业健康安全、安全检查、化工厂设计和操作安全、特种设备安全管理、消防安全管理、化工环保管理。

本教材可作为化学、化工、环境类本科学生的应用型教材，也可供相关本科学生、教师、科技人员教学或科研参考使用。

图书在版编目（CIP）数据

化工安全与环保／张晓宇主编. —北京：北京理工大学出版社，2020.9（2020.11重印）

ISBN 978-7-5682-9054-8

Ⅰ. ①化… Ⅱ. ①张… Ⅲ. ①化工安全-高等学校-教材 ②化学工业-环境保护-高等学校-教材 Ⅳ. ①TQ086 ②X78

中国版本图书馆CIP数据核字（2020）第176523号

出版发行／北京理工大学出版社有限责任公司
社　　址／北京市海淀区中关村南大街5号
邮　　编／100081
电　　话／(010) 68914775（总编室）
　　　　　(010) 82562903（教材售后服务热线）
　　　　　(010) 68948351（其他图书服务热线）
网　　址／http://www.bitpress.com.cn
经　　销／全国各地新华书店
印　　刷／三河市天利华印刷装订有限公司
开　　本／787毫米×1092毫米　1/16
印　　张／13
彩　　插／3
字　　数／288千字
版　　次／2020年9月第1版　2020年11月第2次印刷
定　　价／38.00元

责任编辑／江　立
文案编辑／赵　轩
责任校对／刘亚男
责任印制／李志强

前言

近年来国家实施安全发展战略，广大企业对于高素质化工安全人才求贤若渴。培养既懂化工技术，又懂化工安全及环境保护的复合型人才迫在眉睫。本教材就是根据新形势下应用型本科院校教学的实际情况，在吸取相关企业、同行专家、教师意见的基础上编写而成的。

本教材主要包括绪论、危险化学品管理、风险管理、职业健康安全、安全检查、化工厂设计和操作安全、特种设备安全管理、消防安全管理、化工环保管理等内容。

本教材第一个特点是：将危险化学品管理、职业健康安全和化工环保管理三方面的教学内容融为一体。许多化工原料、产品属于危险化学品，既是导致安全事故的危险源，又是危害职工健康的危险品，还是污染环境的污染源。从源头抓起，将危险化学品管理、职业健康安全和化工环保管理三方面进行融合教育，对提高学生的化工安全技术、化工安全意识以及环保意识会有很大的帮助。

本教材第二个特点是：参考了大量化工企业的安全培训教材及手册。编者所在学院有较多合作的化工企业，每年都有大量化工专业的学生参与合作企业的实习实训，积累了许多不同化工企业的安全教育方面的资料，使本教材实现理论和实践相结合，学生能够更有针对性地理解不同化工企业对安全生产要求的相同点和不同点，为将来从事化工安全生产方面的工作打下坚实的基础。

本教材由九江学院化学与环境工程学院张晓宇担任主编，胡华南、王慧娟担任副主编。第一章由张晓宇、曹小华编写，第二章由尹宁宁编写，第三章由胡华南编写，第四章由高恩丽编写，第五章由严平编写，第六章由李国朝编写，第七章由张新华编写，第八、九章由王慧娟编写。张晓宇负责全稿统筹工作。

本教材可作为化学、化工、环境类本科学生的应用型教材，也可供相关本科学生、教师、科技人员教学或科研参考使用。

本教材在编写过程中，得到了九江学院化学与环境工程学院师生的大力支持和帮助，特别是严平院长和曹小华副院长的悉心指导；还有北京理工大学出版社王志豪编辑的悉心帮助，本教材所引参考文献的全体作者对本教材成书亦有帮助，一并表示感谢！

由于编者水平有限，教材中不足之处在所难免，恳请读者批评指正。主编电子邮箱：460429069@ QQ. com。

编　者

2020. 3

目 录

第一章 绪论

第一节 化学工业概述

当今世界，人们日常生活中的衣、食、住、行、医已经离不开化学工业产品，化学工业已经渗透到国民经济各个领域，成为国民经济的支柱产业之一，并得到迅速发展。但必须指出，化学工业生产过程具有潜在不安全因素较多、危险性和危害性较大的特点。因此，对从事化学工业工作的人员来说，必须认真贯彻执行“安全第一，预防为主”的方针政策，必须重视环境保护的方针政策，通晓并贯彻安全环保技术与管理制度，确保安全生产，保护环境，促进化学工业持续发展，为创建和谐社会而努力。

一、化学工业的发展概况

化学工业，又称化学加工工业，泛指生产过程中化学方法占主要地位的过程工业。化学工业的特征是主要采用化学方法将原料转化为产品。

现代化学工业始于18世纪的法国，后传入英国。19世纪，以煤为原料的有机化学工业在德国得到迅速发展。19世纪末20世纪初，石油的开采和炼制为化学工程技术的产生奠定了基础。20世纪60年代初，高效催化剂的发明、新型材料的出现、大型离心压缩机的成功研制，推动了化工装置大型化的进程。20世纪70年代后，现代化工技术渗透到化肥、农药、合成纤维、塑料和合成橡胶、合成医药等各个领域。

中国的化学工业基础在1949年以前非常薄弱，只在上海、南京、天津、青岛、大连等沿海城市有少量的化工厂和一些手工作坊，只能生产为数不多的硫酸、纯碱(Na_2CO_3)、化肥、橡胶制品和医药制剂，基本没有有机化学工业。中华人民共和国成立以后，化学工业发展很快，已经逐步发展成为一个拥有化学矿山、化学肥料、基本化学原料、无机盐、有机原料、合成材料、农药、染料、涂料、医药、感光材料、国防化工、橡胶制品、助剂、试剂、催化剂、化工机械和化工建筑安装等23个行业的化学工业生产部门。如今我国的化工产品品种超过40 000种，其中硫酸、合成氨、农药、电石(CaC_2)、稀土、磷矿石和磷肥、烧碱($NaOH$)和纯碱的产量在世界上名列前茅。

随着计算机的普及应用，现代化学工业开发过程可以概括为：

(1) 利用现有的情报资料、技术数据、同类过程的成熟经验、小试或模试的实验结果和化学化工知识，把化学工业过程抽象为理论模型；

(2)进行工业装置的概念设计，并将概念设计相似缩小为中试装置；

(3)反复比较计算机的数学模拟结果和中试结果，不断修正数学模型，使其达到一定精度，用于放大设计。

目前化学工业开发的趋势是：不一定进行全流程的中间试验，对一些非关键设备和很有把握的过程不必试验，有些试验则可以用计算机在线模拟和控制来代替。随着催化、分子设计、激光和化学仿生学等重大技术的突破，化学工业也将进入一个崭新的时代。

二、化学工业的分类

化学工业的内部分类比较复杂，一般可以分为无机化学工业和有机化学工业两大类。

无机化学工业分为：基本无机化学工业(包括无机酸、碱、盐、化学肥料工业)；精细无机化学工业(包括稀有元素、无机试剂、药品、催化剂、电子材料、磁性材料、光学记录材料)；金属元素无机化合物化学工业，如矿物颜料工业；电化学工业(包括氯碱工业，金属钠、镁、铝的生产)；电热工业(如电石、黄磷(P_4)的生产)；硅酸盐工业(如水泥、玻璃、陶瓷和耐火材料的生产)和冶金工业(如钢铁、有色金属和稀有金属冶炼)。

有机化学工业分为：基本有机化学工业(以甲烷、一氧化碳、氢、乙烯、丙烯、丁二烯及芳烃为基础原料，合成醇、醛、酸、酮、酯等基本有机合成原料)；精细有机合成工业(包括染料、农药、医药、香料、试剂、纺织及印染助剂、塑料及橡胶添加剂)；高分子化学工业(包括合成树脂与塑料工业、橡胶工业、化学纤维工业、涂料工业)；农产品化学加工工业(农作物及其秸秆中的淀粉、油脂、纤维素和半纤维素的化学加工)；燃料化学加工工业(煤炭化工，木材化学加工，石油、天然气、油母页岩加工工业)；食品化学工业(糖、淀粉、蛋白质、油脂、酒类)；纤维素化学工业(造纸、人造纤维)。石油化工的迅猛发展极大地促进了整个化学工业的发展，改变了化学工业的面貌。据统计，现在90%以上的有机化学产品来自石油化工。

随着化学工业的发展，跨类的部门层出不穷，人们的衣食住行、社会各行各业都离不开化学工业。化学工业在国民经济中的地位日益重要，发展化学工业对于发展经济、巩固国防和改善民生都有重要意义。我国化学工业在安全生产和环境保护等方面也面临严峻的形势。化学工业(以下简称化工)要实现可持续发展，必须以人为本、科学发展，高度重视安全生产、职业健康和环境保护问题。

三、化工生产的特点

化学工业不仅是能源消耗大、废弃物多的产业，也是技术创新快、发展潜力大的产业。归纳起来，化工生产有以下特点。

(1)化工生产使用的原料、半成品和成品种类繁多，绝大部分是易燃、易爆、有毒害、有腐蚀性的危险化学品。例如：液氯、氢气、一氧化碳等都是易燃易爆物质，这些原材料、燃料、中间产品和成品的储存和运输都有着特殊的要求。

(2) 化工生产工艺条件苛刻。有些化学反应在高温、高压下进行；有些反应则要在低温、高真空度下进行。例如：电石、硫酸、化肥合成等都是在高温下生产。由轻柴油裂解制乙烯进而生产聚乙烯的生产过程中，轻柴油在裂解炉中的裂解温度为800 ℃；裂解气要在深冷(-96 ℃)条件下进行分离；纯度为99.99%的乙烯气体要在294 kPa的压力下聚合，制取聚乙烯树脂。

(3)生产规模大型化。近几十年来，化工生产采用大型生产装置是国际上的明显发展趋势。以化肥为例，20世纪中：50年代合成氨的最大规模为60 000 t/a，60年代初为120 000 t/a，70年代发展为540 000 t/a；乙烯装置的生产能力也从50年代的100 000 t/a，发展到70年代的600 000 t/a。采用大型装置可以显著降低单位产品的建设投资和生产成本，提高劳动生产能力，降低能耗。因此，世界各国都积极发展大型化工生产装置，但大型化也会带来重大的潜在危险。

(4) 生产方式高度自动化与连续化。化工生产已经从过去落后的手工操作、间断生产转变为高度自动化、连续化生产；生产设备由敞开式变为密闭式；生产装置从室内走向露天；生产操作由分散控制变为集中控制，同时也由人工手动操作变为仪表自动操作，进而又发展为计算机控制操作。连续化与自动生产是大型化的必然结果，但控制设备也有一定的故障率。据美国石油保险协会统计，控制系统发生故障而造成的炼油厂火灾爆炸事故占同类事故总量的6.1%。

四、化学工业危险因素

化学工业危险因素分为以下几类。

(一)工厂选址

(1)易遭受地震、洪水、暴风雨等自然灾害；

(2)水源不充足；

(3)缺少公共消防设施；

(4)有高湿度、温度变化显著等气候问题；

(5)受邻近危险性大的工业装置影响；

(6)邻近公路、铁路、机场等运输设施；

(7)在紧急状态下难以把人和车辆疏散至安全地带。

(二)工厂布局

(1)工艺设备和储存设备过于密集；

(2)有显著危险性和无危险性的工艺装置间的安全距离不够；

(3)昂贵设备过于集中；

(4)对不能替换的装置没有有效的防护；

(5)锅炉、加热器等火源与可燃物工艺装置之间距离太小；

(6)有地形障碍。

(三)结构

(1)支撑物、门、墙等不是防火结构；

(2)电气设备无防护措施；

(3)防爆、通风、换气能力不足；

(4)控制和管理的指示装置无防护措施；

(5)装置基础薄弱。

(四)对加工物质的危险性认识不足

(1)原料在装置中混合，在催化剂作用下自然分解；

(2)对处理的气体、粉尘等在工艺条件下的爆炸范围不明确；

(3)没有充分掌握因误操作、控制不良而使工艺过程处于不正常状态时的物料和产品的详细情况。

(五)化工工艺

(1)没有足够的有关化学反应的动力学数据；

(2)对有危险的副反应认识不足；

(3)没有根据热力学研究确定爆炸能量；

(4)对工艺异常情况检测不够。

(六)物料输送

(1)操作各种单元时对物料流动不能进行良好控制；

(2)产品的标志不完全；

(3)送风装置内的粉尘爆炸；

(4)废气、废水和废渣的处理；

(5)装置内的装卸设施。

(七)误操作

(1)忽略关于运转和维修的操作教育；

(2)没有充分发挥管理人员的监督作用；

(3)开车、停车计划不适当；

(4)缺乏紧急停车的操作训练；

(5)没有建立操作人员和安全人员之间的协作体制。

(八)设备缺陷

(1)因选材不当而引起装置腐蚀、损坏；

(2)设备不完善，如缺少可靠的控制仪表等；

(3)材料疲劳失效；

(4)对金属材料没有进行充分的无损探伤检查或没有经过专家验收；

(5)结构上有缺陷，如不能停车而无法定期检查或进行预防维修；

(6)设备在超过设计极限的工艺条件下运行；

(7)对运转中存在的问题或不完善的防灾措施没有及时改进;
(8)没有连续记录温度、压力、开/停车情况及中间罐和受压罐内的压力变动。

(九)防灾计划不充分

(1)没有得到管理部门的大力支持;
(2)责任分工不明确;
(3)装置运行异常或故障仅由安全部门负责,只是单线起作用;
(4)没有预防事故的计划,或即使有也很差;
(5)遇有紧急情况未采取得力措施;
(6)没有实行由管理部门和生产部门共同进行的定期安全检查;
(7)没有对生产负责人和技术人员进行安全生产的继续教育和必要的防灾培训。

瑞士再保险公司统计了化学工业和石油工业的102起事故案例,分析了上述9类危险因素所占比例,统计结果如表1-1所示。

表1-1 化学工业和石油工业的危险因素

类 别	危 险 因 素	危险因素所占比例/%	
		化学工业	石油工业
1	工厂选址问题	3.5	7.0
2	工厂布局问题	2.0	12.0
3	结构问题	3.0	14.0
4	对加工物质的危险性认识不足	20.2	2.0
5	化工工艺问题	10.6	3.0
6	物料输送问题	4.4	4.0
7	误操作问题	17.2	10.0
8	设备缺陷问题	31.1	46.0
9	防灾计划不充分	8.0	2.0

第二节 化工安全事故的特点

一、化工安全事故的特点

化工安全事故的特点基本上是由所用原料特性、加工工艺方法和生产规模决定的。为了预防事故,必须了解这些特点。

(一)发生火灾、爆炸、中毒事故概率大且后果严重

统计资料表明,化工厂火灾爆炸事故的死亡人数占工亡总人数的13.8%,居第一位;

中毒窒息事故死亡人数占工亡总数的12%，居第二位；高空坠落和触电导致的死亡人数分别居第三和第四位。

化工生产使用的反应器、压力容器的爆炸及燃烧导致的传播速度超过音速的爆轰，都会造成破坏力极强的冲击波，冲击波超压达0.2 atm(1 atm=1.01×10^5 Pa)时会使砖木结构建筑物部分倒塌、墙壁崩裂。如果爆炸发生在室内，压力一般会增加7倍，任何坚固的建筑物都承受不了这样大的压力。

化工管道破裂或设备损坏，大量易燃气体或液体瞬间泄放，便会迅速蒸发形成蒸气云团，并且与空气混合达到爆炸下限，随风漂移。据估算，50 t易燃气体泄漏会造成直径700 m的云团，在其覆盖下的人将会被爆炸火球或扩散的火焰灼伤，其辐射强度将达到14 W/cm^2(人能承受的安全辐射强度仅为0.5 W/cm^2)，同时人还会因缺氧而窒息死亡。

据统计，因一氧化碳、硫化氢、氮气、氮氧化物、氨、苯、二氧化碳、光气($COCl_2$)、氯化钡、甲烷、氯乙烯、磷、苯酚、砷化物等16种物质造成中毒、窒息的死亡人数占中毒死亡总人数的87.9%。

一些比空气重的液化气体(如氨、氯等)在设备或管道破口处以15°~30°呈锥形扩散，扩散宽度在100 m左右时，人还容易察觉并迅速逃离，但当毒气影响宽度达到1 km或更大时，在距离较远而毒气浓度尚未稀释到安全值时，人很难逃离，会导致人群大范围中毒。

(二)触发事故的因素多

(1)化工生产中有许多副反应发生，有些副反应的机理尚不完全清楚，有些副反应则是在危险临界点(如爆炸极限)附近进行生产，工艺条件稍一波动就会发生严重事故。

(2)化工生产工艺中影响各种参数的干扰因素多，设定的工艺参数很容易发生偏移。在自动控制过程中也会产生失调或失控现象，人工调节更易发生事故。

(3)由于人的素质或人机工程设计欠佳，往往会造成误操作。

(三)设备材质和加工缺陷及腐蚀等原因触发事故

化工工艺设备一般都是在严酷的生产条件下运行。腐蚀介质的作用，振动、压力波动造成的疲劳，高、低温环境都会对材质性质产生影响。设备材质受到制造时的残余应力和运转时拉伸应力的作用，在腐蚀的环境中就会产生裂纹并发展长大，在特定条件下(如压力波动、严寒天气)就会引起脆性破裂，造成灾难性事故。

设备制造时除了选择正确的材料外，还要求正确的加工方法。如焊缝不良或未经过适当的热处理会使焊区附近材料性能劣化，易产生裂纹使设备破损。

(四)事故的集中与多发

化工装置中的许多关键设备(特别是高负荷的塔槽、压力容器、反应釜、经常开/闭的阀门等)运转到一定时间后，常会出现多发故障或集中发生故障的情况，这是因为设备进入寿命周期的故障频发阶段。对待事故多发频发期，必须采取预防措施，加强设备检测和监护措施，及时更换到期设备。

[**案例1-1**]墨西哥国家石油公司液化石油气储运站爆炸事故。1984年11月19日，位

于墨西哥市郊外的墨西哥国家石油公司液化石油气储运站发生爆炸、事故。事故原因是一条连接储罐的管线因腐蚀而龟裂，液化石油气大量泄漏并形成蒸气云滞留在场内，引起空间爆炸。4 个球形储罐、44 个卧式储罐中约有 10 000 t 液化石油气先后发生燃烧、爆炸，火球直径达 360 m，波及范围约 1 200 m，造成约 650 人死亡，6 000 人受伤。

[**案例 1-2**]2010 年南京“7·28”大爆炸事故。2010 年 7 月 28 日，位于南京市栖霞区迈皋桥街道的南京塑料四厂地块拆除工地发生地下丙烯管道泄漏爆燃事故，共造成 22 人死亡，120 人住院治疗，爆燃点周边部分建(构)筑物受损，直接经济损失 4 784 万元。事故主要原因是施工安全管理缺失，施工队伍盲目施工，挖穿地下丙烯管道，造成管道内存有的液态丙烯泄漏。泄漏的丙烯蒸发扩散后，遇到明火引发大范围空间爆炸，同时引发大火。

二、化工安全技术的新进展

近几十年来，安全技术领域广泛应用了各个技术领域的科学技术成果，在防火、防爆、防中毒、防止机械装置破损、预防工伤事故和环境污染等方面都取得了较大发展，安全技术已发展成为一个独立的科学技术体系。人们对安全的认识不断深化，实现安全生产的方法和手段日趋完善。

(一)设备故障诊断技术和安全评价技术迅速发展

随着化学工业的发展，高压技术的应用越来越普遍，因此，对压力容器的安全监测变得极为重要。无损探伤技术得到迅速发展，声发射技术和红外热像技术在探测容器裂纹方面，断裂力学在评价压力容器寿命方面都得到了重要应用。

危险性具有潜在的性质，在一定条件下可以发展成事故，反之人们也可以采取措施抑制其发展，所以危险性辨识成为重要课题。目前国内外积极推行的安全评价技术，就是在危险性辨识的基础上对危险性进行定性和定量评价，并根据评价结果采取优化的安全措施。

(二)监测危险状况、消除危险因素的新技术不断出现

危险状况测试、监视和报警的新仪器不断投入应用。不少国家广泛采用了烟雾报警器、火焰监视器。感光报警器、可燃性气体检测报警仪、有毒气体浓度测定仪、噪声测定仪、电荷密度测定仪和嗅敏仪等仪器也相继投入使用。

人们对消除危险因素的新技术、新材料和新装置的研究不断深入。橡胶和纺织行业已有效地采用了放射性同位素静电中和剂，在烃类燃料和聚合物溶液中，抗静电添加剂已投入使用。压力、温度、流速、液位等工艺参数自动控制与超限保护装置被许多化工企业所采用。

(三)救人灭火技术有了很大提高

许多国家在研制高效能灭火剂、灭火机和自动灭火系统等方面取得了很大进展。如美国研制成功的新型灭火抢救设备——空中飞行悬挂机动系统，具有救人、灭火等多种功能。法国研制的含有玻璃纤维的弹性软管，能耐 800 ℃的高温，当人在软管中迅速滑落

时，不会灼伤手，也不会擦伤脸部的皮肤。

(四)预防职业危害的安全技术有了很大进步

防尘、防毒、通风采暖、照明采光、噪声治理、振动消除、高频和射频辐射防护、放射性防护、现场急救等方面的技术都取得了很大进展。

(五)化工生产和化学品储运工艺

安全技术、设施和器具等的操作规程及岗位操作规定，以及化工设备设计、制造和安装的安全技术规范不断趋于完善，相应的管理水平也有了很大提高。

第三节　化工安全教育的目的及主要形式

一、化工安全教育的目的

化工安全教育就是在化工行业实施以化工安全生产为目的，以化工行业的客观规律和化工企业的特殊规章制度保障人员、财物和环境有效安全运行的教育活动。

化工安全教育是以安全第一为理念，以不同形式强化安全意识、安全措施和达到安全生产的一种方法，其目的是提高职工安全意识和安全素质，提升职工的安全操作技能和安全管理水平，最大程度减少人身伤害事故的发生。

《中华人民共和国安全生产法》(2020年修订版)第二十四条规定：生产经营单位的主要负责人和安全生产管理人员必须具备与本单位所从事的生产经营活动相应的安全生产知识和管理能力。危险物品的生产、经营、储存单位以及矿山、金属冶炼、建筑施工、道路运输单位的主要负责人和安全生产管理人员，应当由主管的负有安全生产监督管理职责的部门对其安全生产知识和管理能力考核合格。考核不得收费。危险物品的生产、储存单位以及矿山、金属冶炼单位应当有注册安全工程师从事安全生产管理工作。鼓励其他生产经营单位聘用注册安全工程师从事安全生产管理工作。注册安全工程师按专业分类管理，具体办法由国务院人力资源和社会保障部门、国务院安全生产监督管理部门会同国务院有关部门制定。

第二十五条规定：生产经营单位应当对从业人员进行安全生产教育和培训，保证从业人员具备必要的安全生产知识，熟悉有关的安全生产规章制度和安全操作规程，掌握本岗位的安全操作技能，了解事故应急处理措施，知悉自身在安全生产方面的权利和义务。未经安全生产教育和培训合格的从业人员，不得上岗作业。生产经营单位使用被派遣劳动者的，应当将被派遣劳动者纳入本单位从业人员统一管理，对被派遣劳动者进行岗位安全操作规程和安全操作技能的教育和培训。劳务派遣单位应当对被派遣劳动者进行必要的安全生产教育和培训。生产经营单位接收中等职业学校、高等学校学生实习的，应当对实习学生进行相应的安全生产教育和培训，提供必要的劳动防护用品。学校应当协助生产经营单位对实习学生进行安全生产教育和培训。生产经营单位应当建立安全生产教育和培训档案，如实记录安全生产教育和培训的时间、内容、参加人员以及考核结果等情况。

第二十六条规定：生产经营单位采用新工艺、新技术、新材料或者使用新设备，必须了解、掌握其安全技术特性，采取有效的安全防护措施，并对从业人员进行专门的安全生产教育和培训。

第二十七条规定：生产经营单位的特种作业人员必须按照国家有关规定经专门的安全作业培训，取得相应资格，方可上岗作业。特种作业人员的范围由国务院安全生产监督管理部门会同国务院有关部门确定。

企业安全教育是安全管理的一项重要工作，它真正体现了“以人为本”的安全管理思想，是搞好企业安全管理的有效途径。

发生伤亡事故的原因不外乎人的不安全行为和物的不安全状态两种。根据我国历年职工伤亡事故分析，由于人的不安全行为所导致的事故造成的死亡人数占事故死亡总人数的70%以上，可见控制人的不安全行为是减少安全事故最有效的一种方法。因此，安全教育对减少伤亡事故来说，是最直接、最有效的措施。通过安全教育，可以使广大劳动者正确地按客观规律办事，严格执行安全操作规程，加强对设备的维护检修，认识和掌握不安全、不卫生因素和伤亡事故规律，并正确运用科学技术知识加以治理和预防，及时发现和消除隐患，把事故消灭在萌芽状态，保证安全生产。

二、化工安全教育的主要形式

化工安全教育主要有以下 4 种形式。

(一)企业教育

“三级”安全教育是我国化工企业安全培训教育的主要形式，即厂级、车间级、工段或班组级 3 个层次。

厂级教育通常是对新入厂的职工、实习和培训人员、外来人员等在没有分配或进入现场之前，由企业安全管理部门组织进行的初步安全生产教育。教育内容包括：本企业安全生产形势和一般情况，安全生产有关文件和安全生产的重要意义；本企业的生产特点、危险因素、特殊危险区域及内部交通情况；本企业主要规章制度；本企业有关安全生产重大事故介绍；一般安全技术知识。

车间级教育是新职工、实习和培训人员接受厂级安全教育并进入车间后，由车间安全员(或车间领导)进行的安全教育。教育内容包括：车间概况及其在整个企业中的地位；本车间的劳动规则和注意事项；本车间的危险因素、危险区域和危险作业情况；本车间的安全生产情况和问题；本车间的安全管理组织介绍。

工段或班组级教育是新职工、实习和培训人员进入固定工作岗位开始工作之前，由班组安全员(或工段长、班组长)进行的安全教育。内容包括：本工段、本班组安全生产概况、工作形势及职责范围；岗位工作性质、岗位安全操作法和安全注意事项；设备安全操作及安全装置，防护设施使用方法；工作环境卫生事故；危险地点；个人劳保和防护用品的使用与保管常识。

(二)特殊工种的专门教育

对从事特殊工种的人员(如电气、起重、锅炉与压力容器、电焊、爆破、气焊、车辆驾驶、危险物质管理及运输等)，必须进行专门的教育和培训，并经过严格的考试，成绩合格经有关部门批准后，才能允许正式上岗操作。

(三)学校教育

学校教育是安全培训教育走向社会化的教育形式。各类学校，尤其是化工类高等院校、职业技术学校，开设有安全技术与劳动保护的课程。开展安全教育，不仅提高了学生的安全意识和预防、处理安全事故的能力，也为学生今后从事化工生产工作打下了良好的基础。同时，这种教育形式也是培养和造就安全技术专门人才的主要途径。

(四)社会教育

社会教育是指运用报纸、杂志、广播、电视、电影、互联网等多种媒体进行安全教育的形式，使安全生产的思想深入人心，人人关心安全生产。社会教育的最大优点是能同时对众多的人进行广泛的安全教育，是普及安全法规和安全技术知识的最好形式。

第二章 危险化学品管理

随着现代科学技术和工业的迅猛发展，化学品的种类和数量越来越多，其中80%以上属于危险化学品。危险化学品通常是化工企业火灾、爆炸、中毒等事故的根源，也会影响职工的身体健康甚至导致职业病，还可能会造成环境污染问题。为了有效预防、避免和应对事故的发生，必须了解各类危险化学品的危险性，有效控制危险化学品生产、使用、运输、储存及废弃等环节，预防可能导致的后果。本章主要介绍危险化学品的基本安全管理知识。

第一节 化学物质的危险性

在众多的化学品中，存在着一类特殊的化学品，其具有易燃、易爆、有毒、有害和腐蚀性等特点。这类化学品在现代社会的生产发展、环境改变和人民生活改善过程中发挥着不可替代的积极作用，但同时因其危险性，容易引发人员伤亡、环境污染及物质财产损失等事故。因此，对化学品的全面了解和认识就显得尤为重要。本节从物理化学、生物及环境健康3方面介绍化学物质的危险性。

一、物理化学危险性

物理化学危险性即理化危险，包括爆炸性危险、易燃性危险和氧化性危险，具有这3种危险性的物质包含了气体、液体和固体。

(一)爆炸性危险

爆炸物、易燃气体、易燃液体和遇湿易燃物品等都有爆炸性危险。爆炸是爆炸物的主要危险，多数爆炸物对于热、火花、撞击、摩擦和冲击波等敏感，敏感度越高，爆炸的危险性越大。爆炸物爆炸时一般不需要外界供氧，因为有的爆炸品本身已经含有氧化剂(如黑火药带有硝酸钾)，有的爆炸品爆炸时会分解并发生自身氧化还原反应。易燃气体与空气混合能形成爆炸性混合气体，容易发生爆炸，如氢气、一氧化碳、甲烷、氨气等。不少易燃液体常温下容易挥发，其蒸气与空气混合形成爆炸性混合气体，容易发生爆炸。对遇湿易燃物品可采取隔离保存方式，如将钠储存于煤油中。

（二）易燃性危险

易燃性危险分为极度易燃性、高度易燃性和易燃性危险 3 个类别。极度易燃性是指闪点低于 0 ℃、沸点低于 35 ℃的物质的特征，如乙醚、液化石油气等多数易燃气体具有极度易燃性。高度易燃性是指无须能量、与常温空气接触就能变热起火的物质的特征。易燃性危险是闪点在 21 ~55 ℃的液体的特征，包括了多数有机溶剂和石油馏分。

（三）氧化性危险

氧化性危险是指与其他物质能发生剧烈氧化的强放热反应，甚至燃烧、爆炸的物质的特征，如氧气、压缩空气等氧化性气体比空气更能导致或促进其他物质燃烧，使火灾扩大化。氧化剂和有机过氧化物易分解并释放出氧和热量，此类物质有的自身还可燃烧、爆炸。

二、生物危险性

生物危险性包括毒性、窒息性、腐蚀性、刺激性、致癌性和致变性危险。

（一）毒性和窒息性危险

毒物短时间内一次性大量进入人体后，可引起急性中毒；少量毒物长期进入人体所引起的中毒称为慢性中毒。

（二）腐蚀性和刺激性危险

腐蚀性物质可能严重损害细胞组织，如导致皮肤腐蚀或严重眼损伤。刺激性危险是指化学物质与皮肤、黏膜直接接触引起炎症的性质，如呼吸道或皮肤过敏。

（三）致癌性危险

目前能确认的致癌物质有 26 种，还有 22 种物质经动物试验确认能诱发癌症。目前，人们对于癌变的机理还不清楚，动物试验结果与人体数据如何换算的问题也没有解决，但有一点可以确定：物质的致癌性危险有一个浓度水平，低于某浓度时物质不再显示致癌作用。

（四）致变性危险

致变性又称变异性，是指某些化学物质能诱发生物活性。受其影响的如果是人或动物的生殖细胞，受害个体的正常功能会有不同程度的变化并可传至后代；如果是躯体细胞则会诱发癌变，但不遗传。

三、环境污染危险性

化学物质造成的环境污染主要是水体、空气和土壤污染，指某些化学物质在水、空气或土壤中的浓度超过正常值，危害人和动物的健康和植物的生长。环境对于多数危险化学物质有一定的降解作用，如果降解作用不足以把危险物质的浓度降至一定浓度以下，将对人、动物或植物有生物危险性。对于环境不能降解的危险物质（如某些核反应废物），必须采取特殊措施处理。

要特别注意的是，许多危险化学品具有多重危险性。例如：浓硫酸、发烟硫酸、硝酸同时具有腐蚀性和强氧化性危险，与可燃物接触时有发生燃烧的可能；有的腐蚀品，如五氯化磷、三溴化硼、氯磺酸、无水溴化铝等有遇湿分解易燃性；硫化氢既是有毒气体，又是易燃气体，还污染环境。

第二节　危险化学品的概念及分类

一、危险化学品的概念

化学品是指各种天然的或人造的化学元素、由元素组成的化合物和混合物。化学品遍布于人类的生活和生产中。据统计，目前全世界已有的化学品多达 700 万种，其中作为商品上市的有 10 万多种，经常使用的有 7 万多种，且每年新出现的化学品可达 1 000 多种。

一般而言，具有易燃、易爆、毒害及腐蚀特性，在生产、储存、运输、使用和废弃物处置等过程中容易造成人身伤亡、财产毁损、环境污染的化学品属危险化学品。危险化学品的称呼在不同的场所会有所不同：如在生产、经营、使用场所统称化工产品；在运输过程中称为危险货物；在储存环节则一般称为危险物品或危险品。

危险化学品的判断依据是相应的分类标准。目前，国际通用的危险化学品标准有《联合国危险货物运输建议书》和对危险化学品鉴别分类的国际协调系统(GHS)。我国目前有也有两个分类标准：《化学品分类和危险性公示 通则》(GB 13690—2009)和《危险货物分类和品名编号》(GB 6944—2012)。具有实际操作意义的定义是："国家安全生产监督管理总局①公布的《危险化学品名录》中的化学品是危险化学品"。除了已公认不是危险化学品的物质(如纯净食品、水、食盐等)之外，未在名录中列为危险化学品的一般应经实验加以鉴别认定。

此外，危险化学品还可对照《危险货物品名表》《危险化学品名录》《剧毒化学品名录》来判断。判断时物品名称必须是完整的，如氧气[压缩的]、空气[液化的]，因为氧气、空气如果不是压缩的或者液化的，则不成为危险物品。对于未列入分类名录中的化学品，如果确实具有危险性，则应根据危险化学品的分类标准进行技术鉴定，最后由公安、环境保护、卫生、质检等部门加以确定。

二、危险化学品的分类

危险化学品目前有数千种，其性质各不相同，每一种危险化学品往往具有多种危险性。例如，二硝基苯酚既有爆炸性、易燃性，又有毒害性；一氧化碳既有易燃性，又有毒害性。但是每一种危险化学品在其多种危险性中必有一种主要的对人类危害最大的危险性。在危险化学品分类时应遵循"择重归类"的原则，即根据该危险化学品的主要危险性来进行分类。

根据不同的分类方法，我国有很多种危险化学品的分类标准，本节介绍我国最常见的

---

① 2018 年 3 月，组建应急管理部，不再保留国家安全生产监督管理总局。

两个危险化学品分类国家标准：《危险货物分类和品名编号》（GB 6944—2012）和《化学品分类和危险性公示 通则》（GB 13690—2009）。

（一）危险货物分类和品名编号（GB 6944—2012）

国家质量技术监督局（现国家市场监督管理总局）于2012年发布国家标准《危险货物分类和品名编号》（GB 6944—2012）和《危险货物品名表》（GB 12268—2012），根据运输的危险性将危险货物分为9类，并规定了危险货物的品名和编号。GB 6944—2012规定了危险货物的分类、危险货物危险性的先后顺序和危险货物编号，适用于危险货物运输、储存、经销及相关活动。下面将GB 6944—2012中对危险货物的分类情况进行介绍，每个类别进行相关的注释和举例说明。

GB 6944—2012按危险货物具有的危险性或最主要的危险性将其分为9个类别，各类别再分成项别。需要注意的是，类别和项别的号码顺序并不代表危险程度的顺序。

1. 第1类 爆炸品

爆炸品包括：爆炸性物质；爆炸性物品；能产生爆炸或烟火实际效果，但前两项未提及的物质或物品。

爆炸品分为以下6项，如表2-1所示。

表2-1 爆炸品

分项	举例
有整体爆炸危险的物质和物品	起爆药（硝基重氮酚、叠氮铅、斯蒂芬酸铅等），猛炸药（梯恩梯、黑索金、泰安等）及其他炸药等
有迸射危险，但无整体爆炸危险的物质和物品	带有炸药或抛射药的火箭、火箭弹头，装有炸药的炸弹、弹丸、穿甲弹，非水活化的带有或不带有爆炸管、抛射药或发射药的照明弹、燃烧弹、烟幕弹、催泪弹、毒气弹等
有燃烧危险并有局部爆炸危险或局部迸射危险或这两种危险都有，但无整体爆炸危险的物质和物品	如速燃导火索、点火管、点火引信，二硝基苯、苦氨酸、苦氨酸锆、含乙醇>25%或增塑剂>18%的硝化纤维素、油井药包、礼花弹等
不呈现重大危险的物质和物品	导火索、手持信号器、电缆爆炸切割器、爆炸性铁路轨道信号器、火炬信号、烟花爆竹等
有整体爆炸危险的非常不敏感物质	B型爆破用炸药、E型爆破用炸药（乳胶炸药、浆状炸药和水凝胶炸药）、铵油炸药、铵松蜡炸药等
无整体爆炸危险的极端不敏感物品	指极端不敏感起爆物质，并且其意外引发爆炸或传播的概率可忽略不计的物品；爆炸危险性仅限于单个物品爆炸的物品

2. 第2类 气体

气体包括：在50 ℃时，蒸气压力大于300 kPa的物质；在20 ℃、101.3 kPa压力下完全是气态的物质。气体有压缩气体、液化气体、溶解气体和冷冻液化气体、一种或多种气体与一种或多种其他类别物质的蒸气的混合物、充有气体的物品和烟雾剂。

气体分为以下 3 项，如表 2-2 所示。

表 2-2 气体

分 项	举 例
易燃气体	压缩或液化的氢气、乙炔气、一氧化碳、甲烷等碳五以下的烷烃、烯烃、无水的一甲胺、二甲胺、三甲胺、环丙烷、环丁烷、环氧乙烷、四氢化硅、液化石油气等
非易燃无毒气体	氧气、压缩空气、二氧化碳、氮气、氨气、氖气、氩气等
毒性气体	氟气、氯气等有毒氧化性气体，氨气、无水溴化氢、磷化氢、砷化氢、无水硒化氢、煤气、氯甲烷、溴甲烷、锗烷等有毒易燃气体

3. 第 3 类 易燃液体、液态退敏爆炸品

本类物质包括 2 项：第 1 项为易燃液体，第 2 项为液态退敏爆炸品。

易燃液体指在其闪点温度(其闭杯试验闪点不高于 60.5 ℃，或其开杯试验闪点不高于 65.6 ℃)时放出易燃蒸气的液体或液体混合物，或是在溶液或悬浮液中含有固体的液体。还包括：在温度等于或高于其闪点的条件下提交运输的液体；或以液态在高温条件下运输或提交运输，并在温度等于或低于最高运输温度下放出易燃蒸气的物质。

液态退敏爆炸品是指为抑制爆炸性物质的爆炸性能，将爆炸性物质溶解或悬浮在水中或其他液态物质中，而形成的均匀液态混合物。

4. 第 4 类 易燃固体、易于自燃的物质、遇水放出易燃气体的物质

本类物质分为以下 3 项。

(1) 易燃固体、自反应物质和固态退敏爆炸品，分别指容易燃烧或摩擦可能引燃或助燃的固体；可能发生强烈放热反应的自反应物质；不充分稀释可能发生爆炸的固态退敏爆炸品。红磷、硫磷化合物、含水>15% 的二硝基苯酚等充分含水的炸药，任何地方都可以擦燃的火柴，硫黄、镁片，钛、锰、铁等金属元素的粒、粉或片，硝化纤维的漆纸、漆片、漆布，生松香、安全火柴、棉花、亚麻、木棉等均属此项物品。

(2) 易于自燃的物质，包括发火物质和自热物质。发火物质指即使只有少量与空气接触，不到 5 min 时间便燃烧的物质。自热物质指发火物质以外的与空气接触便能自己发热的物质。黄磷、钙粉、干燥的金属元素(如铝粉、铅粉、钛粉)，油布、油绸及其制品，油纸、漆布及其制品，拷纱、棉籽、菜籽等，油棉纱、油麻丝等含油植物纤维及其制品，种子饼，未加抗氧剂的鱼粉等均属此项物品。

(3) 遇水放出易燃气体的物质，指与水相互作用易变成自燃物质或能放出危险数量的易燃气体的物质。锂、钠、钾等碱金属、碱土金属，镁、钙、铝等金属的氢化物(如氢化钙)、碳化物(电石)、硅化物(硅化钠)、磷化物(如磷化钙、磷化锌)，以及锂、钠、钾等金属的硼氢化物(如硼氢化钠)和镁粉、锌粉、保险粉等轻金属粉末均属此项物品。

5. 第 5 类 氧化性物质和有机过氧化物

本类物质分为以下 2 项。

（1）氧化性物质，指本身不一定可燃，但通常因放出氧或起氧化反应可能引起或促使其他物质燃烧的物质。

（2）有机过氧化物，指分子组成中含有过氧基的有机物质，该物质为热不稳定物质，可能发生放热的自加速分解。

6. 第6类 毒性物质和感染性物质

本类物质分为以下2项。

（1）毒性物质，指经吞食、吸入或皮肤接触后可能造成死亡或严重受伤或健康损害的物质。

毒性物质的毒性分为急性口服毒性、皮肤接触毒性和吸入毒性，分别用口服毒性半数致死量 LD_{50}、皮肤接触毒性半数致死量 LD_{50}、吸入毒性半数致死浓度 LC_{50} 衡量。

毒性物质包括经口摄取半数致死量固体 $LD_{50} \leqslant 200$ mg/kg、液体 $LD_{50} \leqslant 500$ mg/kg；经皮肤接触24 h，半数致死量 $LD_{50} \leqslant 1\ 000$ mg/kg；粉尘、烟雾吸入半数致死浓度 $LC_{50} \leqslant 10$ mg/L的固体或液体。

（2）感染性物质，指含有病原体的物质，包括生物制品、诊断样品、基因突变的微生物、生物体和其他媒介，如病毒蛋白等。

7. 第7类 放射性物质

放射性物质是指含有放射性元素，且其放射性活度浓度和总活度都分别超过GB 11806—2004规定的限值的物质。

放射性物品按其比放射性活度或安全程度分为5项：低比活度放射性物品，表面污染物品，可裂变物质，特殊性质的放射性物品及其他性质的放射性物品。

8. 第8类 腐蚀性物质

本类物质是指通过化学作用使生物组织接触时会造成严重损伤，或在渗漏时会严重损害甚至毁坏其他货物或运载工具的物质。

腐蚀性物质包含使完好皮肤组织在暴露超过60 min，但接触不超过4 h之后开始的最多14 d的观察期中发现引起皮肤全厚度损毁的物质；或在温度为55 ℃时，对钢或铝的表面腐蚀率超过6.25 mm/a的物质。

9. 第9类 杂项危险物质和物品

本类物质是指其他类别未包括的危险的物质和物品，如：以微细粉尘吸入可危害健康的物质；会放出易燃气体的物质；锂电池组；救生设备；一旦发生火灾可形成二噁英的物质和物品；在高温下运输或提交运输的物质，危害环境的物质等。

（二）化学品分类和危险性公示 通则（GB 13690—2009）

为了与联合国《化学品分类及标记全球协调制度》（GHS）第二修订版相协调，我国于2009年修订了《常用危险化学品的分类及标志》（GB 13690—1992），改为《化学品分类和危险性公示 通则》（GB 13690—2009）。该标准适用于化学品分类及其危险公示，以及化学品生产场所和消费品的标志。

2013 年 10 月，国家标准化管理委员会发布了新版的《化学品分类和标签规范》系列国家标准（GB 30000. 2—2013 ~ 30000. 29—2013），替代《化学品分类、警示标签和警示性说明安全规范》系列标准（GB 20576 ~ 20599—2006、GB 20601—2006、GB 20602—2006），并已于 2014 年 11 月 1 日起正式实施。GB 30000 系列国标采纳了联合国《全球化学品统一分类和标签制度》（第四版）中大部分内容。

《化学品分类和危险性公示 通则》（GB 13690—2009）将化学品的危险性分为理化危险、健康危险和环境危险，下面将对 3 种危险的种类予以说明，并使之与《化学品分类和标签规范》系列国家标准（GB 30000. 2—2013 ~ 30000. 29—2013）相对应。

1. 理化危险

有理化危险的物质有 16 项，包括：爆炸物、易燃气体、易燃气溶胶、氧化性气体、压力下气体、易燃液体、易燃固体、自反应物质或混合物、自燃液体、自燃固体、自热物质和混合物、遇水放出易燃气体的物质、氧化性液体、氧化性固体、有机过氧化物、金属腐蚀剂。每项物质的分类和警示性标签可参照新版的《化学品分类和标签规范》系列国家标准，具体如表 2-3 所示。

表 2-3　理化危险性分类和警示性标签说明

理化危险性物质	理化危险性分类和警示性标签国家标准
爆炸物	GB 30000. 2—2013
易燃气体	GB 30000. 3—2013
易燃气溶胶	GB 30000. 4—2013
氧化性气体	GB 30000. 5—2013
压力下气体	GB 30000. 6—2013
易燃液体	GB 30000. 7—2013
易燃固体	GB 30000. 8—2013
自反应物质或混合物	GB 30000. 9—2013
自燃液体	GB 30000. 10—2013
自燃固体	GB 30000. 11—2013
自热物质和混合物	GB 30000. 12—2013
遇水放出易燃气体的物质	GB 30000. 13—2013
氧化性液体	GB 30000. 14—2013
氧化性固体	GB 30000. 14—2013
有机过氧化物	GB 30000. 16—2013
金属腐蚀剂	GB 30000. 17—2013

2. 健康危险

健康危险包括10项，分别为急性毒性、皮肤腐蚀/刺激、严重眼损伤/眼刺激、呼吸或皮肤过敏、生殖细胞致突变性、致癌性、生殖毒性、特异性靶器官系统毒性：一次接触、特异性靶器官系统毒性：反复接触、吸入危险。每种危险的分类和警示性标签可参照新版的《化学品分类和标签规范》系列国家标准，具体如表2-4所示。

表2-4 健康危险性分类和警示性标签说明

健康危险	健康危险性分类和警示性标签国家标准
急性毒性	GB 30000. 18—2013
皮肤腐蚀/刺激	GB 30000. 19—2013
严重眼损伤/眼刺激	GB 30000. 20—2013
呼吸或皮肤过敏	GB 30000. 21—2013
生殖细胞致突变性	GB 30000. 22—2013
致癌性	GB 30000. 23—2013
生殖毒性	GB 30000. 24—2013
特异性靶器官系统毒性：一次接触	GB 30000. 25—2013
特异性靶器官系统毒性：反复接触	GB 30000. 26—2013
吸入危险	GB 30000. 27—2013

3. 环境危险

环境危险包括2项：对水生环境的危害和对臭氧层的危害。每种危险的分类和警示性标签可参照新版的《化学品分类和标签规范》系列国家标准，具体如表2-5所示。

表2-5 环境危险性分类和警示性标签说明

健康危险	环境危险性分类和警示性标签国家标准
对水生环境的危害	GB 30000. 28—2013
对臭氧层的危害	GB 30000. 29—2013

第三节 化学品安全技术说明书与安全标签

一、危险化学品安全技术说明书

化学品安全技术说明书(Safety Data Sheet For Chemical Products, SDS)，是《工作场所安全使用化学品规定》所要求的一份关于化学品燃、爆、毒性和生态危害及安全使用、泄漏应急处置、主要理化参数、法律法规等方面信息的综合性文件。在一些国家，SDS 也被称为物质安全技术说明书（Material Safety Data Sheet，MSDS）。作为面向用户的一种服务，生产企业应随化学商品向用户提供 SDS，使用户明了化学品的有关危害，使用时自主进行防护，起到减少职业危害和预防化学事故的作用。

1992 年，联合国环境和发展会议（UNCED）通过了第 21 世纪议程，推荐《全球化学品统一分类和标签制度》（GHS）。GHS 第 9 章中指出环境中有毒化学品的基本管理措施之一为编写安全技术说明书，其中包括了 SDS 的编制指南。我国于 1996 年制定了国家标准《危险化学品安全技术说明书编写规定》（GB 16483—1996），之后分别于 2000 年和 2008 年两次修订了该标准。现行《化学品安全技术说明书 内容和项目顺序》中对危险性概述已与 GHS 的规定相一致。

SDS 为化学物质及其制品提供了有关安全、健康和环境保护方面的各种信息，并能提供有关化学品的基本知识、防护措施和应急行动等方面的资料。作为最基础的技术文件，其主要用途是传递安全信息，其具体作用主要体现在：是作业人员安全使用化学品的指导性文件，为化学品生产、处置、储存和使用各环节制定安全操作规程提供技术信息；为危害控制和预防措施设计提供技术依据；是企业安全教育的主要内容。

SDS 不可能将所有可能发生的危险及安全使用的注意事项全部表示出来，加之作业场所情形各异，所以 SDS 仅用以提供化学商品基本安全信息，并非产品质量的担保。

（一）SDS 编写内容

《化学品安全技术说明书编写规定》（GB 16483—2008）规定的 SDS 包括 16 个部分的安全卫生信息内容，具体内容如下。

1. 化学品及企业标识

该部分主要标明化学品的名称（应与安全标签名称一致），建议同时标注供应商的产品代码，包括供应商的名称、地址、电话号码、应急电话、传真和电子邮件地址，还应说明化学品的推荐用途和限制用途。

2. 危险性概述

该部分应标明化学品主要的物理和化学危险性信息，以及对人体健康和环境影响的信息。如果该化学品存在某些特殊的危险性质，也应在此处说明。

如果已经根据 GHS 对化学品进行了危险性分类，应标明 GHS 危险性类别及标签要素，GHS 分类未包括的危险性（如粉尘爆炸危险）也应在此处注明。

应注明人员接触后的主要症状及应急综述。

3. 成分/组成信息

该部分应注明该化学品是物质还是混合物。

若为物质，应提供化学名或通用名、美国化学文摘登记号（CAS 号）及其他标识符；若该物质按 GHS 分类标准被划分为危险化学品，则应列明包括对该物质的危险性分类产生影响的杂质和稳定剂在内的所有危险组分的化学名或通用名，以及浓度或浓度范围。

若为混合物，不必列明所有组分。若有按 GHS 标准被分类为危险品的组分，并且其含量超过了浓度限值，应列明该组分的名称信息、浓度或浓度范围。对已经识别出的危险组分，也应该提供其化学名或通用名、浓度或浓度范围。

4. 急救措施

该部分应说明必要时应采取的急救措施及应避免的行动，此处填写的文字应该易于被受害人和(或)施救者理解。

根据不同的接触方式将信息细分为：吸入、皮肤接触、眼睛接触和食入。应简要描述接触化学品后的急性和迟发效应、主要症状和对健康的主要影响，详细资料可在第 11 部分列明。

必要时，应列明对保护施救者的忠告和对医生的特别提示，还要给出及时的医疗护理和特殊的治疗说明。

5. 消防措施

该部分应说明合适的灭火方法和灭火剂，如有不合适的灭火剂也应在此处标明；应标明化学的特别危险性(如产品是危险的易燃品)；标明特殊灭火方法及保护消防人员的特殊防护装备。

6. 泄漏应急处理

该部分应包括以下信息：作业人员防护措施、防护装备和应急处置程序；环境保护措施；泄漏化学品的收容、清除方法及所使用的处置材料(如果和第 13 部分不同，列明恢复、中和及清除方法)；提供防止发生次生危害的预防措施。

7. 操作处置与储存

(1)操作处置。应描述安全处置注意事项，包括防止化学品人员接触、防止发生火灾和爆炸的技术措施和提供局部或全面通风、防止形成气溶胶和粉尘的技术措施等；还应包括防止直接接触不相容物质或混合物的特殊处置注意事项。

(2)储存。应描述安全储存的条件(适合的储存条件和不适合的储存条件)、安全技术措施、同禁配物隔离储存的措施、包装材料信息(建议的包装材料和不建议的包装材料)。

8. 接触控制和个体防护

该部分应列明容许浓度，如职业接触限值或生物限值；列明减少接触的工程控制方法，该信息是对第 7 部分内容的进一步补充。如果可能，列明容许浓度的发布日期、数据出处、试验方法及方法来源。列明推荐使用的个体防护设备。标明防护设备的类型和材质。

化学品若只在某些特殊条件下(如量大、高浓度、高温、高压等)才具有危险性，应标明这些情况下的特殊防护措施。

9. 理化特性

该部分应说明：化学品的外观与性状，如物态、形状和颜色；气味；pH 值，并指明浓度；熔点/凝固点；沸点、初沸点和沸程；闪点；燃烧上、下极限或爆炸极限；蒸气压；蒸气密度；密度/相对密度；溶解性；n-辛醇/水分配系数；自燃温度；分解温度。若有必要，还应说明气味阈值、蒸发速率、易燃性(固体、气体)及数据的测定方法；也应说明化学品安全使用的其他资料，如放射性或体积密度等。

10. 稳定性和反应性

该部分应描述化学品的稳定性和在特定条件下可能发生的危险反应。应包括以下信息：应避免的条件(如静电、撞击或振动)；不相容的物质；危险的分解产物，一氧化碳、二氧化碳和水除外。

填写该部分时应考虑提供化学品的预期用途和可预见的错误用途。

11. 毒理学信息

该部分主要提供化学品详细完整的毒理学资料，包括：急性毒性、皮肤刺激或腐蚀、眼睛刺激或腐蚀、呼吸或皮肤过敏、生殖细胞突变性、致癌性、生殖毒性、特殊性靶器官系统毒性(一次性接触)、特殊性靶器官系统毒性(反复接触)、吸入危害、毒代动力学、代谢和分部信息。

12. 生态学信息

该部分提供化学品的环境影响、环境行为和归宿方面的信息，例如：化学品在环境中的预期行为，可能对环境造成的影响/生态毒性；持久性和降解性；潜在的生物累积性；土壤中的迁移性。

如果可能，提供更多的科学实验产生的数据或结果，并标明引用文献资料来源及任何生态学限值。

13. 废弃处置

该部分包括为安全和有利于环境保护而推荐的废弃处置方法信息。

这些处置方法适用于化学品(残余废弃物)，也适用于任何受污染的容器和包装。应提醒下游用户注意当地废弃处置法规。

14. 运输信息

该部分包括国际运输法规规定的编号与分类信息，这些信息应根据不同的运输方式(如陆运、海运和空运)进行区分。应包含以下信息：联合国危险货物编号(UN 号)；联合国运输名称；联合国危险性分类；包装组(如果可能)；海洋污染物(是/否)。提供使用者需要了解或遵守的其他与运输或运输工具有关的特殊防范措施。

可增加其他相关法规的规定。

15. 法规信息

该部分应标明使用本化学品安全技术说明书(SDS)的国家或地区中，管理该化学品的法规名称。提供与法律相关的法规信息和化学品标签信息。提醒下游用户注意当地废弃处置法规。

16. 其他信息

该部分应进一步提供上述各项未包括的其他重要信息。例如：可以提供需要进行的专业培训、建议的用途和限制的用途等。

（二）SDS 编写、使用要求及编制责任

1. SDS 编写要求

（1）一种化学品应编制一份 SDS，同类物、同系物的 SDS 不能相互替代；混合物要填写有害组分及其含量范围。

（2）SDS 中规定的 16 项内容的标题、编号和前后顺序不应随意变更。在 16 部分下填写相关的信息，若某项无数据，应写明无数据原因。除第 16 部分“其他信息”外，其余部分不能留下空项。

（3）SDS 规定的 16 部分可以根据内容细分出小项，这些小项不编号，但应按指定顺序排列。16 部分要清楚地分开，大项标题和小项标题的排版要醒目。

（4）SDS 的每一页都要注明该种化学品的名称，且应与标签上的名称一致，同时注明日期（最后修订的日期）和 SDS 编号。页码中应包括总的页数，或者显示总页数的最后一页。

（5）SDS 正文的书写应该简明、扼要、通俗易懂。推荐采用常用词语。SDS 应该使用用户可接受的语言书写。

（6）危险化学品生产企业发现其生产的危险化学品有新的危险特性的，应当立即公告，并及时修订其 SDS 和化学品安全标签。

2. SDS 使用

SDS 由化学品的生产供应企业编印，在交付商品时提供给用户，作为为用户提供的一种服务随商品在市场上流通。化学品的用户在接收使用化学品时，要认真阅读 SDS，了解和掌握化学品的危险性，并根据使用的情形制定安全操作规程，选用合适的防护器具，培训作业人员。

3. SDS 编制的责任

（1）生产企业既是化学品的生产商，又是化学品使用的主要用户，对 SDS 的编写和供给负有最基本的责任，生产企业必须按照国家法规，填写符合规定要求的 SDS。全面详细地向用户提供有关本企业危化品的 SDS，确保接触化学品的作业人员能方便地查阅，还应负责更新本企业产品的 SDS。

（2）使用单位作为化学品的用户，应向供应商索取全套的最新 SDS，并进行评审。补充新的内容，及时更新，并确保接触化学品的作业人员能方便地查阅。

（3）经营、销售企业所经销的化学品必须附带 SDS。经营进口化学品的企业，应负责向供应商、进口商索取最新的中文 SDS，随商品提供给客户。

（4）运输部门对无 SDS 的化学品一律不予承运。

二、危险化学品安全标签

危险化学品安全标签，是指危险化学品在市场上流通时应由供应者提供的附在化学品包装上的，用于提示接触危险化学品的人员的一种标志。它用简单、明了、易于理解的文字、图形表述有关化学品的危险特性及其安全处置的注意事项。

GB 30000. 2—2013 ~ 30000. 29—2013 规定了化学品安全标签的术语和定义、标签内容、制作和使用要求，适用于化学品安全标签的编写、制作和使用，且该标准对化学品安全标签的规定与 GHS 的规定相一致。

1. 安全标签的主要内容

安全标签用文字、图形符号和编码的组合形式来表示化学品所具有的危险性和安全注意事项，主要包括化学品标志、象形图、信号词、危险性说明、防范说明、应急咨询电话、供应商标志、资料参阅提示语等事项，具体内容如下。

1）化学品标志

此部分用中文和英文分别标明危险化学品的通用名称。名称要求醒目、清晰，位于标签的正上方。

对于混合物应标出对其危险性分类有贡献的主要组分的化学名称或通用名、浓度或范围。当需要标出的组分较多时，组分个数以不超过 5 个为宜。属于商业机密的成分可以不表明，但应列出其危险性。

2）象形图

此部分采用 GB 30000. 2—2013 ~ 30000. 29—2013 规定的象形图。

3）信号词

此部分根据化学品的危险程度和类别，用“危险”“警告”两个词分别进行危害程度的警示。根据 GB 30000. 2—2013 ~ GB 30000. 29—2013 选择不同类别危险化学品的信号词。当某种化学品具有一种以上的危险性时，用危险性最大的警示词。警示词位于化学名称下方，要求醒目、清晰。

4）危险性说明

此部分概述化学品燃烧爆炸危险特性、健康危害和环境危害，居信号词下方。根据 GB 30000. 2—2013 ~ GB 30000. 29—2013 选择不同类别危险化学品的危险性说明。

5）防范措施

此部分表述化学品在处置、搬运、储存和使用作业中所必须注意的事项和发生意外时简单有效的救护措施等，要求内容简明、扼要、重点突出。该部分包括安全预防措施、意外情况（如泄漏、人员接触或火灾等）的处理、安全存储措施及废弃处置等内容。

6）供应商标志

此部分列出生产厂（公司）名称、地址、邮编、电话。

7）应急咨询电话

此部分填写企业应急电话和国家化学品登记注册中心事故应急热线电话。

8)资料参阅提示语

此部分提示化学品用户应参阅 SDS。

9)危险信息先后排序

当某种化学品具有两种及两种以上的危险性时，安全标签的象形图、信号词、危险性说明的先后顺序要根据相关要求排序。

2. 安全标签的制作

1)安全标签的编写

标签正文应简洁、明了、易于理解，要采用规范的汉字表述，也可以同时使用少数民族文字或外文，但意义必须与汉字相对应，字形应小于汉字。相同的含义应用相同的文字和图形表示。

当某种化学品有信息更新时，标签应及时修订、更改。

2)安全标签的颜色

标签内象形图的颜色根据 GB 30000. 2—2013 ~ GB 30000. 29—2013 的规定执行，一般使用黑色图形符号加白色背景，方块边框为红色。正文应使用与底色反差明显的颜色，一般采用黑/白色。若在国内使用，方框边框可以为黑色。

3)安全标签的尺寸

对于不同容量的容器或包装，标签最小尺寸可见表 2-6。

表 2-6　标签最小尺寸

容器或包装容积/L	标签最小尺寸/mm×mm
≤0. 1	使用简化标签
0. 1 ~ 3	50×75
3 ~ 50	75×100
50 ~ 500	100×150
500 ~ 1 000	150×200
>1 000	200×300

4)安全标签的印刷

标签的边缘要加一个边框，边框外应留≥3 mm 的空白，边框宽度≥1 mm。象形图必须从较远的距离就可以看到，以及在烟雾条件下或容器部分模糊不清的条件下也能看到。标签的印刷应清晰，所使用的印刷材料和胶粘材料应具有耐用性和防水性。安全标签可单独印刷，也可与其他标签合并印刷。图 2-1 为安全标签样例，图 2-2 为简化标签样例。

化学品名称　　　*A*组分：40%；*B*组分：60%

极易燃液体和蒸气，食入致死，对水生生物毒性非常大

【预防措施】

- 远离热源、火花、明火、热表面，使用不产生火花的工具作业。
- 保持容器密闭。
- 采取防静电措施，容器与接收设备接地。
- 使用防爆电器、通风、照明及其他设备。
- 戴防护手套、防护眼镜、防护面罩。
- 操作后彻底清洗身体接触部位。
- 作业场所不得进食、饮水或吸烟。
- 禁止排入环境。

【事故响应】

- 如皮肤（或头发）接触：立即脱掉所有被污染的衣服，用水冲洗皮肤、淋浴。
- 食入：催吐，立即就医。
- 收集泄漏物。
- 火灾时，使用干粉、泡沫、二氧化碳灭火。

【安全储存】

- 在阴凉、通风良好处储存。
- 上锁保管。

【废弃处置】

- 本品或其容器采用焚烧法处置。

请参阅化学品安全技术说明书

供应商：×××××　　　电话：×××××

地　址：×××××　　　邮编：×××××

化学事故应急咨询电话：×××××

图 2-1　安全标签样例

化学品名称

极易燃液体和蒸气，食入致死，对水生生物毒性非常大

请参阅化学品安全技术说明书

供应商：×××××××　电话：×××××

化学事故应急咨询电话：×××××

图 2-2　简化标签样例

3. 安全标签的应用

1)安全标签的使用方法

安全标签应粘贴、挂拴、喷印在化学品包装或容器的明显位置。

当与运输标志组合使用时，运输标志可以放在安全标签的另一版面，将之与其他信息分开，也可以放在包装上靠近安全标签的位置。后一种情况下，若安全标签中的象形图与运输标志重复，应删除安全标签中的象形图。

对于组合容器，要求内包装加贴(挂)安全标签，外包装上加贴运输象形图；如果不需要标志，可以加贴安全标签。

2)安全标签位置

安全标签的位置规定如下。

桶、瓶形包装：位于桶、瓶侧身；

箱状包装：位于包装端面或侧面明显处；

袋、捆包装：位于包装明显处；

集装箱、成组货物：位于4个侧面。

3)安全标签使用注意事项

安全标签的粘贴、挂拴、喷印应牢固，保证在运输、储存期间不脱落，不损坏。

安全标签应由生产企业在货物出厂前粘贴、挂拴、喷印。若要改换包装，则由改换包装单位重新粘贴、挂拴、喷印标签。

盛装危险化学品的容器或包装，在经过处理并确认其危险性完全消除之后，方可撕下标签，否则不能撕下相应的标签。

4. 安全标签与相关标签的协调关系

安全标签是从安全管理的角度提出的，但化学品在进入市场时还需要有工商标签，运输时还需有危险货物运输标志。为使安全标签和工商标签、运输标志之间减少重复，可将安全标签所要求的UN编号和CN编号与运输标志合并；将名称、化学成分及组成、批号、生产厂(公司)名称、地址、邮编、电话等与工商标签的相同内容合二为一，使3种标签有机融合，形成一个整体，降低企业的生产成本。在某些特殊情况下，安全标签可单独印刷。3种标签合并印刷时，安全标签应占整个版面的1/3～2/5。

第四节　危险化学品储存与运输的安全管理

一、危险化学品储存的安全管理

危险化学品储存是指企业、单位、个体工商户、百货商店(商场)等储存爆炸品、压缩气体和液化气体、易燃液体、易燃固体、自然物品和遇湿易燃物品、氧化剂和有机过氧化物、有毒品和腐蚀品等危险化学品的行为。安全储存是危险化学品流通过程中非常重要的一个环节。储存不当就会造成重大事故，例如：深圳市安贸危险品储存公司清水河危险品仓库发生的爆炸事故造成15人死亡、200多人受伤，直接经济损失2.5亿元，不仅给国家造成重大的经济损失，还造成了大量人员伤亡。因而，在储存过程中采用统一高效的方法和标准、用科学的态度从严管理，可以使供应工作在各种条件下都能达到所要求的最佳效率和最佳经济效果。

为了加强对危险化学品储存的管理，国家不断加强对危险化学品储存的监管力度，并制定了有关危险化学品储存标准，对规范危险化学品储存起到了重要作用。

(一)储存危险化学品的分类

根据危险化学品的特性，据仓库建筑防火要求及养护技术要求分类，储存的危险化学品可划分为3类：易燃易爆性物品(储存火灾危险性物品)、毒害性物品、腐蚀性物品。

1. 储存物品(易燃易爆)的火灾危险性分类

在储存中属于易燃易爆性物品的危险物品包括：爆炸品、压缩气体和液化气体、易燃液体、易燃固体、自燃物品和遇湿易燃物品、氧化剂和有机过氧化物。

《建筑设计防火规范》(GB 50016—2014)根据火灾危险性将储存物品分为甲、乙、丙、丁和戊五类。

2. 储存毒害性物品的分类

毒害性商品是指凡少量进入人、畜体内或接触皮肤能与体液和机体组织发生生物化学作用或生物物理学变化，扰乱或破坏机体的正常生理功能，引起暂时性或持久性的病理状态，甚至危及生命的物品。毒害品按其毒性大小分为两项两级：(1)无机毒害品，分为一级无机毒害品和二级无机毒害品；(2)有机毒害品，分为一级有机毒害品和二级有机毒害品。

3. 储存腐蚀性物品的分类

腐蚀性商品是指能灼伤人体组织，并能对金属等物品造成损坏的固体或液体。腐蚀品与皮肤接触在4 h内可见坏死现象。腐蚀品按其化学组成和腐蚀性强度分为三项两级：(1)酸性腐蚀品，分为一级酸性腐蚀品与二级酸性腐蚀品；(2)碱性腐蚀品，分为一级碱性腐蚀品与二级碱性腐蚀品；(3)其他腐蚀品，分为一级其他腐蚀品与二级其他腐蚀品。

(二)危险化学品储存安全管理要求

1. 危险化学品储存的相关法律法规及国家标准

危险化学品储存的相关法律法规及国家标准有：《危险化学品仓库建设及储存安全规范》《常用化学危险品储存通则》(GB 15603—1995)、《易燃易爆性商品储存养护技术条件》(GB 17914—2013)、《腐蚀性商品储存养护技术条件》(GB 17915—2013)、《毒害性商品储存养护技术条件》(GB 17916—2013)、仓库防火安全管理规则等。

2. 危险化学品储存要求

(1)危险化学品不应露天存放。

(2)根据危险化学品特性应分区、分类、分库储存。

(3)各类危险化学品不应与其相禁忌的化学品混合储存。

(4)凡混存危险化学品，货垛与货垛之间，应留有 1 m 以上的距离，并要求包装容器完整，两种物品不应发生接触。

(5)易燃易爆危险化学品的储存应符合 GB 17914—2013 的要求。

(6)腐蚀性危险化学品的储存应符合 GB 17915—2013 的要求。

(7)有毒化学品的储存应符合 GB 17916—2013 的要求。

(8)危险化学品的储存应符合 GB 15603—1995 的要求。

3. 储存场所的安全要求

(1)建筑结构：应为单层且独立设置，不得有地下室或其他地下建筑，其耐火等级、层数、占地面积，安全疏散和防火间距，应符合国家有关规定。

(2)储存地点及建筑结构的设置，除了应符合国家的有关规定外，还应考虑对周围环境和居民的影响。

(3)储存场所电气安装的安全要求：

①储存危险化学品的建筑物、场所的用电设备应能充分满足消防的需要。

②危险化学品储存区域或建筑物内输配电线路、灯具、火灾事故照明和疏散标志，都应符合国家规定的安全要求。

③储存易燃、易爆危险化学品的建筑，必须安装避雷设备。

(4)储存场所通风或温度调节：

①储存危险化学品的建筑，必须安装通风设备并注意设备的防护措施。

②储存危险化学品的建筑通排风系统应设有导除静电的接地装置。

③通风管应采用非燃烧材料制作。

④通风管道不宜穿过防火墙等防火分隔物，如必须穿过时应用非燃烧材料分隔。

⑤储存危险化学品的建筑采暖的热媒温度不应过高，热水采暖不应超过 80 ℃，不得使用蒸汽采暖和机械采暖。

⑥管道和设备的保温材料必须采用非燃烧材料。

4. 储存安排及储存量限制

(1)危险化学品储存安排取决于危险化学品分类、分项、容器类型、储存方式和消防要求。

(2)危险品化学储存方式分为 3 种。

①隔离储存：在同一房间或同一区域内、不同的物料之间分开一定距离，非禁忌物料间用通道保持空间。

②隔开储存：在同一建筑或同一区域内，用隔板或墙，将危险化学品与禁忌物料分离开。

③分离储存：储存在不同的建筑物中或远离所有建筑的外部区域内。

(3)储存量及储存安排如表 2-7 所示。

表 2-7 储存量及储存安排

储存要求	露天储存	隔离储存	隔开储存	分离储存
平均单位面积储存量/($t \cdot m^{-2}$)	1.0～1.5	0.5	0.7	0.7
单一储存区最大储量/t	2 000～2 400	200～300	200～300	400～600
垛距限制/m	2	0.3～0.5	0.3～0.5	0.3～0.5
通道宽度/m	4～6	1～2	1～2	5
墙距宽度/m	2	0.3～0.5	0.3～0.5	0.3～0.5
与禁忌品距离/m	10	不得同库储存	不得同库储存	7～10

6. 危险化学品储存安全管理

(1)应建立健全危险化学品储存安全生产责任制度、安全生产规章制度和操作规程。

(2)储存的危险化学品应有中文 SDS 和化学品安全标签。

(3)应建立危险化学品储存档案，档案内容至少应包括：危险化学品出入库核查登记、库存危险化学品品种、数量、定期检查记录。

(4)应制定危险化学品泄漏、火灾、爆炸、急性中毒事故应急救援预案，配备应急救援人员和必要的应急救援器材、物资，并定期组织演练。

二、危险化学品运输的安全管理

运输是危险化学品流通过程中的重要环节，运输过程指将危险源从相对密闭的工厂、车间、仓库带到敞开的、可能与公众密切接触的空间，使事故的危害程度大大增加；同时也由于运输过程中多变的状态和环境而使事故发生的概率大大增加。危险化学品运输安全与否直接关系到社会的稳定和人民生命财产的安全。因此，我国出台了一系列有关危险化学品运输安全的管理规章制度，这对规范危险化学品的安全运输起到了重要的作用。

(一)危险化学品运输安全管理基本要求

对危险化学品安全运输的一般要求是认真贯彻执行《危险化学品安全管理条例》(以下简称《条例》)及其他法律法规，管理部门要把好市场准入关，加强现场监管，在整顿和规范运输秩序的同时加强行业指导和改善服务；企业要建立健全规章制度，依法经营，加强管理，重视培训，努力提高从业人员安全生产的意识和技术业务水平，从本质上提升危险化学品运输企业的素质。

1. 运输单位资质认定

《条例》中关于运输单位资质认定的相关内容如下。

第四十三条规定：从事危险化学品道路运输、水路运输的，应当分别依照有关道路运输、水路运输的法律、行政法规的规定，取得危险货物道路运输许可、危险货物水路运输许可，并向工商行政管理部门办理登记手续。危险化学品道路运输企业、水路运输企业应当配备专职安全管理人员。

第五十六条规定：通过内河运输危险化学品应当由依法取得危险货物水路运输许可的水路运输企业承运，其他单位和个人不得承运。托运人应当委托依法取得危险货物水路运输许可的水路运输企业承运，不得委托其他单位和个人承运。

第五十七条规定：通过内河运输危险化学品，应当使用依法取得危险货物适装证书的运输船舶。水路运输企业应当针对所运输的危险化学品的危险特性，制定运输船舶危险化学品事故应急救援预案，并为运输船舶配备充足、有效的应急救援器材和设备。通过内河运输危险化学品的船舶，其所有人或者经营人应当取得船舶污染损害责任保险证书或者财务担保证明。船舶污染损害责任保险证书或者财务担保证明的副本应当随船携带。

第五十八条规定：通过内河运输危险化学品，危险化学品包装物的材质、型式、强度以及包装方法应当符合水路运输危险化学品包装规范的要求。国务院交通运输主管部门对单船运输的危险化学品数量有限制性规定的，承运人应当按照规定安排运输数量。

交通部门要按照《条例》和运输企业资质认定条件的规定，从源头抓起，对从事危险货物运输的车辆、船舶、车站和港口码头及其工作人员实行资质管理，严格执行市场准入和持证上岗制度，保证符合条件的企业及其车辆或船舶进入危险化学品运输市场。针对当前从事危险化学品运输的单位和个人资质参差不齐、市场比较混乱的情况，要通过开展专项整治工作，对现有市场进行清理整顿，进一步规范经营秩序和提高安全管理水平。同时，要对现有企业进行资质评定，采取积极的政策措施，鼓励那些符合资质条件的单位发展高度专业化的危险化学品运输，对那些不符合资质条件的单位要限期整改或请其出局。

2. 加强现场监督检查

《条例》中关于运输现场监督检查的相关内容如下。

第四十四条规定：危险化学品的装卸作业应当遵守安全作业标准、规程和制度，并在装卸管理人员的现场指挥或者监控下进行。水路运输危险化学品的集装箱装箱作业应当在集装箱装箱现场检查员的指挥或者监控下进行，并符合积载、隔离的规范和要求；装箱作业完毕后，集装箱装箱现场检查员应当签署装箱证明书。

第四十五条规定：运输危险化学品的驾驶人员、船员、装卸管理人员、押运人员、申报人员、集装箱装箱现场检查员，应当了解所运输的危险化学品的危险特性及其包装物、容器的使用要求和出现危险情况时的应急处置方法。

第四十八条规定：通过道路运输危险化学品的，应当配备押运人员，并保证所运输的危险化学品处于押运人员的监控之下。运输危险化学品途中因住宿或者发生影响正常运输的情况，需要较长时间停车的，驾驶人员、押运人员应当采取相应的安全防范措施；运输剧毒化学品或者易制爆危险化学品的，还应当向当地公安机关报告。

第四十九条规定：未经公安机关批准，运输危险化学品的车辆不得进入危险化学品运输车辆限制通行的区域。危险化学品运输车辆限制通行的区域由县级人民政府公安机关划定，并设置明显的标志。

3. 严格管理剧毒化学品运输

剧毒化学品运输分为公路运输、水路运输和其他形式的运输。《条例》从保护内河水域环境和饮用水安全角度出发，第五十四条规定：禁止通过内河封闭水域运输剧毒化学品以及国家规定禁止通过内河运输的其他危险化学品。前款规定以外的内河水域，禁止运输国家规定禁止通过内河运输的剧毒化学品以及其他危险化学品。禁止通过内河运输的剧毒化学品以及其他危险化学品的范围，由国务院交通运输主管部门会同国务院环境保护主管部门、工业和信息化主管部门、安全生产监督管理部门，根据危险化学品的危险特性、危险化学品对人体和水环境的危害程度以及消除危害后果的难易程度等因素规定并公布。

内河禁运的其他危险化学品，《条例》明确由国务院交通运输主管部门实行分类管理。禁运危险化学品种类及范围的设定，以既不影响工业生产和人民生活，又能遏制恶性事故发生为原则。

虽然剧毒化学品海上运输不在禁止之列，但也必须按照有关规定严格管理。

《条例》对道路运输剧毒化学品分别从托运和承运的角度作出了严格的规定。第五十条规定：通过公路运输剧毒化学品的，托运人应当向运输始发地或者目的地县级人民政府公安机关申请剧毒化学品道路运输通行证。托运人向公安机关申请剧毒化学品道路运输通行证时应当提交拟运输剧毒化学品的品种、数量的说明；运输始发地和目的地、运输时间和运输路线的说明；承运人取得危险货物道路运输许可、运输车辆取得营运证以及驾驶人员、押运人员取得上岗资格的证明文件；及按规定购买剧毒化学品的相关许可证件，或者海关出具的进出口证明件等材料。第五十一条还规定：剧毒化学品、易制爆危险化学品在道路运输途中丢失、被盗、被抢或者出现流散、泄漏等情况的，驾驶人员、押运人员应当立即采取相应的警示措施和安全措施，并向当地公安机关报告。公安机关接到报告后，应当根据实际情况立即向安全生产监督管理部门、环境保护主管部门、卫生主管部门通报。有关部门应当采取必要的应急处置措施。

4. 实行从业人员培训制度

狠抓技术培训，努力提高从业人员素质，是提高危险化学品运输安全质量的重要一环。《条例》第四十四条规定：危险化学品道路运输企业、水路运输企业的驾驶人员、船员、装卸管理人员、押运人员、申报人员、集装箱装箱现场检查员应当经交通运输主管部门考核合格，取得从业资格。

为确保危险化学品运输安全质量，还应对与危险化学品运输有关的托运人进行培训。通过培训使托运人了解托运危险化学品的程序和办法，并能向承运人说明运输的危险化学品的品名、数量、危害、应急措施等情况。做到不在托运的普通货物中夹带危险化学品，不将危险化学品匿报或谎报为普通货物托运。通过培训使承运人了解所运载的危险化学品的性质、危害特性、包装容器的使用特性、必须配备的应急处理器材和防护用品以及发生意外时的应急措施等。

为了搞好培训，主管部门要知道并通过行业协会制定教育培训计划，组织编写危险化学运输应知应会教材和举办专业培训班，分级组织落实。为增强培训效果，把培训和实行岗位职业资质制度结合起来，有主管部门批准认可的机构组织统一培训、考试发证。对培训机构要制定教育培训责任制度，确保培训质量。对只收费不负责任的培训机构应取消其培训资格。企业管理和现场工作人员必须持证上岗，未经培训或者培训不合格的，不能上岗。对持证上岗但不严格按照规定和技术规范进行操作的人员应有严格的处罚制度。主管部门、协会和运输企业应加大这方面的工作力度。

（二）危险化学品运输安全管理具体要求

目前，我国危险化学品运输方式有公路、铁路、水路、航空及港口货物运输等方式。无论采用何种运输方式都应遵守相应的法律法规，以实现安全快速运输。

1. 危险化学品公路运输安全管理

现有的公路危险货物运输规则包含交通部门颁发的《道路危险货物运输管理规定》（以下简称《规定》）、国家标准《道路运输危险货物车辆标志》（GB 13392—2005）和行业标准《汽车运输危险货物规则》（JT 617—2004）。

《规定》颁布于2013年1月23日，分为：总则，道路危险货物运输许可，专用车辆、设备管理，道路危险货物运输，监督检查，法律责任，附则，共7章68条。

《汽车运输危险货物规则》则规定了汽车运输危险货物的托运、承运、车辆和设备、从业人员、劳动防护等基本要求，共12章，适用于汽车运输危险货物的安全管理。

2. 危险化学品铁路运输安全管理

中国铁路总公司于2014年3月1日实施的《铁路危险货物运输管理暂行规定》（TG/HY 105—2014），以及中国交通运输部2015年5月1日施行的《铁路危险货物运输安全监督管理规定》（中华人民共和国交通运输部令2015年第1号），都为进一步加强铁路危险化学品货物的运输安全管理提供了法律依据。

《铁路危险货物运输管理暂行规定》主要包括：总则，办理限制管理，业务办理，运输包装，试运管理，运输及签认制度，押运管理，保管和交付，消防、劳动安全及防护，洗刷除污，培训与考核，危险货物货车，危险货物集装箱，剧毒品运输，放射性物品（物质）运输，危险货物进出口运输，事故应急救援及附则等规定，共18章，131条。而《铁路危险货物运输安全监督管理规定》主要包括：总则，运输条件，运输安全管理，监督检查附则等规定，共5章40条。

3. 危险化学品水路运输安全管理

《水路危险品货物运输规则》在1996年11月由交通部（现交通运输部）颁布，并于当年12月起实施，为加强水路危险货物运输管理、保障运输安全提供了法律依据。该规则要求水路运输危险货物有关托运人、承运人、作业委托人、港口经营人以及其他各有关单位和人员、严格执行。

《水路危险品货物运输规则》是总结我国现有危险货物运输实践经验，参照国际规则制定的。它不止依据我国相关的法律法规，更是参照国际海事组织的《国际海运危险货物规则》和联合国《危险货物运输建议书》以及相关的国际公约、规则而制定的，内容包括：船舶运输的积载、隔离，危险货物的品名、分类、标记、标识、包装检测标准等，共8章73条。

4. 危险化学品航空运输运输安全管理

《中国民用航空危险品运输管理规定》(CCAR-276-R1)经2012年12月24日中国民用航空局局务会议通过，自2014年3月1日起施行。其对民用航空危险品运输的安全管理提供了法律依据。该规定主要包括：总则、危险品航空运输的限制和豁免、危险品航空运输许可程序、危险品航空运输手册、危险品航空运输的准备、托运人的责任、经营人及其代理人的责任、危险品航空运输信息、培训、其他要求、监督管理、法律责任和附则，共13章145条。

5. 危险化学品港口货物运输安全管理

《港口危险货物安全管理规定》在2017年9月4日由交通运输部颁布，并于2017年10月15日起施行，为加强港口危险化学品货物的管理提供了法律依据。该规定共8章88条。

第五节　危险化学品安全管理条例

危险化学品管理的法律依据是国务院颁布的《危险化学品安全管理条例》。该《条例》于2002年1月26日中华人民共和国国务院令第344号公布，2011年2月16日国务院第144次常务会议第一次修订，2013年12月4日国务院第32次常务会议进行了第二次修订，于2013年12月7日正式实施。

该《条例》的特点是政府对危险化学品的监管涵盖危险化学品生产、使用、储存、运输、经营和废弃6个环节，贯穿企业建厂、生产、储存和停业的整个过程。地方政府要制定区域事故应急预案。

企业应根据该《条例》制定各环节的危险化学品的管理制度，把管理责任落到实处。《条例》规定了生产、储存危险化学品的企业必须具备的基本条件：有符合国家标准的生产工艺、设备或者储存方式、设施；工厂、仓库的周边防护距离符合国家标准或者国家有关规定；有符合生产者储存需要的管理人员和技术人员；有健全的安全管理制度，符合法律、法规规定和国家标准要求的其他条件。企业的化工产品必须到指定机构登记，必须有化学品安全技术说明安全标签；企业生产危险化学品必须取得生产许可证；经营、运输单位必须取得相应资质。企业新建、改建、扩建生产装置必须经过审批。《条例》规定：生产、储存、使用危险化学品的，应按危险化学品的种类、特性，在车间、库房等作业场所设置相应的监测、通风、防晒、调温、防火、防爆、泄压、防毒、消毒、中和、防潮、防雷、防静电、防腐、防渗漏、防护围堤或者隔离安全设施、设备，并按照国家标准和国家有关规定进行维护、保养，保证符合安全运行要求。《条例》规定，企业生产储存装置必须定期进行安全评价，企业必须搞好重大危险源管理并制定应急预案。

第三章 风险管理

第一节 安全标志

为了确保施工现场安全设施和安全防护能够发挥积极作用，根据人机工程学的原理和《建设工程安全生产管理条例》(国务院 393 号令)的要求，施工现场的各种安全设施、安全防护及危险部位和危险场所必须悬挂安全警示牌。

(一)安全标志牌的管理

(1)施工现场应根据工程大小和不同的施工阶段和周围环境及季节、气候的变化，配备相应数量和种类的安全警示标志牌。

(2)安全警示标志应设置在明显的地点，以使作业人员和其他进入施工现场的人员易于看到。

(3)各种安全警示标志设置后，未经施工项目负责人批准，不得擅自移动或者拆除。

(4)施工现场应设置专人负责施工现场的安全警示标志，并定期对标志牌、警示灯的完好情况进行检查，发现残缺或者毁坏的标志牌、警示灯等要及时更新、更换。

(5)要经常教育施工人员遵守安全警示标志牌的要求，要爱护安全标志牌，对破坏安全警示牌的行为要坚决制止，并按照安全生产奖惩制度进行处罚。

(二)安全警示标志

(1)安全警示标志包括安全色、对比色和安全标志。

(2)安全色是指传递安全信息含义的颜色，包括红色、蓝色、黄色和绿色。

①红色：表示禁止、停止、危险等意思；

②蓝色：表示指令，要求人们必须遵守规定；

③黄色：提醒人们注意，凡是提醒人们注意的器件、设备及环境应以黄色表示；

④绿色：给人们提供允许、安全的信息。

(3)对比色是使安全色更加醒目的反衬色，包括黑、白两种颜色。

(4)安全标志分为禁止标志、警告标志、指令标志和提示标志 4 类。

①禁止标志的基本形式是带斜杠的圆边框；

②警告标志的基本形式是正三角形边框；

③指令标志的基本形式是圆形边框；

④提示标志的基本形式是正方形边框。

（三）安全标志的使用

(1)在施工现场的大门入口，必须悬挂“进入施工现场必须正确佩戴安全帽”“高空作业施工必须系安全带”等标志牌。

(2)具有火灾危险物质的场所(如木工房、仓库、易燃易爆场所等)应悬挂“禁止吸烟”“禁止烟火”“当心火灾”“禁止明火作业”等标志牌。

(3)高处作业场所、深基坑周边等场所应悬挂“禁止抛物”“当心滑跌”“当心坠落”等标志牌。

(4)在各种需要动火、焊接的场所，应悬挂“必须戴防护眼镜”“当心火灾”“必须穿防护鞋”“注意安全”等标志牌。

(5)在脚手架、高处平台、地面的深沟(坑、槽)等处应悬挂“当心坠落”“当心落物”“禁止抛物”等标志牌。

(6)旋转的机械加工设备旁应悬挂“禁止戴手套”“禁止触摸”“当心伤手”等标志牌。

(7)进行设备、线路检修及零部件更换时，应在相应设施、设备、开关箱等附近悬挂“禁止合闸”“禁止启动”等标志牌。

(8)有坍塌危险的建筑物、构筑物、脚手架、设备、龙门吊、井字架、外用电梯等场所，应悬挂“禁止攀登”“禁止逗留”“当心落物”“当心坍塌”等标志牌。

(9)有危险的作业区(如起重吊装、交叉作业、爆破场所、高压实验区、高压线、输变电设备)的附近，应悬挂“禁止通行”“禁止靠近”“禁止入内”等标志牌。

(10)专用的运输车道、作业场所的沟、坎、坑、洞等地方，应悬挂“禁止跨越”“禁止靠近”“当心滑跌”“当心坑洞”等标志牌。

(11)在总配电房、总配电箱、各级开关箱等处，应悬挂 “当心触电”“有电危险”等标志牌。

(12)龙门吊吊篮、外操作载货电梯框架、物料提升机等地方，应悬挂“禁止乘人”“禁止逗留”“当心落物”等标志牌。

(13)在钢筋加工机械、电锯、电刨、砂轮机、绞丝机、打孔机等机械设备的旁边应悬挂“当心机械伤人”“当心伤手”等标志牌。

(14)在混凝土搅拌机、砂浆搅拌机、钢筋机械设备等旁边应悬挂“安全操作规程”等标志牌。

(15)在通向紧急出口的通道、楼梯口、消防通道口等地方，应悬挂“紧急出口”“安全通道”“安全出口”“消防通道”等标志牌。

(16)在出/入口、基坑边沿等处设置对应的标志牌外，夜间还应设红灯警示，保证有充足的照明。

附录中列出了一些常用的安全标志，供参考使用。

第二节 风险的评估与管控

一、风险的辨识

风险辨识有时也称危险源辨识，或危险有害因素(简称危害因素)辨识，就是指识别划分的整个范围内所有存在的危险有害因素并确定每个危险有害因素特性的过程。

二、风险辨识的范围

化工企业常见的风险辨识范围应增加具体的工作地点，一般可将企业分为生产工艺过程(包含附属设备设施、人员、作业环境等内容)、动力辅助设施和厂区内及周边环境3个模块分别识别。每个模块可按车间、班组、岗位所管辖的区域，以区域内活动、流程及所包含的设施设备为内容对识别单元再进行细分，形成相对独立的“模块”单元。另外，应考虑潜在或隐藏的风险，例如化工生产过程中可能诱发疾病，对自然环境或工作环境引起破坏等不明显暴露的风险。

三、风险辨识的方法

在进行风险辨识时，企业可以采用《生产过程危险和有害因素分类代码》(GB/T 13861—2009)或《企业职工伤亡事故分类》(GB/T 6441—1986)对危险因素分类，同时参考安全生产相关法律法规、标准规范，对潜在的人的因素、物的因素、环境因素、管理因素等危害因素进行辨识。常用危害因素辨识方法有工作危害分析法(JHA)、安全检查表分析法(SCL)、危险与可操作性分析(HAZOP)、保护层分析(LOPA)及其他定性定量风险辨识方法。常用的有作业危害分析法(JHA)、安全检查表法(SCL)和危险与可操作性分析(HAZOP)法。

作业危害分析法(JHA)是把一项作业活动分解成几个步骤，识别整个作业活动及每一步骤中的危害因素，进行控制和预防。其特点是分析方法较为直观，分析过程简单，不进行风险大小的判定，只需找出危害因素并提出治理措施和补偿措施。

安全检查表分析法(SCL)是为了系统地找出系统中的不安全因素，把系统加以剖析，列出各层次的不安全因素，然后确定检查项目，以提问的方式把检查项目按系统的组成顺序编制成表，以便进行检查或评审。安全检查表分析法可以做到系统化、科学化，不漏掉任何可能导致事故的因素，容易得出正确的评估，能使人们清楚地知道哪些原因事件最重要、哪些次要。

可操作性分析(HAZOP)即危险与可操作性分析(Hazard and Operability Studies)，也是对一种规划或现有产品、过程、程序或体系的结构化及系统分析方法。该方法可以识别人员、设备、环境及/或组织目标所面临的风险。分析团队应尽量提供解决方案，以消除风险，是一种基于危险和可操作性研究的定性分析技术，它对设计、过程、程序或系统等各个步骤中是否能实现设计意图或运行条件的方式提出质疑。

危害因素的辨识是一个动态的过程，在相关法规要求的变化、工艺更新(新建、改建、扩建)、业务变更、事故、事件发生时，要及时进行危害因素辨识。

四、风险的评估和管控

(一)风险评估的方法

常见的风险评价方法有风险矩阵评价法、作业条件危险性评价法(LEC)等。

风险矩阵法采用与风险有关的两种因素(可能性和后果的严重性)指标值的乘积来评价操作人员伤亡风险的大小，计算公式为

$$R = L \times S$$

式中：R 为安全风险值(风险等级)；L 为事故的可能性，S 为事故的后果严重性。

作业条件危险性评价法是根据危害因素辨识确定的影响事件发生的可能性、人员暴露于危险环境中的频繁程度和危害及影响程度的乘积来确定风险的大小，其计算公式为

$$D = L \times E \times C$$

式中：D(Danger)为风险值，L(Likelihood)为事故发生的可能性，E(Exposure)为人员暴露于危险环境中的频繁程度，C(Consequence)为发生事故可能造成的后果。

(二)风险的分级和管控

根据风险评估的结果，建立安全风险数据库及重大安全风险清单。风险等级从高到低划分为重大风险、较大风险、一般风险和低风险 4 个等级，分别用红、橙、黄、蓝 4 种颜色标示。企业风险分级标准应与企业可接受风险的水平相适应，并对安全风险进行有效的分级管控。风险分级管控的基本原则是：风险越大，管控级别越高；上级负责管控的风险，下级必须负责管控，并逐级落实具体措施。

重大风险(红色风险)是不容许的，极其危险，必须立即整改，不能继续作业。较大风险(橙色风险)必须制定措施进行控制管理，企业对较大及以上风险危害因素应重点控制管理。一般风险(黄色风险)，需要增补控制措施，车间、科室应引起关注。低风险(蓝色风险)，稍有危险，但风险可以接受，是容许的；或需要注意，可忽略；员工应引起注意，各工段、班组负责此类危害因素的控制管理。

第三节 隐患排查治理

隐患排查治理是安全生产的重要工作，是企业安全生产标准化风险管理要素的重点内容，是预防和减少事故的有效手段。国家安全监管总局制定了《危险化学品企业事故隐患排查治理实施导则》(以下简称《导则》)。企业要按照《导则》要求，建立隐患排查治理工作责任制，完善隐患排查治理制度，规范各项工作程序，实时监控重大隐患，逐步建立隐患排查治理的常态化机制。强化《导则》的宣传培训，确保企业员工了解《导则》的内容，积极参与隐患排查治理工作。各级安全监管部门要督促指导危险化学品企业规范开展隐患排查治理工作。要采取培训、专家讲座等多种形式，大力开展《导则》宣贯，增强危险化学

品企业开展隐患排查治理的主动性，指导企业掌握隐患排查治理的基本方法和工作要求；及时搜集和研究辖区内企业隐患排查治理情况，建立隐患排查治理信息管理系统，建立安全生产工作预警预报机制，提升危险化学品安全监管水平。

一、隐患排查治理的重要性

隐患排查治理是企业安全管理的基础工作，是企业安全生产标准化风险管理要素的重点内容，应按照“谁主管、谁负责”和“全员、全过程、全方位、全天候”的原则，明确职责，建立健全企业隐患排查治理制度和保证制度有效执行的管理体系，努力做到及时发现、及时消除各类安全生产隐患，保证企业安全生产。

二、隐患排查方式及频次

(一) 隐患排查方式

隐患排查工作可与企业各项专业日常管理、专项检查和监督检查等工作相结合，科学整合以下方式进行：

①日常隐患排查；

②综合性隐患排查；

③专业性隐患排查；

④季节性隐患排查；

⑤重大活动及节假日前隐患排查；

⑥事故类比隐患排查。

(1)日常隐患排查是指班组、岗位员工的交接班检查和班中巡回检查，以及基层单位领导和工艺、设备、电气、仪表、安全等专业技术人员的日常性检查。日常隐患排查要加强对关键装置、要害部位、关键环节、重大危险源的检查和巡查。

(2)综合性隐患排查是指以保障安全生产为目的，以安全责任制、各项专业管理制度和安全生产管理制度落实情况为重点，各有关专业人员和部门共同参与的全面检查。

(3)专业隐患排查主要是指对区域位置及总图布置、工艺、设备、电气、仪表、储运、消防和公用工程等系统分别进行的专业检查。

(4)季节性隐患排查是指根据各季节特点开展的专项隐患检查，主要如下：

①春季以防雷、防静电、防解冻泄漏、防解冻坍塌为重点；

②夏季以防雷暴、防设备容器高温超压、防台风、防洪、防暑降温为重点；

③秋季以防雷暴、防火、防静电、防凝保温为重点；

④冬季以防火、防爆、防雪、防冻防凝、防滑、防静电为重点。

(5)重大活动及节假日前隐患排查主要是指在重大活动和节假日前，对装置生产是否存在异常状况和隐患、备用设备状态、备品备件、生产及应急物资储备、保运力量安排、企业保卫、应急工作等进行的检查，特别是要对节日期间干部带班值班、机电仪保运及紧急抢修力量安排、备件及各类物资储备和应急工作进行重点检查。

(6)事故类比隐患排查是对企业内和同类企业发生事故后的举一反三的安全检查。

(二)隐患排查频次确定

(1)企业进行隐患排查的频次应满足以下条件：

①装置操作人员现场巡检间隔不得大于2 h，涉及“两重点一重大”的生产、储存装置和部位的操作人员现场巡检间隔不得大于1 h，宜采用不间断巡检方式进行现场巡检。

②基层车间(装置，下同)直接管理人员(主任、工艺、设备、技术人员)、电气、仪表人员每天至少两次对装置现场进行相关专业检查。

③基层车间应结合岗位责任制检查，至少每周组织一次隐患排查，并和日常交接班检查和班中巡回检查中发现的隐患一起进行汇总；基层单位（厂)应结合岗位责任制检查，至少每月组织一次隐患排查。

④企业应根据季节性特征及本单位的生产实际，每季度开展一次有针对性的季节性隐患排查；重大活动及节假日前必须进行一次隐患排查。

⑤企业至少每半年组织一次，基层单位至少每季度组织一次综合性隐患排查和专业隐患排查，两者可结合进行。

⑥当获知同类企业发生伤亡及泄漏、火灾爆炸等事故时，企业应举一反三，及时进行事故类比隐患专项排查。

⑦对于区域位置、工艺技术等不经常发生变化的，可依据实际变化情况确定排查周期，如果发生变化，应及时进行隐患排查。

(2)当发生以下情形之一，企业应及时组织进行相关专业的隐患排查：

①颁布实施有关新的法律法规、标准规范或原有适用法律法规、标准规范重新修订的；

②组织机构和人员发生重大调整的；

③装置工艺、设备、电气、仪表、公用工程或操作参数发生重大改变的，应按变更管理要求进行风险评估；

④外部安全生产环境发生重大变化；

⑤发生事故或对事故、事件有新的认识；

⑥气候条件发生大的变化或预报可能发生重大自然灾害。

(3)涉及“两重点一重大”的危险化学品生产、储存企业，应每5年至少开展1次危险与可操作性分析。

三、隐患排查内容

根据危险化学品企业的特点，隐患排查包括但不限于以下内容：

(1)安全基础管理；

(2)区域位置和总图布置；

(3)工艺；

(4)设备；

(4)电气系统；

(5)仪表系统；

(6)危险化学品管理；

(7)储运系统；

(8)公用工程；

(9)消防系统。

四、隐患治理

(一) 隐患级别

(1)事故隐患可按照整改难易程度及可能造成的后果严重性，分为一般事故隐患和重大事故隐患。

(2)一般事故隐患，是指能够及时整改，不足以造成人员伤亡、财产损失的隐患。对于一般事故隐患，可按照隐患治理的负责单位，分为班组级、基层车间级、基层单位(厂)级直至企业级。

(3)重大事故隐患，是指无法立即整改且可能造成人员伤亡、较大财产损失的隐患。

(二) 隐患治理

(1)企业应对排查出的各级隐患做到“五定”，并将整改落实情况纳入日常管理进行监督，及时协调在隐患整改中存在的资金、技术、物资采购、施工等各方面问题。

(2)一般事故隐患由企业(基层车间、基层单位)负责人或者有关人员立即组织整改。

(3)对于重大事故隐患，企业要结合自身的生产经营实际情况，确定风险可接受标准，评估隐患的风险等级。

(4)重大事故隐患的治理应满足以下要求：

①当风险处于很高风险区域时，应立即采取充分的风险控制措施，防止事故发生，同时编制重大事故隐患治理方案，尽快进行隐患治理，必要时立即停产治理；

②当风险处于一般高风险区域时，企业应采取充分的风险控制措施，防止事故发生，并编制重大事故隐患治理方案，选择合适的时机进行隐患治理；

③对于处于中风险区域的重大事故隐患，应根据企业实际情况，进行成本-效益分析，编制重大事故隐患治理方案，选择合适的时机进行隐患治理，尽可能将其降低到低风险区域。

(5)对于重大事故隐患，由企业主要负责人组织制定并实施事故隐患治理方案。重大事故隐患治理方案应包括：

①治理的目标和任务；

②采取的方法和措施；

③经费和物资的落实；

④负责治理的机构和人员；

⑤治理的时限和要求；

⑥防止整改期间发生事故的安全措施。

(6)事故隐患治理方案、整改完成情况、验收报告等应及时归入事故隐患档案。隐患档案应包括以下信息：隐患名称、隐患内容、隐患编号、隐患所在单位、专业分类、归属职能部门、评估等级、整改期限、治理方案、整改完成情况、验收报告等。事故隐患排查、治理过程中形成的传真、会议纪要、正式文件等，也应归入事故隐患档案。

第四节　工艺安全管理

一、安全基础管理

安全基础管理有以下几项内容。

(1)安全生产管理机构建立健全情况、安全生产责任制和安全管理制度建立健全及落实情况。

(2)安全投入保障情况，参加工伤保险、安全生产责任险的情况。

(3)安全培训与教育情况，主要包括：

①企业主要负责人、安全管理人员的培训及持证上岗情况；

②特种作业人员的培训及持证上岗情况；

③从业人员安全教育和技能培训情况。

(4)企业开展风险评价与隐患排查治理情况，主要包括：

①法律、法规和标准的识别和获取情况；

②定期和及时对作业活动和生产设施进行风险评价的情况；

③风险评价结果的落实、宣传及培训情况；

④企业隐患排查治理制度是否满足安全生产需要。

(5)事故管理、变更管理及承包商的管理情况。

(6)危险作业和检/维修的管理情况，主要包括：

①危险性作业活动作业前的危险有害因素识别与控制情况；

②动火作业、进入受限空间作业、破土作业、临时用电作业、高处作业、断路作业、吊装作业、设备检修作业和抽堵盲板作业等危险性作业的作业许可管理与过程监督情况；

③从业人员劳动防护用品和器具的配置、佩戴与使用情况。

(7)危险化学品事故的应急管理情况。

二、工艺管理

工艺管理有以下几项内容。

(1)工艺的安全管理，主要包括：

①工艺安全信息的管理；

②工艺风险分析制度的建立和执行；

③操作规程的编制、审查、使用与控制；

④工艺安全培训程序、内容、频次及记录的管理。

(2)工艺技术及工艺装置的安全控制，主要包括：

①装置可能引起火灾、爆炸等严重事故的部位是否设置超温、超压等检测仪表、声和/(或)光报警、泄压设施和安全连锁装置等设施；

②针对温度、压力、流量、液位等工艺参数设计的安全泄压系统及安全泄压措施的完好性；

③危险物料的泄压排放或放空的安全性；

④按照《首批重点监管的危险化工工艺目录》和《首批重点监管的危险化工工艺安全控制要求、重点监控参数及推荐的控制方案》的要求进行危险化工工艺的安全控制情况；

⑤火炬系统的安全性；

⑥其他工艺技术及工艺装置的安全控制方面的隐患。

(3)现场工艺安全状况，主要包括：

①工艺卡片的管理，包括工艺卡片的建立和变更，以及工艺指标的现场控制；

②现场连锁的管理，包括连锁管理制度及现场连锁投用、摘除与恢复；

③工艺操作记录及交接班情况；

④剧毒品部位的巡检、取样、操作与检维修的现场管理。

三、设备管理

设备管理有以下几项内容。

(1)设备管理制度与管理体系的建立与执行情况，主要包括：

①按照国家相关法律法规制定、修订本企业的设备管理制度；

②有健全的设备管理体系，设备管理人员按要求配备；

③建立健全安全设施管理制度及台账。

(2)设备现场的安全运行状况，包括：

①大型机组、机泵、锅炉、加热炉等关键设备装置的连锁自保护及安全附件的设置、投用与完好状况；

②大型机组关键设备特级维护到位，备用设备处于完好备用状态；

③转动机器的润滑状况，设备润滑的“五定”“三级过滤”；

④设备状态监测和故障诊断情况；

⑤设备的腐蚀防护状况，包括重点装置设备腐蚀的状况、设备腐蚀部位、工艺防腐措施、材料防腐措施等。

(3)特种设备（包括压力容器、压力管道）的现场管理，主要包括：

①特种设备（包括压力容器、压力管道）的管理制度及台账；

②特种设备注册登记及定期检测、检验情况；

③特种设备安全附件的管理维护。

四、电气系统管理

电气系统管理有以下几项内容。

(1)电气系统的安全管理，主要包括：

①电气特种作业人员资格管理；

②电气安全相关管理制度、规程的制定及执行情况。

(2)供配电系统、电气设备及电气安全设施的设置，主要包括：

①用电设备的电力负荷等级与供电系统的匹配性；

②消防泵、关键装置、关键机组等特别重要负荷的供电；

③重要场所事故应急照明；

④电缆、变配电相关设施的防火防爆；

⑤爆炸危险区域内的防爆电气设备选型及安装；

⑥建/构筑物、工艺装置、作业场所等的防雷、防静电。

五、仪表系统管理

仪表系统管理有以下几项内容。

(1)仪表的综合管理，主要包括：

①仪表相关管理制度建立和执行情况；

②仪表系统的档案资料、台账管理；

③仪表调试、维护、检测、变更等记录；

④安全仪表系统的投用、摘除及变更管理等。

(2)系统配置，主要包括：

①基本过程控制系统和安全仪表系统的设置满足安全、稳定生产需要；

②现场检测仪表和执行元件的选型、安装情况；

③仪表供电、供气、接地与防护情况；

④可燃气体和有毒气体检测报警器的选型、布点及安装；

⑤安装在爆炸危险环境的仪表满足要求等。

(3)现场各类仪表完好有效，检验维护及现场标志情况，主要包括：

①仪表及控制系统的运行状况稳定可靠，满足危险化学品生产需求；

②按规定对仪表进行定期检定或校准；

③现场仪表位号标志是否清晰等。

六、危险化学品管理

危险化学品管理有以下几项内容。

(1)危险化学品分类、登记与档案的管理，主要包括：

①按照标准对产品、所有中间产品进行危险性鉴别与分类，分类结果汇入危险化学品档案；

②按相关要求建立健全危险化学品档案；

③按照国家有关规定对危险化学品进行登记。

(2)化学品安全信息的编制、宣传、培训和应急管理，主要包括：

①危险化学品安全技术说明书和安全标签的管理；

②危险化学品“一书一签”制度的执行情况；

③24 小时应急咨询服务或应急代理；

④危险化学品相关安全信息的宣传与培训。

七、储运系统管理

储运系统管理有以下几项内容。

(1)储运系统的安全管理情况，主要包括：

①储罐区、可燃液体、液化烃的装卸设施、危险化学品仓库储存管理制度，以及操作、使用和维护规程制定及执行情况；

②储罐的日常和检/维修管理。

(2)储运系统的安全设计情况，主要包括：

①易燃、可燃液体及可燃气体的罐区(如罐组总容、罐组布置)，防火堤及隔堤，消防道路、排水系统等；

②重大危险源罐区现场的安全监控装备是否符合《危险化学品重大危险源监督管理暂行规定》(国家安全监管总局令第 40 号)的要求；

③天然气凝液、液化石油气球罐或其他危险化学品压力或半冷冻低温储罐的安全控制及应急措施；

④可燃液体、液化烃和危险化学品的装卸设施；

⑤危险化学品仓库的安全储存。

(3)储运系统罐区、储罐本体及其安全附件、铁路装卸区、汽车装卸区等设施的完好性。

八、消防系统管理

消防系统管理有以下几项内容。

(1)建设项目消防设施验收情况；企业消防安全机构、人员设置与制度的制定情况，消防人员培训、消防应急预案及相关制度的执行情况；消防系统运行检测情况。

(2)消防设施与器材的设置情况，主要包括：

①消防站设置情况，如消防站、消防车、消防人员、移动式消防设备、通信等；

②消防水系统与泡沫系统，如消防水源、消防泵、泡沫液储罐、消防给水管道、消防管网的分区阀门、消火栓、泡沫栓、消防水炮、泡沫炮、固定式消防水喷淋设备等；

③油罐区、液化烃罐区、危险化学品罐区、装置区等设置的固定式和半固定式灭火系统；

④甲/乙类装置、罐区、控制室、配电室等重要场所的火灾报警系统；

⑤生产区、工艺装置区、建/构筑物的灭火器材配置；

⑥其他消防器材。

第五节　特殊作业安全规范

所谓特殊作业，一般是指化工和危化品企业在检/维修过程的动火、进入受限空间、盲板抽堵、高处作业、吊装、临时用电、动土及断路等作业，对操作者本人、他人及周围建(构)筑物、设备、设施的安全可能造成危害的作业。特殊作业危险性大，安全风险高，必须严格管理。从事故类型的分布情况看，中毒和窒息事故起数最多，其次是爆炸和高处坠落；从事故死亡人数看，爆炸事故死亡人数最多，其次是中毒和窒息、高处坠落事故，三类事故共计占到全年总事故起数和死亡总人数的48.9%、66%。因此，中毒和窒息、爆炸、高处坠落是化工事故的防范重点，爆炸事故中要着力防范化学爆炸事故。

一、作业前的基本要求

(一) 作业中的危险应对措施

作业前，作业单位和生产单位应对作业现场和作业过程中可能存在的危险、有害因素进行辨识，制定相应的安全措施。

(二) 作业人员安全教育

作业前，作业单位应对参加作业的人员进行安全教育，主要内容如下：有关作业的安全规章制度；作业现场和作业过程中可能存在的危险、有害因素及应采取的具体安全措施；作业过程中所使用的个体防护器具的使用方法及使用注意事项；事故的预防、避险、逃生、自救、互救等知识；相关事故案例和经验、教训。

(三) 生产单位应做事项

作业前，生产单位应进行以下工作：

(1) 对设备、管线进行隔绝、清洗、置换，并确认满足动火、进入受限空间等作业安全要求；

(2) 放射源采取相应的安全处置措施；

(3) 对作业现场的地下隐蔽工程进行交底；

(4) 腐蚀性介质的作业场所配备应急用冲洗水源；

(5) 夜间作业的场所设置满足要求的照明装置；

(6) 会同作业单位组织作业人员到作业现场了解和熟悉现场环境，进一步核实安全措施的可靠性，熟悉应急救援器材的位置及分布。

(四) 作业工器具检查

作业前，作业单位对作业现场及作业涉及的设备、设施、工器具等进行检查，并使之符合如下要求：

(1)作业现场消防通道、行车通道应保持畅通，影响作业安全的杂物应清理干净，作业现场的梯子、栏杆、平台、箅子板、盖板等设施应完整、牢固，采用的临时设施应确保安全；

(2)作业现场可能危及安全的坑、井、沟、孔洞等应采取有效防护措施，并设警示标志，夜间应设警示红灯，需要检修的设备上的电器电源应可靠断电，在电源开关处加锁并加挂安全警示牌；

(3)作业使用的个体防护器具、消防器材、通信设备、照明设备等应完好；

(4)作业使用的脚手架、起重机械、电/气焊用具、手持电动工具等各种工/器具应符合作业安全要求，超过安全电压的手持式、移动式电动工/器具应逐个配置漏电保护器和电源开关。

(五) 作业防护用品佩戴

进入作业现场的人员应正确佩戴符合 GB 2811—2019 要求的安全帽。作业时，作业人员应遵守本工种安全技术操作规程，并按规定着装、正确佩戴相应的个体防护用品，多工种、多层次交叉作业应统一协调。

(1)特种作业和特种设备作业人员应持证上岗。患有职业禁忌证者不应参与相应作业，职业禁忌证依据 GBZ/T 157—2009。

(2)作业监护人员应坚守岗位，如确需离开，应有专人替代监护。

(六) 作业审批手续

作业前，作业单位应办理作业审批手续，并有相关责任人签名确认。

(1)同一作业涉及动火、进入受限空间、盲板抽堵、高处作业、吊装、临时用电、动土、断路中的两种或两种以上时，除应同时执行相应的作业要求外，还应同时办理相应的作业审批手续。

(2)作业时审批手续应齐全，安全措施应全部落实，作业环境应符合安全要求。

(七) 作业应急机制

当生产装置出现异常，可能危及作业人员安全时，生产单位应立即通知作业人员停止作业，迅速撤离。当作业现场出现异常，可能危及作业人员安全时，作业人员应停止作业，迅速撤离，作业单位应立即通知生产单位。

(八)恢复设施的使用功能

作业完毕，应恢复作业时拆移的盖板、箅子板、扶手、栏杆、防护罩等安全设施的安全使用功能；将作业用的工/器具、脚手架、临时电源、临时照明设备等及时撤离现场；将废料、杂物、垃圾、油污等清理干净。

二、特殊作业的定义

(1)动火作业：直接或间接产生明火的工艺设备以外的禁火区内可能产生火焰、火花或炽热表面的非常规作业，如使用电焊、气焊(割)、喷灯、电钻、砂轮等进行的作业。

(2)易燃易爆场所：GB 50016—2014、GB 50160—2018、GB 50074—2014中火灾危险性分类为甲、乙类区域的场所。

(3)受限空间：进出口受限、通风不良、可能存在易燃易爆/有毒有害物质或缺氧，对进入人员的身体健康和生命安全构成威胁的封闭、半封闭设施及场所，如反应器、塔、釜、槽、罐、炉膛、锅筒、管道及地下室、窨井、坑(池)、下水道或其他封闭、半封闭场所。

(4)受限空间作业：进入或探入受限空间进行的作业。

(5)盲板抽堵作业：在设备、管道上安装和拆卸盲板的作业。

(6)高处作业：在距坠落基准面2 m及2 m以上有可能坠落的高处进行的作业。

(7)异温高处作业：在高温或低温情况下进行的高处作业。高温是指作业地点具有生产性热源，其环境温度高于本地区夏季室外通风设计计算温度2 ℃及以上。低温是指作业地点的气温低于5 ℃。

(8)带电高处作业：采取地(零)电位或等(同)电位方式接近或接触带电体，对带电设备和线路进行检修的高处作业。

(9)吊装作业：利用各种吊装机具将设备、工件、器具、材料等吊起，使其发生位置变化的作业。

(10)临时用电：正式运行的电源上所接的非永久性用电。

(11)动土作业：挖土、打桩、钻探、坑探、地锚入土深度在0.5 m以上；使用推土机、压路机等施工机械进行填土或平整场地等可能对地下隐蔽设施产生影响的作业。

(12)断路作业：在化学品生产单位内交通主、支路与车间引道上进行工程施工、吊装、吊运等各种影响正常交通的作业。

第六节　重大危险源管理

危险化学品重大危险源是指长期的或临时的生产、加工、使用或储存危险化学品，且危险化学品的数量等于或超过临界量的单元。单元是指一个(套)生产装置、设施或场所，或同属一个生产经营单位的且边缘距离小于500 m的几个(套)生产装置、设施或场所。

一、危险源的辨识与评估

危险化学品单位应当对重大危险源进行安全评估并确定重大危险源等级。危险化学品单位可以组织本单位的注册安全工程师、技术人员或者聘请有关专家进行安全评估，也可以委托具有相应资质的安全评价机构进行安全评估。

重大危险源根据其危险程度，分为一级、二级、三级和四级，一级为最高级别。重大危险源有下列情形之一的，应当委托具有相应资质的安全评价机构，按照有关标准的规定采用定量风险评价方法进行安全评估，确定个人和社会风险值：

(1)构成一级或者二级重大危险源，且毒性气体实际存在(在线)量与其在《危险化学品重大危险源辨识》中规定的临界量比值之和大于或等于1的；

(2)构成一级重大危险源，且爆炸品或液化易燃气体实际存在(在线)量与其在《危险化学品重大危险源辨识》中规定的临界量比值之和大于或等于1的。

有下列情形之一的，危险化学品单位应当对重大危险源重新进行辨识、安全评估及分级：

(1)重大危险源安全评估已满3年的；

(2)构成重大危险源的装置、设施或者场所进行新建、改建、扩建的；

(3)危险化学品种类、数量、生产、使用工艺或者储存方式及重要设备、设施等发生变化，影响重大危险源级别或者风险程度的；

(4)外界生产安全环境因素发生变化，影响重大危险源级别和风险程度的；

(5)发生危险化学品事故造成人员死亡，或者10人以上受伤，或者影响到公共安全的；

(6)有关重大危险源辨识和安全评估的国家标准、行业标准发生变化的。

二、安全管理

1. 危险化学品单位

危险化学品单位应当根据构成重大危险源的危险化学品种类、数量、生产、使用工艺(方式)或者相关设备、设施等实际情况，按照下列要求建立健全安全监测监控体系，完善控制措施：

(1)重大危险源配备温度、压力、液位、流量、组分等信息的不间断采集和监测系统以及可燃气体和有毒有害气体泄漏检测报警装置，并具备信息远传、连续记录、事故预警、信息存储等功能；一级或者二级重大危险源，具备紧急停车功能；记录的电子数据的保存时间不少于30 d；

(2)重大危险源的化工生产装置装备满足安全生产要求的自动化控制系统；一级或者二级重大危险源，装备紧急停车系统；

(3)对重大危险源中的毒性气体、剧毒液体和易燃气体等重点设施，设置紧急切断装置；毒性气体设施设置泄漏物紧急处置装置；涉及毒性气体、液化气体、剧毒液体的一级或者二级重大危险源，配备独立的安全仪表系统(SIS)；

(4)重大危险源中储存剧毒物质的场所或者设施，设置视频监控系统；

(5)安全监测监控系统符合国家标准或者行业标准的规定。

2. 危险化学品重大危险源管理制度

(1) 危险化学品单位应当按照国家有关规定，定期对重大危险源的安全设施和安全监测监控系统进行检测、检验，并进行经常性维护、保养，保证重大危险源的安全设施和安全监测监控系统有效、可靠运行。维护、保养、检测应当作好记录，并由有关人员签字。

(2) 危险化学品单位应当明确重大危险源中关键装置、重点部位的责任人或者责任机构，并对重大危险源的安全生产状况进行定期检查，及时采取措施消除事故隐患。事故隐患难以立即排除的，应当及时制定治理方案，落实整改措施、责任、资金、时限和预案。

(3) 危险化学品单位应当对重大危险源的管理和操作岗位人员进行安全操作技能培训，使其了解重大危险源的危险特性，熟悉重大危险源安全管理规章制度和安全操作规程，掌握本岗位的安全操作技能和应急措施。

(4) 危险化学品单位应当在重大危险源所在场所设置明显的安全警示标志，写明紧急情况下的应急处置办法。

(5) 危险化学品单位应当将重大危险源可能发生的事故后果和应急措施等信息以适当方式告知可能受影响的单位、区域及人员。

(6) 危险化学品单位应当依法制定重大危险源事故应急预案，建立应急救援组织或者配备应急救援人员，配备必要的防护装备及应急救援器材、设备、物资，并保障其完好和方便使用；配合地方人民政府安全生产监督管理部门制定所在地区涉及本单位的危险化学品事故应急预案。对存在吸入性有毒、有害气体的重大危险源，危险化学品单位应当配备便携式浓度检测设备、空气呼吸器、化学防护服、堵漏器材等应急器材和设备；涉及剧毒气体的重大危险源，还应当配备2套以上(含2套)气密型化学防护服；涉及易燃易爆气体或者易燃液体蒸气的重大危险源，还应当配备一定数量的便携式可燃气体检测设备。

(7) 危险化学品单位应当制定重大危险源事故应急预案演练计划，并按照下列要求进行事故应急预案演练：

①对重大危险源专项应急预案，每年至少进行1次；

②对重大危险源现场处置方案，每半年至少进行1次。

应急预案演练结束后，危险化学品单位应当对应急预案演练效果进行评估，撰写应急预案演练评估报告，分析存在的问题，对应急预案提出修订意见，并及时修订完善。

(1)危险化学品单位应当对辨识确认的重大危险源及时、逐项进行登记建档。重大危险源档案应当包括辨识、分级记录等文件；重大危险源基本特征表；涉及的所有化学品安全技术说明书；区域位置图、平面布置图、工艺流程图和主要设备一览表；重大危险源安全管理规章制度及安全操作规程；安全监测监控系统、措施说明、检测、检验结果；重大危险源事故应急预案、评审意见、演练计划和评估报告；安全评估报告或者安全评价报告；重大危险源关键装置、重点部位的责任人、责任机构名称；重大危险源场所安全警示标志的设置情况；其他文件、资料。

(2)危险化学品单位在完成重大危险源安全评估报告或者安全评价报告后15日内，应当填写重大危险源备案申请表，报送所在地县级人民政府安全生产监督管理部门备案。地县级人民政府安全生产监督管理部门应当每季度将辖区内的一级、二级重大危险源备案材料报送至设区的市级人民政府安全生产监督管理部门。

(3)危险化学品单位新建、改建和扩建危险化学品建设项目，应当在建设项目竣工验收前完成重大危险源的辨识、安全评估和分级、登记建档工作，并向所在地县级人民政府安全生产监督管理部门备案。

3. 法律责任

(1) 危险化学品单位有下列行为之一的，由县级以上人民政府安全生产监督管理部门责令限期改正，可以处10万元以下的罚款；逾期未改正的，责令停产停业整顿，并处10万元以上20万元以下的罚款，对其直接负责的主管人员和其他直接责任人员处2万元以上5万元以下的罚款；构成犯罪的，依照刑法有关规定追究刑事责任：

①未按照《危险化学品重大危险源监督管理暂行规定》(下称本规定)要求对重大危险源进行安全评估或者安全评价的；

②未按照本规定要求对重大危险源进行登记建档的；

③未按照本规定及相关标准要求对重大危险源进行安全监测监控的；

④未制定重大危险源事故应急预案的。

(2) 危险化学品单位有下列行为之一的，由县级以上人民政府安全生产监督管理部门责令限期改正，可以处5万元以下的罚款；逾期未改正的，处5万元以上20万元以下的罚款，对其直接负责的主管人员和其他直接责任人员处1万元以上2万元以下的罚款；情节严重的，责令停产停业整顿；构成犯罪的，依照刑法有关规定追究刑事责任：

①未在构成重大危险源的场所设置明显的安全警示标志的；

②未对重大危险源中的设备、设施等进行定期检测、检验的。

(3)危险化学品单位有下列情形之一的，由县级以上人民政府安全生产监督管理部门给予警告，可以并处5 000元以上3万元以下的罚款：

①未按照标准对重大危险源进行辨识的；

②未按照本规定明确重大危险源中关键装置、重点部位的责任人或者责任机构的；

③未按照本规定建立应急救援组织或者配备应急救援人员，以及配备必要的防护装备及器材、设备、物资，并保障其完好的；

④未按照本规定进行重大危险源备案或者核销的；

⑤未将重大危险源可能引发的事故后果、应急措施等信息告知可能受影响的单位、区域及人员的；

⑥未按照本规定要求开展重大危险源事故应急预案演练的。

(4)危险化学品单位未按照本规定对重大危险源的安全生产状况进行定期检查，采取措施消除事故隐患的，责令立即消除或者限期消除；危险化学品单位拒不执行的，责令停产停业整顿，并处10万元以上20万元以下的罚款，对其直接负责的主管人员和其他直接责任人员处2万元以上5万元以下的罚款。

(5)承担检测、检验、安全评价工作的机构，出具虚假证明的，没收违法所得；违法所得在10万元以上的，并处违法所得2倍以上5倍以下的罚款；没有违法所得或者违法所得不足10万元的，单处或者并处10万元以上20万元以下的罚款；对其直接负责的主管人员和其他直接责任人员处2万元以上5万元以下的罚款；给他人造成损害的，与危险化学品单位承担连带赔偿责任；构成犯罪的，依照刑法有关规定追究刑事责任。对有前款违法行为的机构，依法吊销其相应资质。

第四章 职业健康安全

职业病是指企业、事业单位和个体经济组织(以下统称用人单位)的劳动者在职业活动中，因接触粉尘、放射性物质和其他有毒、有害物质等因素而引起的疾病。

根据我国的经济发展水平，并参考国际上通行的做法，我国卫生部(现卫计委)文件《职业病分类和目录》(国卫疾控发〔2013〕48号)将职业病分为职业性尘肺病及其他呼吸系统疾病、职业性皮肤病、职业性眼病、职业性耳鼻喉口腔疾病、职业性化学中毒、物理因素所致职业病、职业性放射性疾病、职业性传染病、职业性肿瘤、其他职业病，共10类132种。

职业有关疾病的范围比职业病更为广泛，它具有3层含义：

(1)职业因素是该病发生和发展的诸多原因之一，但不是唯一的直接病因；

(2)职业因素影响了健康，从而促使潜在的疾病显露或加重已有的疾病病情；

(3)通过改善工作条件，可使所患疾病得到控制或缓解。

常见的与职业有关疾病有：①行为(精神)和身心的疾病，如精神焦虑、忧郁、精神衰弱综合征，多因工作繁重、夜班工作、饮食失调、过量饮酒、吸烟等因素引起，有时由于对某一职业危害因素产生恐惧心理，而致精神紧张、脏器功能失调；②慢性非特异性呼吸道疾患，包括慢性支气管炎、肺气肿和支气管哮喘等，是多因素疾病，吸烟、空气污染、呼吸道反复感染常是主要病因，即使空气中污染在卫生标准限值以下，患者仍可发生较重的慢性非特异性呼吸道疾患；③其他如高血压、消化性溃疡、腰背痛等疾患，也常与某些工作有关。

第一节 职业病的危害因素

一、粉尘类

(1)矽尘(游离二氧化硅含量超过10%的无机性粉尘)：可能导致的职业病是矽肺(硅沉着病，下同)。

(2)煤尘(煤矽尘)：可能导致的职业病是煤工尘肺。

(3)石墨尘：可能导致的职业病是石墨尘肺。

(4)炭黑尘：可能导致的职业病是炭黑尘肺。

(5)石棉尘：可能导致的职业病是石棉尘肺。

(6)滑石尘：可能导致的职业病是滑石尘肺。

(7)水泥尘：可能导致的职业病是水泥尘肺。

(8)云母尘：可能导致的职业病是云母尘肺。

(9)陶瓷尘：可能导致的职业病是陶瓷尘肺。

(10)铝尘(铝、铝合金、氧化铝粉尘)：可能导致的职业病是铝尘肺。

(11)电焊烟尘：可能导致的职业病是电焊工尘肺。

(12)铸造粉尘：可能导致的职业病是铸工尘肺。

(13)其他粉尘：可能导致的职业病是其他尘肺。

二、放射性物质类(电离辐射)

放射性物质可能导致的职业病有：外照射急性放射病、外照射亚急性放射病、外照射慢性放射病、内照射放射病、放射性皮肤疾病、放射性白内障、放射性肿瘤、放射性骨损伤、放射性甲状腺疾病、放射性性腺疾病、放射复合伤、根据《放射性疾病诊断总则》可以诊断的其他放射性损伤。

三、化学物质类

(1)铅及其化合物(铅尘、铅烟、铅化合物，不包括四乙基铅)：可能导致的职业病是铅及其化合物中毒。

(2)汞及其化合物(汞、氯化高汞、汞化合物)：可能导致的职业病是汞及其化合物中毒。

(3)锰及其化合物(锰烟、锰尘、锰化合物)：可能导致的职业病是锰及其化合物中毒。

(4)镉及其化合物：可能导致的职业病是镉及其化合物中毒。

(5)铍及其化合物：可能导致的职业病是铍病。

(6)铊及其化合物：可能导致的职业病是铊及其化合物中毒。

(7)钡及其化合物：可能导致的职业病是钡及其化合物中毒。

(8)钒及其化合物：可能导致的职业病是钒及其化合物中毒。

(9)磷及其化合物(不包括磷化氢、磷化锌、磷化铝)：可能导致的职业病是磷及其化合物中毒。

(10)砷及其化合物(不包括砷化氢)：可能导致的职业病是砷及其化合物中毒。

(11)铀：可能导致的职业病是铀中毒。

(12)砷化氢：可能导致的职业病是砷化氢中毒。

(13)氯气：可能导致的职业病是氯气中毒。

(14)二氧化硫：可能导致的职业病是二氧化硫中毒。

(15)光气：可能导致的职业病是光气中毒。

(16)氨：可能导致的职业病是氨中毒。

(17)偏二甲基肼：可能导致的职业病是偏二甲基肼中毒。

(18)氮氧化合物：可能导致的职业病是氮氧化合物中毒。

(19)一氧化碳：可能导致的职业病是一氧化碳中毒。

(20)二氧化碳：可能导致的职业病是二氧化碳中毒。

(21)硫化氢：可能导致的职业病是硫化氢中毒。

(22)磷化氢、磷化锌、磷化铝：可能导致的职业病是磷化氢、磷化锌、磷化铝中毒。

(23)氟及其化合物：可能导致的职业病是工业性氟病。

(24)氰及腈类化合物：可能导致的职业病是氰及腈类化合物中毒。

(25)四乙基铅：可能导致的职业病是四乙基铅中毒。

(26)有机锡：可能导致的职业病是有机锡中毒。

(27)羰基镍：可能导致的职业病是羰基镍中毒。

(28)苯：可能导致的职业病是苯中毒。

(29)甲苯：可能导致的职业病是甲苯中毒。

(30)二甲苯：可能导致的职业病是二甲苯中毒。

(31)正己烷：可能导致的职业病是正己烷中毒。

(32)汽油：可能导致的职业病是汽油中毒。

(33)一甲胺：可能导致的职业病是一甲胺中毒。

(34)有机氟聚合物单体及其热裂解物：可能导致的职业病是有机氟聚合物单体及其热裂解物中毒。

(35)二氯乙烷：可能导致的职业病是二氯乙烷中毒。

(36)四氯化碳：可能导致的职业病是四氯化碳中毒。

(37)氯乙烯：可能导致的职业病是氯乙烯中毒。

(38)三氯乙烯：可能导致的职业病是三氯乙烯中毒。

(39)氯丙烯：可能导致的职业病是氯丙烯中毒。

(40)氯丁二烯：可能导致的职业病是氯丁二烯中毒。

(41)苯胺、甲苯胺、二甲苯胺、N，N-二甲苯胺、二苯胺、硝基苯、硝基甲苯、对硝基苯胺、二硝基苯、二硝基甲苯：可能导致的职业病是苯的氨基及硝基化合物(不包括三硝基甲苯)中毒。

(42) 三硝基甲苯：可能导致的职业病是三硝基甲苯中毒。

(43) 甲醇：可能导致的职业病是甲醇中毒。

(44) 酚：可能导致的职业病是酚中毒。

(45) 五氯酚：可能导致的职业病是五氯酚中毒。

(46) 甲醛：可能导致的职业病是甲醛中毒。

(47) 硫酸二甲酯：可能导致的职业病是硫酸二甲酯中毒。

(48) 丙烯酰胺：可能导致的职业病是丙烯酰胺中毒。

(49) 二甲基甲酰胺：可能导致的职业病是二甲基甲酰胺中毒。

(50) 有机磷农药：可能导致的职业病是有机磷农药中毒。

(51) 氨基甲酸酯类农药：可能导致的职业病是氨基甲酸酯类农药中毒。

(52) 杀虫脒：可能导致的职业病是杀虫脒中毒。

(53) 溴甲烷：可能导致的职业病是溴甲烷中毒。

(54) 拟除虫菊酯类：可能导致的职业病是拟除虫菊酯类农药中毒。

(55) 二氯乙烷、四氯化碳、氯乙烯、三氯乙烯、氯丙烯、氯丁二烯、苯的氨基及硝基化合物、三硝基甲苯、五氯酚、硫酸二甲酯：可能导致的职业病是职业性中毒性肝病。

(56) 根据职业性急性中毒诊断标准及处理原则可以诊断的其他导致职业性急性中毒的危害因素。

四、物理因素

(1) 高温：可能导致的职业病是中暑。

(2) 高气压：可能导致的职业病是减压病。

(3) 低气压：可能导致的职业病是高原病、航空病。

(4) 局部振动：可能导致的职业病是手臂振动病。

五、生物因素

(1) 炭疽杆菌：可能导致的职业病是炭疽。

(2) 森林脑炎杆菌：可能导致的职业病是森林脑炎。

(3) 布氏杆菌：可能导致的职业病是布氏杆菌病。

六、导致职业性皮肤病的危害因素

(1) 导致接触性皮炎的危害因素：硫酸、硝酸、盐酸、氢氧化钠、三氯乙烯、重铬酸盐、三氯甲烷、β-萘胺、铬酸盐、乙醇、醚、甲醛、环氧树脂、脲醛树脂、酚醛树脂、松节油、苯胺、润滑油、对苯二酚等。

(2) 导致光敏性皮炎的危害因素：焦油、沥青、醌、蒽醌、蒽油、木酚油、荧光素、六氯苯、氯酚等。

(3) 导致电光性皮炎的危害因素：紫外线。

(4) 导致黑变病的危害因素：焦油、沥青、蒽油、汽油、润滑剂、油彩等。

(5) 导致痤疮的危害因素：沥青、润滑油、柴油、煤油、多氯苯、多氯联苯、氯化萘、多氯萘、多氯酚、聚氯乙烯。

(6) 导致溃疡的危害因素：铬及其化合物、铬酸盐、铍及其化合物、砷化合物、氯化钠。

(7) 导致化学性皮肤灼伤的危害因素：硫酸、硝酸、盐酸、氢氧化钠。

(8) 导致其他职业性皮肤病的危害因素：油彩、高湿、有机溶剂、螨、羌。

七、导致职业性眼病的危害因素

(1) 导致化学性眼部灼伤的危害因素：硫酸、硝酸、盐酸、氮氧化物、甲醛、酚、硫化氢。

(2) 导致电光性眼炎的危害因素：紫外线。

(3) 导致职业性白内障的危害因素：放射性物质、三硝基甲苯、高温、激光等。

八、导致职业性耳鼻喉口腔疾病的危害因素

(1) 导致噪声聋的危害因素：噪声。

(2) 导致铬鼻病的危害因素：铬及其化合物、铬酸盐。

(3) 导致牙酸蚀病的危害因素：氟化氢、硫酸酸雾、硝酸酸雾、盐酸酸雾。

九、职业性肿瘤的职业病危害因素

(1) 石棉所致肺癌、间皮瘤的危害因素：石棉。

(2) 联苯胺所致膀胱癌的危害因素：联苯胺。

(3) 苯所致白血病的危害因素：苯。

(4) 氯甲醚所致肺癌的危害因素：氯甲醚。

(5) 砷所致肺癌、皮肤癌的危害因素：砷。

(6) 氯乙烯所致肝血管肉瘤的危害因素：氯乙烯。

(7) 焦炉工人肺癌的危害因素：焦炉烟气。

(8) 铬酸盐制造业工人肺癌的危害因素：铬酸盐。

十、其他职业病危害因素

(1) 氧化锌：可能导致的职业病是金属烟热。

(2) 二异氰酸甲苯酯：可能导致的职业病是职业性哮喘。

(3)嗜热性放线菌：可能导致的职业病是职业性变态反应性肺泡炎。

(4)棉尘：可能导致的职业病是棉尘病。

(5)不良作业条件(压迫及摩擦)：可能导致的职业病是煤矿井下工人滑囊炎。

第二节　职业病的危害

职业病危害造成的经济损失巨大，影响长远。

GBZ 230—2010《职业性接触毒物危害程度分级》依据急性毒性、急性中毒发病状况、慢性中毒患病状况、慢性中毒后果、致癌性和最高容许浓度等6项指标，将职业性接触毒物分为极度危害(Ⅰ级)，高度危害(Ⅱ级)、中度危害(Ⅲ级)、轻度危害(Ⅳ级)4个级别，如表4-1所示。该标准还列举了国内常见的56种工业毒物的危害程度分级和行业举例，如表4-2所示。

表4-1　职业性接触毒物危害程度分级依据

指　标		分级			
		Ⅰ (极度危害)	Ⅱ (高度危害)	Ⅲ (中度危害)	Ⅳ (轻度危害)
急性中毒	吸入 $LC_{50}/(mg \cdot m^{-3})$	<200	200～2 000	2 000～20 000	>20 000
	经皮 $LD_{50}/(mg \cdot kg^{-1})$	<100	100～500	500～2 500	>2 500
	经口 $LD_{50}/(mg \cdot kg^{-1})$	<25	25～500	500～5 000	>5 000
急性中毒发病状况		生产中易发生中毒，后果严重	生产中可发生中毒，预后良好	偶可发生中毒	迄今未见急性中毒，但有急性影响
慢病中毒患病状况		患病率≥5%	患病率较高(<5%)或症状发生率高(≥20%)	偶有中毒病例发生或症状发生率较高(≥10%)	无慢性中毒，但有慢性影响
慢性中毒后果		脱离接触后，继续进展或不能治愈	脱离接触后，可基本治愈	脱离接触后，可恢复，不致严重后果	脱离接触后，自行恢复，无不良后果
致癌性		人体致癌物	可疑人体致癌物	实验动物致癌物	无致癌物
最高容许浓度/$(mg \cdot m^{-3})$		<0.1	0.1～1.0	1.0～10	>10

表 4-2 职业性接触毒物危害程度分级及其行业举例

级 别	毒物名称	行业举例
Ⅰ级(极度危害)	汞及其化合物	汞冶炼、汞齐法生产氯碱
	苯	含苯黏合剂的生产和使用(制皮鞋)
	砷及其无机化合物(非致癌的无机砷化合物除外)	砷矿开采和冶炼、含砷金属矿(铜、锡)的开采和冶炼
	氯乙烯	聚氯乙烯树脂生产
	铬酸盐、重铬酸盐	铬酸盐和重铬酸盐生产
	黄磷	黄磷生产
	铍及其化合物	铍冶炼、铍化合物的制造
	对硫磷	生产及储运
	羰基镍	羰基镍制造
	八氟异丁烯	二氟一氯甲烷裂解及其残液处理
	氯甲醚	双氯甲醚、一氯甲醚生产、离子交换树脂制造
	锰及其无机化合物	锰矿开采和冶炼、锰铁和锰钢冶炼、高锰焊条制造
	氰化物	氰化钠制造、有机玻璃制造
Ⅱ级(高度危害)	三硝基甲苯	三硝基甲苯制造和军火加工生产
	铅及其化合物	铅的冶炼、蓄电池的制造
	二硫化碳	二硫化碳制造、黏胶纤维制造
	氯	液氯烧碱生产、食盐电解
	丙烯腈	丙烯腈制造、聚丙烯腈制造
	四氯化碳	四氯化碳制造
	硫化氢	硫化染料的制造
	甲醛	酚醛和尿醛树脂生产
	苯胺	苯胺生产
	氟化氢	电解铝、氢氟酸制造
	五氯酚及其钠盐	五氯酚、五氯酚钠生产
	镉及其化合物	镉冶炼、镉化合物的生产
	敌百虫	敌百虫生产、储运
	氯丙烯	环氧氯丙烷制造、丙烯磺酸钠生产
	钒及其化合物	钒铁矿开采和冶炼
	溴甲烷	溴甲烷制造

续表

级　别	毒物名称	行业举例
Ⅱ级(高度危害)	硫酸二甲酯	硫酸二甲酯的制造、储运
	金属镍	镍矿的开采和冶炼
	甲苯二异氰酸酯	聚氨酯塑料生产
	环氧氯丙烷	环氧氯丙烷生产
	砷化氢	含砷有色金属矿的冶炼
	敌敌畏	敌敌畏生产、储运
	光气	光气制造
	氯丁二烯	氯丁二烯制造、聚合
	一氧化碳	煤气制造、高炉炼铁、炼焦
	硝基苯	硝基苯生产
Ⅲ级(中度危害)	苯乙烯	苯乙烯制造、玻璃钢制造
	甲醇	甲醇生产
	硝酸	硝酸制造、储运
	硫酸	硫酸制造、储运
	盐酸	盐酸制造、储运
	甲苯	甲苯制造
	二甲苯	喷漆
	三氯乙烯	三氯乙烯制造、金属清洗
	二甲基甲酰胺	二甲基甲酰胺制造、顺丁橡胶合成
	六氟丙烯	六氟丙烯制造
	苯酚	酚醛树脂生产、苯酚生产
	氮氧化物	硝酸制造
Ⅳ级(轻度危害)	溶剂汽油	橡胶制品(轮胎、胶鞋等)生产
	丙酮	丙酮生产
	氢氧化钠	烧碱生产、造纸
	四氟乙烯	聚全氟乙丙烯生产
	氨	氨制造、氮肥生产

对接触同一毒物的其他行业(表 4-2 中未列出的)的危害程度，可依据车间空气中毒物浓度、中毒患病率、接触时间的长短，划定级别。凡车间空气中毒物浓度经常达到 GBZ 1—2010《工业企业设计卫生标准》中所规定的最高容许浓度值，而其患病率或症状发生率低于本分级标准中相应的值，可降低一级。接触多种毒物时，以产生危害程度最大的毒物的级别为准。

第三节 职业病的发生机理

一、化学性因素

化学性因素分生产性毒物、生产性粉尘两类。

生产性毒物：生产过程中产生的，存在于工作环境空气中的化学物质称为生产性毒物。有的为原料，有的为中间产品，有的为产品。常见的有氯、氨等刺激性气体，一氧化碳、氯化氢等窒息性气体，铅、汞等金属类毒物，苯、二硫化碳等有机溶剂。

生产性粉尘：在生产过程中产生的，较长时间悬浮在生产环境空气中的固体微粒，称为生产性粉尘。如矽尘、滑石尘、电焊烟尘、石棉尘、聚氯乙烯粉尘、玻璃纤维尘、腈纶纤维尘等。

二、物理性因素

物理性因素包括：高温、噪声、振动、电离辐射、非电离辐射。

三、生物性因素

生物性因素包括细菌、寄生虫和病毒。

四、劳动因素

劳动因素包括：劳动组织不合理、劳动精神过度紧张、劳动强度过大或安排不当。

五、卫生条件和技术措施不良的有关因素

此类因素包括：生产场所设计不合理，防护措施缺乏、不完善或效果不好，缺乏安全防护设备和必要的个人防护用品，自然环境因素，环境污染因素。

职业病的诊断与鉴定工作应当遵循科学、公开、公正、公平、及时、便民原则。《职业病诊断与鉴定管理办法》(卫生部令第91号)已于2013年4月10日起施行。

第四节 职业病的防范对策

我国职工的安全和健康是受《中华人民共和国宪法》和其他有关法律如《中华人民共和国劳动法》《中华人民共和国矿山安全法》《中华人民共和国职业病防治法》《中华人民共和国尘肺病防治条例》等保障的。这些法律、法规、条例、规范的制定和实施为保护劳动者的安全和健康，促进生产的发展起到了积极的作用。随着生产的发展，新工艺、新流程的开发，以及多年的实践经验，很多标准、规范迫切需要修改、补充、完善，标准、规范的整体构架也有待于进一步构建、健全、完善，使其更适合目前职业卫生工作发展的需要。

职业病的发病原因比较明显，因此完全可以预防其发病，最主要的预防措施是消除或

控制职业性有害因素发生源；控制作业工人的接触水平，使其经常保持在卫生标准允许水平以内；提高工人的健康水平，加强个人防护措施等。为及早发现职业性损害，减少职业病发生，应对接触者实行就业前及定期健康检查。

职业病防治形势及其对策：职业病防治工作关系到广大劳动者的身体健康和生命安全，关系到经济社会可持续发展，是落实科学发展观和构建社会主义和谐社会的必然要求，是坚持立党为公、执政为民的必然要求，是实现好、维护好、发展好最广大人民根本利益的必然要求。

有害因素控制对策措施的原则是优先采用无危害或危害性较小的工艺和物料，减少有害物质的泄漏和扩展；尽量采用生产过程密闭化、机械化、自动化的生产装置(生产线)和自动监测、报警装置及连锁保护、安全排放等装置，实现自动控制、遥控或隔离操作。尽可能避免、减少操作人员在生产过程中直接接触产生有害因素的设备和物料，是优先采取的对策措施。

一、预防中毒的对策措施

根据《职业性接触毒物危害程度分级》(GBZ 230— 2010)、《工业企业设计卫生标准》(GBZ 1—2010)、《工作场所有害因素职业接触限值第 2 部分：物理因素》(GBZ 2. 2—2007)、《工作场所有害因素职业接触限值第 1 部分：化学有害因素》(GBZ 2. 1—2007)、《生产过程安全卫生要求总则》(GB/T 12801—2008)、《使用有毒物品作业场所劳动保护条例》(国务院令第 352 号)等，对物料和工艺、生产设备(装置)、控制及操作系统、有毒介质泄漏(包括事故泄漏)处理、抢险等技术措施进行优化组合，采取综合对策措施。

(一)物料和工艺

尽可能以无毒、低毒的工艺和物料代替有毒、高毒的工艺和物料，是防毒的根本性措施。例如：应用水溶性涂料的电泳漆工艺，无铅印刷工艺，无氰电镀工艺，用甲醛脂、醇类、丙酮、醋酸乙酯、抽余油等低毒稀料取代含苯稀料，以锌钡白、钛白代替油漆颜料中的铅白，使用无汞仪表消除生产、维护、修理时的汞中毒等。

(二)工艺设备(装置)

生产装置应密闭化、管道化，尽可能实现负压生产，防止有毒物质泄漏、外溢。

(三)通风净化

受技术、经济条件限制，仍然存在有毒物质逸散且自然通风不能满足要求时，应设置必要的机械通风排毒、净化(排放)装置使工作场所空气中有毒物质浓度限制在规定的最高容许浓度值以下。

(四)应急处理

对有毒物质泄漏可能造成重大事故的设备和工作场所，必须设置可靠的事故处理装置和应急防护设施。

大中型化工、石油企业及有毒气体危害严重的单位，应有专门的气体防护机构。接触

Ⅰ级(极度危害)、Ⅱ级(高度危害)有毒物质的车间应设急救室，并应配备相应的抢救设施。

根据有毒物质的性质、有毒作业的特点和防护要求，在有毒作业工作环境中应配置事故柜、急救箱和个体防护用品(防毒服、手套、鞋、眼镜、过滤式防毒面具、长管面具、空气呼吸器、生氧面具等)。

(五)急性化学物中毒事故的现场急救

急性中毒事故的发生可能使大批人员受到毒害，病情往往较重。因此，在现场及时有效地处理与急救对挽救患者的生命、防止并发症起关键作用。

(六)其他措施

在生产设备密闭和通风的基础上实现隔离(用隔离室将操作地点与可能发生重大事故的剧毒物质生产设备隔离)、遥控操作。

配备定期和快速检测工作环境空气中有毒物质浓度的仪器，有条件时应安装自动检测空气中有毒物质浓度装置和超限报警装置。

配备检修时的解毒吹扫、冲洗设施。

生产、储存、处理极度危害和高度危害毒物的厂房和仓库，其天棚、墙壁、地面均应光滑，便于清扫，必要时加设防水、防腐等特殊保护层及专门的负压清扫装置和清洗设施。

采取防毒教育、定期检测、定期体检、定期检查、监护作业、急性中毒及缺氧窒息抢救训练等管理措施。

根据有关标准(石油、化工、农药、涂装作业、干电池、煤气站、铅作业、汞温度计等)的要求，应采取的其他防毒技术措施和管理措施。

二、预防缺氧、窒息的对策措施

(1)针对缺氧危险工作环境(密闭设备：指船舱、容器、锅炉、冷藏车、沉箱等；有限空间：指地下管道、地下车库、隧道、矿井、地窖、沼气池、化粪池等；地上有限空间：指储藏室、发酵池、垃圾站、冷库、粮仓等)发生缺氧窒息和中毒窒息(如二氧化碳、硫化氢和氰化物等有害气体窒息)的风险，应配备(作业前和作业中)氧气浓度、有害气体浓度检测、报警仪器，隔离式呼吸保护器具(空气呼吸器、长管面具等)、通风换气设备和抢救器具(绳缆、梯子、空气呼吸器等)。

(2)按先检测、通风，后作业的原则，工作环境空气氧气浓度大于18%和有害气体浓度达到标准要求后，在密切监护下才能实施作业；对氧气、有害气体浓度可能发生变化的作业和场所，作业过程中应定时或连续检测(宜配备连续检测、通风、报警装置)，保证安全作业，严禁用纯氧进行通风换气，以防止氧中毒。

(3)对由于防爆、防氧化的需要不能通风换气的工作场所，受作业环境限制不易充分通风换气的工作场所和已发生缺氧、窒息的工作场所，作业人员、抢救人员必须立即使用隔离式呼吸保护器具，严禁使用净气式面具。

(4)有缺氧、窒息危险的工作场所，应在醒目处设警示标志，严禁无关人员进入。

(5)有关缺氧、窒息的安全管理、教育、抢救等措施和设施同防毒措施部分。

三、防尘的对策措施

(一)工艺和物料

选用不产生或少产生粉尘的工艺，采用无危害或危害性较小的物料，是消除、减弱粉尘危害的根本途径。

例如，用湿法生产工艺代替干法生产工艺(如用石棉湿纺法代干纺法，水磨代干磨，水力清理、电液压清理代机械清理，使用水雾电弧气刨等)，用密闭风选代替机械筛分，用压力铸造、金属模铸造工艺代替砂模铸造工艺，用树脂砂工艺代替水玻璃砂工艺，用不含游离二氧化硅或含量低的物料代替游离二氧化硅含量高的物料，不使用含锰、铅等有毒物质的物料，不使用或减少产生呼吸性粉尘(5 μm 以下的粉尘)的工艺措施等。

(二)限制、抑制扬尘和粉尘扩散

(1)采用密闭管道输送、密闭自动(机械)称量、密闭设备加工，防止粉尘外逸；不能完全密闭的尘源，在不妨碍操作的条件下，尽可能采用半封闭罩、隔离室等设施来隔绝、减少粉尘与工作场所空气的接触，将粉尘限制在局部范围内，减少粉尘的扩散。

(2)通过降低物料落差，适当降低溜槽倾斜度。

(3)对亲水性、弱黏性的物料和粉尘应尽量采用增湿、喷雾、喷蒸汽等措施。

(4)为消除二次尘源、防止二次扬尘，应在设计中合理布置，严禁用吹扫方式清扫积尘。

(5)对污染大的粉状辅料(如橡胶行业的炭黑粉)宜用小袋包装运输，连同包装一并加料和加工，限制粉尘扩散。

(三)通风除尘

建筑设计时要考虑工艺特点和除尘的需要，利用风压、热压差，合理组织气流(如进排风口、天窗、挡风板的设置等)，充分发挥自然通风改善作业环境的作用。

1. 全面机械通风

全面机械通风指把清洁的新鲜空气不断地送入车间，将车间空气中的有害物质(包括粉尘)浓度稀释并将污染的空气排到室外，使室内空气中的有害物质的浓度达到标准规定的最高容许浓度以下。

2. 局部机械通风

局部机械通风包括局部送风和局部排风。

(1)局部送风是把清洁、新鲜空气送至局部工作地点，使局部工作环境质量达到标准规定的要求；主要用于室内有害物质浓度很难达到标准规定的要求、工作地点固定且所占空间很小的工作场所。

(2)局部排风是在产生有害物质的地点设置局部排风罩，利用局部排风气流捕集有害物质并排至室外，使有害物质不致扩散到作业人员的工作地点；是通风排除有害物质最有效的方法，是目前工业生产中控制粉尘扩散、消除粉尘危害的最有效的一种方法。

(3)一般应使清洁、新鲜空气先经过工作地带，再流向有害物质产生部位，最后通过排风口排出；含有害物质的气流不应通过作业人员的呼吸带。

(4)局部通风、除尘系统的吸尘罩(形式、罩口风速、控制风速)、风管(形状尺寸、材料、布置、风速和阻力平衡)、除尘器(类型、适用范围、除尘效率、分级除尘效率、处理风量、漏风率、阻力、运行温度及条件、占用空间和经济性等)、风机(类型、风量、风压、效率、温度、特性曲线、输送有害气体性质、噪声)的设计和选用，应科学、经济、合理和使工作环境空气中粉尘浓度达到标准规定的要求。

(5)除尘器收集的粉尘应根据工艺条件、粉尘性质、利用价值及粉尘量，采用就地回收(直接卸到料仓、皮带运输机、溜槽等生产设备内)、集中回收(用气力输送集中到料罐内)、湿法处理(在灰斗、专用容器内加水搅拌，或排入水封形成泥浆，再运输、输送到指定地点)等方式，将粉尘回收利用或综合利用并防止二次扬尘。

由于工艺、技术上的原因，通风和除尘设施无法达到劳动卫生指标要求的有尘作业场所，操作人员必须佩戴防尘口罩(工作服、头盔、呼吸器、眼镜)等个体防护用品。

四、噪声的控制措施

根据《中华人民共和国劳动部噪声作业分级》(LD 80—1995)、《工业企业噪声控制设计规范》(GB/T 50087—2013)、《工业企业噪声测量规范》(GBJ 122—88)、《建筑施工场界环境噪声排放标准》(GB 12523—2011)、《工业企业厂界环境噪声排放标准》(GB 12348—2008)和《工业企业设计卫生标准》等，采取低噪声工艺及设备，合理平面布置隔声、消声、吸声等综合技术措施，控制噪声危害。

五、振动的控制措施

从工艺和技术上消除或减少振动源是预防振动危害最根本的措施，如用油压机或水压机代替气(汽)锤、用水爆清沙或电液清沙代替风铲清沙、以电焊代替铆接等。

选择合适的基础质量、刚度、面积，使基础固有频率偏离振源频率30%以上，防止发生共振。

六、其他有害因素控制措施

(一)防辐射(电离辐射)对策措施

根据《放射性物质安全运输规定》(GB 11806—2004)、《低、中水平放射性固体废物暂时储存规定》(GB 11928—1989)、《高水平放射性废液储存厂房设计规定》(GB 11929—2011)、《操作非密封源的辐射防护规定》(GB 11930—2010)等，按辐射源的特征(α粒子、β粒子、γ射线、X射线、中子等，密闭型、开放型)和毒性(极毒、高毒、中毒、低毒)、工作场所的级别(控制区、监督区、非限制区和控制区再细分的区、级，开放型放射源工作场所的级别)，为防止非随机效应的发生和将随机效应的发生率降到可以接受的水平，遵守辐射防护三原则(屏蔽、防护距离和缩短照射时间)采取对策措施，使各区域工作人员受到的辐射照射不得超过标准规定的个人剂量限制值。

(二)防非电离辐射对策措施

1. 防紫外线措施

电焊等作业、灯具和炽热物体(达到 1 200 ℃以上)发射的紫外线，主要通过防护屏蔽(滤紫外线罩、挡板等)和保护眼睛、皮肤的个人防护用品(防紫外线面罩、眼镜、手套和工作服等)防护。

2. 防红外线(热辐射)措施

首先，应尽可能采用机械化、遥控作业，避开热源；其次，应采用隔热保温层、反射性屏蔽(铝箔制品、铝挡板等)、吸收性屏蔽(通过对流、通风、水冷等方式冷却的屏蔽)和穿戴隔热服、防红外线眼镜、面具等个体防护用品。

3. 防激光辐射措施

(1)优先采取用工业电视、安全观察孔监视的隔离操作；观察孔的玻璃应有足够的衰减指数，必要时还应设置遮光屏罩。

(2)作业场所地面、墙壁、天花板、门窗、工作台应采用暗色不反光材料和毛玻璃；工作场所的环境色与激光色谱错开(如红宝石激光操作室的环境色可取浅绿色)。

(3)整体光束通路应完全隔离，必要时设置密闭式防护罩；当激光功率能伤害皮肤和身体时，应在光束通路影响区设置保护栏杆，栏杆门应与电源、电容器放电电路连锁。

(4)设局部通风装置，排除激光束与靶物相互作用时产生的有害气体。

(5)激光装置宜与所需高压电源分室布置；针对大功率激光装置可能产生的噪声和有害物质，采取相应的对策措施。

(6)穿戴有边罩的激光防护镜和白色防护服。

4. 防电磁辐射对策措施

根据《电磁辐射防护规定》(GB 8702—1988)、《环境电磁波卫生标准》(GB 9175—1988)、《作业场所微波辐射卫生标准》(GB 10436—1989)，按辐射源的频率(波长)和功率分别或组合采取对策措施。

(三)高温作业的防护措施

根据《高温作业分级》(GB/T 4200—2008)、《高温作业分析检测规程》(LD 82—1995)，按各区对限制高温作业级别的规定采取措施。

(四)低温作业、冷水作业防护措施

根据《低温作业分级》(GB/T 14—1993)、《冷水作业分级》(GB/T 14439—1993)提出相应的对策措施。

七、其他有害因素控制对策措施

(一)体力劳动

为消除超重搬运和限制重体力劳动(例如消除Ⅳ级体力劳动强度)，应采取劳动强度的机械化、自动化作业的措施。

(二)工厂辅助用室的设置

根据生产特点、实际需要和使用方便的原则，按职工人数、设计计算人数设置生产卫生用室(浴室、存衣室、盥洗室、洗衣房)，生活卫生用室(休息室、食堂、厕所)和医疗卫生、急救设施。

根据工作场所的卫生特征等级的需要，确定生产卫生用室。

依据《女职工劳动保护规定》应设置女职工劳动保护设施(例如妇女卫生室、孕妇休息室、哺乳室等)。

(三)女职工劳动保护

根据《中华人民共和国劳动合同法》、国务院令第619号《女职工劳动保护特别规定》、劳安字〔1990〕2号《女职工禁忌劳动范围的规定》、卫妇发〔1993〕11号《女职工保健工作规定》提出女职工“四期”保护等特殊的保护措施。

第五节　个人防护用品

个人防护用品主要有呼吸防护器、防护帽、防护服、防护眼镜、面罩、防噪声用具以及皮肤防护用品等。当工程技术措施还不能消除或完全控制职业性有害因素时，个人防护用品是保障健康的主要防护手段。在不同场合应选择不同类型的个人防护用品，在使用时应加强训练、管理和维护，才能保证其经常有效。

一、呼吸防护器

呼吸防护器包括防尘口罩、防毒口罩和防毒面具等，根据结构和作用原理，可分为过滤式和隔离式两大类。

(一)过滤式呼吸防护器

过滤式呼吸防护器的作用是过滤或净化空气中的有害物质，一般用于空气中有害物质浓度不很高且空气中含氧量不低于18%的场合。该类防护器又可分为机械过滤式和化学过滤式两种。机械过滤式主要是指防尘口罩，用于粉尘环境。

化学过滤式呼吸防护器即防毒面具，用于有毒气体环境或蒸气环境。防毒面具的组成包括：一个薄橡皮所制的面罩，上接一短蛇管，管尾连接一药罐，或在面罩上直接连接一个或两个药盒，这种形式也称全面罩。如某些有害物质并不刺激皮肤或黏膜，就不用面罩，只要用一个连储药盒的口罩(也称半面罩)。无论是面具还是口罩，其吸入和呼出通道都要分开。药罐或罩内用于净化有害物质的滤料视防护对象而不同，如酸雾用钠石灰、氨用硫酸铜、汞用含碘活性炭。活性炭对各种气体和蒸气都有不同程度的吸附作用，吸附有机化合物的效果一般较无机化合物好，且通常对含碳原子多的有机化合物吸附率较高，吸附芳香族化合物又较脂肪族化合物有效。常用净化滤料大多数为 8 ~ 14 目的颗粒状物质，有些过滤式呼吸防护器会标明不适用于气味不易觉察和可以与吸附剂产生反应热的有机化合物蒸气。

(二)隔离式呼吸防护器

隔离式呼吸防护器所需的空气并非现场空气，而是另行供给，故又称供气式呼吸防护器，其供气的方式又可分为自带式与外界输入式两类。

1. 自带式

自带供气式呼吸防护器结构包括一个面罩，面罩连接一段短蛇管，管尾连接一个供气调节阀，阀另一端接供气罐，供气罐固定于工人背上或前胸，其呼吸通道与外界隔绝。供气罐用耐压的钢板或铝合金板制成，有两种形式：一种是罐内盛压缩氧气或空气供吸入，呼出的二氧化碳由呼吸通路中预置的药品如钠石灰等除去，再循环吸入，一般大的压缩氧气罐约可维持2 h，小的约0.5 h；另一种是罐中盛过氧化物与少量铜盐(作触媒)，呼出的水蒸气和二氧化碳发生化学反应，产生氧气供吸入。此类防护器主要用于意外事故时供救灾人员佩戴，或在密不通风且有害物质浓度极高而又缺氧的工作环境中使用。由于过氧化物为强氧化剂，因此，以过氧化物为供气源的自带式呼吸防护器在易燃易爆物质存在的环境下使用时，要注意防止过氧化物供气罐的损漏而引起事故。另有一种自给正压式空气呼吸保护器，在工作时其面罩内始终保持略高于外界环境气压的压力，使外界有害物质不能进入罩内，且配有提醒佩戴人员气瓶空气即将用完时的报警装置。

2. 外界输入式

与自带式呼吸器不同，外界输入式呼吸器的供气源不是自身携带，而是由风机从别处输送过来。我国现有该类产品的国家标准 GB 6220—2009 称其为长管面具，根据其结构可分为以下两种。

(1)蛇管面具。其组成为一个面罩接一段长蛇管，蛇管固定置于皮腰带的供气调节阀上，以减轻蛇管对面罩的曳重，而该皮带上又可另外连接长绳，以便遇到意外情况时可借助长绳进行救援，故皮腰带又称安全救生带。蛇管末端接一个油水尘屑分离器，其后再接输气的空气压缩机或鼓风机。对于蛇管长度，用手摇鼓风机者不宜超过50 m，用空气压缩机者可达100 ~200 m，过长阻力太大，且恐中间折叠而妨碍供气。这种蛇管面具的适用范围和主要用途与前述自带空气式呼吸防护器相同，但使用者的活动范围受蛇管长度的限制。蛇管面具也可不用风机输气，即将管尾都置于邻近空气洁净的地方，依赖使用者自身吸气输入空气，但其蛇管长度宜在 8 m 左右，至多不应超过 20 m，吸气阻力不应超过 588 Pa，呼气阻力小于 294 Pa，适用于工作活动范围不大而环境空气中有害物质浓度又极高致不能使用过滤式呼吸防护器的场合，这种装置不能供救灾之用。

(2)送气口罩和头盔。该呼吸防护器与蛇管面具的区别在于用送气口罩或头盔代替蛇管面具。送气口罩为一个吸入与呼出通道分开的口罩，连接一段短蛇管或耐压橡皮管，管尾连接于皮腰带上的供气阀。送气头盔系能罩住整个头部并伸延至肩部的特殊头罩，以小橡皮管一端伸入盔内供气，另一端也固定于皮腰带上的供气阀。送气口罩与头盔所需供呼吸的空气，可经由安装在附近墙上的空气管路通过小橡皮管输入，输入空气管路中也应装有油水尘屑分离器，在冬季必要时可附加空气预热器。头盔常用于喷砂等作业，也可用于煤矿采煤作业。对头盔的供气量应使盔内保持轻度正压。送气口罩的适用范围与无鼓风的蛇管面具相同。

二、防护服与防护帽

(一)防护服

1. 静电防护服

静电防护服是为了防止衣服上静电积聚，用防静电织物为面料缝制的工作服。例如，为运载火箭加注液氢和液氧的工作人员必须穿戴静电防护服。防静电织物是在纺织时大致等间隔或均匀地混入导电性纤维、防静电合成纤维或者两者混合交织而成的织物。导电纤维是全部或部分使用金属或有机物的导电材料或亚导电材料制成的纤维。服装应尽可能全部使用防静电织物，不使用衬里，必须使用衬里(如衣袋、加固布)时，衬里的暴露面积应占全部防静电服暴露面积的20%以下。防静电服的款式：一般工作服上装为“三紧式”，下装为直筒裤。服装上一般不得使用金属附件，必须使用(如纽扣、拉锁等)时，应保证穿着时金属附件不得直接外露。

静电防护服必须经国家指定的防护用品质量监督部门检验，并获得产品生产许可证，方可生产、销售。出厂产品须经生产检验合格后，并附有产品合格证、使用说明书及由国家指定的防护用品质量监督部门发给的检验证方可出厂。使用单位必须购置有产品合格证的产品，并经安全技术部门验收后方可使用。每件成品上必须注有生产厂名、产品名称、商标、型号规格、生产日期等。

2. 化学污染物防护服

化学污染物防护服的作用为防止化学污染物损伤皮肤或经皮肤进入体内。防酸碱服常以丙纶、涤纶或氨纶等面料制作，因其耐酸碱性较好。炼油作业的防护服常用氟单体接枝的化纤织物制作，因在织物表面形成高聚物的大分子栅栏能防止油类污染皮肤，而空气可以自由通过。防止化学物经皮肤进入机体的防护服，常用各种对所防护化学物不渗透或渗透率小的聚合物，涂布于化纤或天然纤维织物上制成。化学防护服常不利于汗水蒸发和散热，从而使皮肤温度和湿度增加。从事易燃易爆物作业的工人，不宜穿着化纤织物的工作服，因一旦发生火灾，燃烧时的高温会使化纤熔融，黏附在人的皮肤上，造成严重的灼伤。根据从事作业的不同，防护服应选择不同的颜色，以便及时察觉污染。

(二)防护帽

防护帽用于防止重物意外坠落或飞来击伤头部和防止有害物质污染等。安全防护帽过去曾用压缩皮革、布质胶木、藤、柳条等制作，目前则多用合成树脂(如改性聚乙烯和聚苯乙烯树脂、聚碳酸酯、玻璃纤维增强树脂橡胶等)制作。我国对此类防护帽的国家标准要求：帽重不超过400 g，帽檐为10～35 mm，倾斜度为45°～60°，帽舌10～50 mm，帽色为浅色或醒目颜色，并要求须经冲击吸收、耐穿透、耐低温、耐燃烧、电绝缘和侧向刚性等技术性试验。安全防护帽有的为组合式，如电焊工安全防护帽；防一般污染的劳动防护帽则是以棉布或合成纤维制成的带舌帽。

三、防护眼镜和面罩

防护眼镜和面罩的主要作用是保护眼睛和面部免受电磁波(紫外线、红外线和微波等)辐射，粉尘、烟尘、金属、砂石碎屑或化学溶液溅射等损伤。

(一)防护眼镜

防护眼镜的框架常用柔韧且能顺应脸型的塑料或橡胶制成，框宽大，足以覆盖使用者自身所戴的眼镜。根据作用原理不同，防护眼镜镜片分为反射性与吸收性防护镜片两类。

(1)反射性防护镜片是在玻璃片上涂布光亮的金属薄膜，如铬、镍、银等。在一般情况下，其可反射的辐射线范围较宽，反射率可达95%。

(2)吸收性防护镜片多半带有色泽，根据选择吸收原理制成，如绿色的玻璃可吸收红光和蓝光，仅使绿光通过。但在某些生产操作中，同时存在短波和长波辐射线，则不能用选择吸收的玻璃片，而是在玻璃中加入一定量的化学物质(如氧化亚铁等)，以较全面地吸收辐射线。

(二)防护面罩

防护面罩是防护固体屑末和化学溶液溅射入眼和损伤面部的面罩，用轻质透明塑料制作，现多用聚碳酸酯等塑料，结构比以前有所改进，面罩两侧和下端分别向两耳和下颊、颈部延伸，使面罩能更全面地包覆面部，以增强防护效果。

防热面罩除有铝箔面罩外，也可用单层或双层金属网制成，但以双层为好，可将部分辐射热遮挡而在空气中散热。若镀铬或镍，则可增强反射防热作用，并能防止生锈。金属网面罩也能防护微波辐射。

电焊工用面罩装有带编号的深绿色镜片，编号越大，辐射线透过率越小，可参见GB/T 3609. 1—2008《职业眼面部防护　焊接防护　第1部分：焊接防护具》，其面罩部分用一定厚度的硬纸纤维制成，质轻、防热且具有良好的电绝缘性。

第五章 安全检查

第一节 安全检查的目的

安全检查是发现和查明各种危险和隐患并督促整改，监督各项安全规章制度的实施以及制止违章行为的过程。安全检查是安全生产管理中必不可少的重要环节，可以及时发现并消除事故隐患，防止事故发生。安全生产检查，其目的就在于及时发现生产设备、作业场所环境中(物、环境)存在的危险和有害因素，并予以消除；及时发现操作者(人)的违章操作，并及时制止、纠正；防止事故和职业病的发生。

一、安全检查要求

(1)安全检查是查找和消除事故隐患、治理整顿、建立良好安全环境和生产秩序、搞好安全工作的重要手段之一。

(2)安全检查必须有明确的目的、要求和具体的计划，建立有公司领导负责、有关职能部门参加的安全检查组织，切实做好这项工作。

(3)安全检查必须贯彻领导与群众相结合、自查与互查相结合、检查与整改相结合的原则。

(4)安全检查工作应运用安全系统工程原理，预先编制好各类“安全检查表”，对照进行安全检查。

(5)各类形式的安全检查都应该汇总检查结果、建立安全档案，并将查出的隐患及时上报业务主管部门和安全部门。

二、安全检查汇总和考核

(1)各部门安全员每天下班后要对其部门工作区域进行检查，发现不安全因素及时处理和报告。

(2)重大节假日前夕、每月末及不定期的安全检查由安全保卫办公室负责组织人员进行。

（3）场地设备部和办公室负责组织有公司主要领导参加的季度、半年度及年度安全大检查。

（4）场地设备部对各部门、各部位的安全情况随时进行监督检查，各部门要予以支持和合作。

（5）安全保卫办公室要认真在相应表格上记录每次安全检查情况，建立安全检查档案，对检查发现的安全隐患，要及时通知有关部门根据情况当场整改或限期整改。

（6）各部门对存在的安全隐患，要按要求的期限认真整改，一时解决不了的，要及时报告安全保卫办公室，同时必须采取临时安全措施，保证安全。

（7）公司根据安全检查结果，依据公司有关条例进行奖励或处罚。

第二节　安全检查的形式与内容

一、安全生产检查形式

安全生产检查可分为6种形式：

（1）岗位日常安全检查；

（2）安全生产管理人员日常检查；

（3）定期综合性安全检查；

（4）专项安全检查；

（5）季节性安全检查；

（6）隐患整改跟踪检查。

二、安全生产检查的内容

安全生产检查的内容主要有以下几类。

（1）作业场所、生产设备、安全设施的安全状况及危险有害因素的状况。

（2）人员的操作状况：

①查找各生产操作岗位人员的违章操作行为；

②查找各种违反劳动纪律的行为。

三、岗位日常安全检查

员工每天操作前，对自岗位或将要进行的工作进行自检，如有问题应在解决后再进行操作。主要检查内容如下：

（1）设备的安全状态是否完好，安全防护装置是否有效；

（2）规定的安全措施是否具备；

（3）所用的工具是否符合安全规定；

（4）作业场所以及物品堆放是否符合安全规范；

（5）个人防护用品、用具是否准备齐全，是否可靠；

(6)操作要领、操作规程是否明确。

四、安全生产管理人员日常巡查

生产作业现场的安全生产管理人员每天都应进行巡查，发现问题，应做好记录并通知有关责任人整改。主要检查内容如下：

(1)各岗位是否做好日常检查；

(2)是否有员工反映安全生产存在问题；

(3)员工是否遵守劳动纪律；

(4)员工是否遵守安全生产操作规程；

(5)生产场所是否符合安全要求；

(6)现场生产管理人员有没有认真履行安全生产管理职责，进行现场安全检查并制止违章行为。

五、定期综合性安全检查

定期安全生产检查的重点是了解掌握事故隐患能否得到有效控制，安全生产的规章制度是否有效贯彻执行，管理措施是否足够。其内容可包括三大部分：安全管理、劳动条件、事故管理。各部分的重点如下。

1. 安全管理

(1)安全工作计划(是否明确目标、措施，人员是否清楚，是否落实等)。

(2)安全生产组织(是否明确各层次责任制，是否有权推行计划与措施)。

(3)安全教育和培训(是否有岗前和特种人员教育，员工是否清楚岗位危害因素及预防措施，员工是否熟悉规章制度和操作规程等)。

(4)安全检查(是否有安全检查和相关记录，是否对隐患进行跟踪整改)。

(5)应急行动(是否制定应急预案，应急设备是否有效等)。

2. 劳动条件

(1)生产场所安全(通道和出口是否畅通，警示标志是否齐全，物品堆放是否合理，特种场所是否符合规定要求等)。

(2)机械安全(危险部位是否有保护，安全防护装置是否齐全、有效，特种设备是否按规定定期监测等)。

(3)化学物品使用安全(员工是否清楚化学品的有害性，是否清楚防护和应急处理措施，化学品储存条件和方法是否符合要求等)。

(4)用电安全(电气设备安装及线路是否规范，是否接地保护，手持电气设备的绝缘性能是否符合要求)。

(5)防火防爆(电气设备是否防火防爆，灭火器材是否足够、有效，员工是否熟悉灭火器材的使用方法，员工是否熟悉逃生与自救的方法等)。

(6)防尘防毒(防尘防毒设施是否定期点检，是否与生产设备同时使用等)。

3. 事故管理

(1)是否建立事故和未遂事故的报告统计制度。

(2)对事故和未遂事故是否有调查。

(3)对有关责任人的处理是否公布。

(4)整改措施的落实情况是否有人验收。

六、专项安全检查

专业性强的项目或设备的安全生产状况，一般由公司专业技术人员或委托有关专业检查单位进行检查，如：特种设备安全检查、电气设备安全检查、易燃易爆设备(设施)检查等。

七、季节性安全检查

根据季节的不同情况，应调整检查的重点内容，如：防暑降温检查、防汛防雷检查、节假日安全检查等。

八、隐患整改跟踪检查

应对发现的隐患整改落实情况进行跟踪复查、检查、督促及时落实隐患整改等。

第三节　隐患排查的重点内容

一、安全生产管理方面

(一)安全生产责任制的制定及其落实情况

(1)安全生产责任制的分工是否符合企业实际情况。

(2)安全生产责任制是否做到一岗一责；是否将责任制落实到每个部门、每个岗位和每个员工。重点检查企业法人(董事长)和其他分管负责人的主要职责分工是否明晰、是否依法落实主要负责人的职责。

(3)安全管理机构是否独立设置(安全只能与环保放在一起)；是否按规定配备足量专职管理人员，企业分管安全负责人和安全管理人员的资质是否符合要求。

(4)危化品生产企业是否以年度实际销售收入为计提依据，采取超额累退方式，按照规定标准逐月提取安全费用；安全费用是否按规定有效使用。

(5)今年以来各级政府及安监部门下发的关于安全生产方面的有关文件是否及时收到；是否组织传达和学习，并认真贯彻执行。

(二)安全生产管理制度及其落实情况

(1)企业主要安全生产管理制度是否健全，并有针对性；是否根据企业实际情况及时修订、完善。

(2)企业主要安全管理台账是否齐全并记录完整。

(3)重点查看以下安全管理制度的执行情况。

①安全检查和隐患排查治理制度。

②安全教育培训制度，是否制定年度安全教育培训计划并按计划实施；是否落实了员工的三级安全教育。

③企业安全培训是否能针对本企业的实际情况进行，员工安全操作规程、应急救援措施的培训是否有针对性。

④企业主要负责人、安全管理人员、特种作业人员是否经过法定考核合格，安全资质证书是否到期，是否按规定按期复训；危险作业管理制度。

⑤危险作业是否实行分级管理并明确职责。作业票证填写内容是否齐全、规范；是否严格履行审批、签发手续。

⑥节假日动火是否严格控制。

⑦是否建立危化品建设项目“三同时”管理制度。危化品建设项目审批手续是否齐全；是否有未批先建或不履行相关审批手续的情况。

⑧有剧毒化学品、易制毒化学品的，是否建立相关管理制度，并认真落实到位。剧毒化学品出、入库台账是否健全，是否建立销售台账和用户档案。

⑨是否建立安全设施、特种设备管理制度并认真执行。

⑩企业重大危险源是否经过评估；重大危险源是否编制针对性应急预案，并报当地安监部门备案；是否建立重大危险源检测、巡检等监控制度。

(4)应急管理：是否按有关规定和标准编制事故应急预案；应急预案内容是否符合企业的实际情况并有针对性；是否定期开展应急救援演练，演练是否有计划、有方案、有记录、有总结，是否对预案及时进行修订；是否针对重点岗位和关键装置制定异常情况应急处置措施，并进行培训和演练；是否采取了事故状态下防止清净下水外排污染的措施。

二、作业现场管理方面

(一) 总体布局

(1)厂区内总体布局是否合理，功能区划分是否明确；主要生产装置、车间、库房等的安全间距是否符合规范要求。

(2)厂房、生产装置等是否存在设计缺陷，如：操作室、控制室、分析室等设在装置内，或有门、窗等直接面对生产装置，紧急疏散通道不畅，工艺管道敷设不符合规范等。

(3)厂区内是否设置风向标。

(4)厂区内是否设置安全警示标志、危险品周知卡等；重大危险源是否有明显标志；设备、管道是否按规范涂色。

(5)是否有边生产边施工现象，或施工现场与生产作业区未隔离的现象；作业现场是否按规定设置洗眼器、冲淋设施并有效适用。

(6)作业现场是否设置个人防护用品(空气呼吸器、防护服、应急药品等)并正常保养，配置是否合理规范；是否按规定设置护品柜、应急柜。

(7)消防设施是否齐全、有效；消防栓设置是否符合规范；消防通道是否通畅。

(二) 工艺装置现场

(1)车间现场是否存在接管随意、捆、绑、吊、挂等现象；电器接线是否符合规范。

(2)防爆车间是否有不防爆现象，如检修工具、电气设备不防爆等。装置内的地沟、电缆沟等是否有防止可燃气体积聚或可燃液体进入沟内的措施；电缆沟穿墙处是否密封。

(3)装置自动控制情况：在易燃易爆部位，是否设置超温、超压检测、报警和安全连锁等装置；是否有可燃气体浓度检测、报警装置；因超温、超压可能引起火灾、爆炸危险的装置或设备是否设置紧急泄压排放装置。

(4)应急池设置是否合理、适用。

(三) 储罐区、库房

(1)罐区是否按规定设置围堰，围堰是否有不符合的现象，如：围堰有孔洞，堤内有机泵及配电箱，酸性储罐区基础、地面箱围堰未做防腐处理，围堰容积不符合要求等。

(2)罐区内罐与罐之间的分布、间距是否符合要求。

(3)罐区、库区是否有易燃易爆、有毒有害气体泄漏检测报警系统和火灾报警系统，并保持适用状态；是否有相应的防雷、降温、遮阳、保温等措施；可燃气体、液体罐区入口处是否设置消除人体静电装置；液体储罐是否按规定设置冷却水喷淋装置。

(4)储罐区管道穿墙部分是否密封；污水管道是否有独立排水口，并在堤外设置水封和隔断阀。

(5)属于重大危险源的储罐区，压力、温度、液位、泄漏报警等是否有远传和连续记录；液化气体、剧毒液体等重点储罐是否设置紧急切断装置。

(6)库房设计是否符合规范；危险品库房物料堆放是否符合要求；液氯、液氨等气罐堆放是否符合规范；室外露天存放易燃易爆物料，是否有防晒棚及水喷淋设施。

(7)剧毒品库是否实行“五双”管理；是否足量设置有毒气体报警仪探头，探头安装位置是否合理；是否设应急防护及抢险用品存放柜。

(8)物料装卸区罐车装卸线和罐区围堰、装卸泵的距离是否符合规范要求，可燃液体汽车装卸点进出口是否分开设置，是否有安全防护措施，卸料台、罐车是否设专用接地线；液氯、液氨等液体危险化学品接卸管线是否符合规范要求。

(四) 电气、仪表、安全附件

(1)易燃易爆场所防爆电机、泵等基础是否牢固，传动部位是否有防护罩，外壳有无良好静电接地；管道、阀门法兰等的静电跨接是否齐全、有效。

(2)压力表、安全阀等是否过期未检验，压力表是否有超限警戒线。储罐是否按规定设液位计、压力表、安全阀，是否设置高液位报警以及高液位自动连锁切断进料装置；玻璃液位计是否有固定、保护装置；带压储罐各类安全附件是否齐全完好。

(3)反应釜是否按规范设置安全阀、放空管等；用于易燃、易爆气体的安全阀放空管是否将其导出管置于室外。

(4)液氯、液氨等气化装置是否有水温控制措施，缓冲器和反应釜之间管道是否设置单向阀，缓冲器放空口是否直接对空排放。

(5)生产车间、罐区、库区等区域，生产、使用甲类气体、液体的场所内，是否按规范设置可燃气体浓度报警探头，报警是否集中控制；是否按规定安装防雷装置。

(6)是否配备动火和进入受限空间作业的移动检测仪器。

第四节　安全隐患的整改

一、安全隐患

安全隐患是在日常的生产过程或社会活动中，由于人的因素、物的变化以及环境的影响等会产生的各种各样的问题、缺陷、故障、苗头、隐患等不安全因素。

事故隐患分为一般事故隐患和重大事故隐患。一般事故隐患是指危害和整改难度较小，发现后能够立即整改排除的隐患。重大事故隐患，是指危害和整改难度较大，应当全部或者局部停产停业，并经过一定时间整改治理方能排除的隐患，或者因外部因素影响致使生产经营单位自身难以排除的隐患。重大事故，是指造成10人以上30人以下死亡，或者50人以上100人以下重伤，或者5 000万元以上1亿元以下直接经济损失的事故。特别重大事故，是指造成30人以上死亡，或者100人以上重伤(包括急性工业中毒，下同)，或者1亿元以上直接经济损失的事故。

事故隐患与危险源不是等同的概念。事故隐患是指作业场所、设备及设施的不安全状态、人的不安全行为和管理上的缺陷。它实质是有危险的、不安全的、有缺陷的“状态”，这种状态可在人或物上表现出来，如人走路不稳、路面太滑都是导致摔倒致伤的隐患；也可表现在管理的程序、内容或方式上，如检查不到位、制度的不健全、人员培训不到位等。重大危险源，是指长期地或者临时地生产、搬运、使用或者储存危险物品，且危险物品的数量等于或者超过临界量的单元(包括场所和设施)，分为生产型和储存型。

二、安全隐患整改五落实

1. 落实隐患排查治理责任

企业在排查出隐患后，应当指定事故隐患治理责任单位或责任人，明确责任分工，避免事故隐患“视而不见”“查而不治”“久病难医”。真正将隐患排查治理工作落实到岗，落实到人。

2. 落实隐患排查治理措施

企业应当制定合理有效的隐患治理方案，积极协调生产安排和隐患治理工作，对于重大事故隐患，在保证人员安全的前提下，有序安排生产和隐患治理工作，确保隐患治理措施落到实处，同时确保隐患治理中不产生新的事故隐患。

3. 落实隐患排查治理资金

“兵马未动，粮草先行”，企业应当将事故隐患评估、监控和整改支出费用列入企业安全费用计划，并按照《企业安全生产费用提取和使用管理办法》有关规定，依法列支安全生产费用，确保隐患排查治理资金充足可用，确保隐患排查治理无“粮草之忧”。

4. 落实隐患排查治理时限

企业不但要落实隐患排查治理责任人，更要落实治理时限，实现隐患排查治理的闭环管理，真正避免隐患排查治理“拖而不办”“办而无效”的情况产生。在治理时限内确实无法完成的，应当积极协调，解决困难与问题，重新给定治理时限，确保隐患排查治理落实到位。

5. 落实隐患排查治理预案

企业应当针对企业生产实际，制定隐患排查治理预案，明确和细化隐患排查的事项、内容和频次，制定符合企业实际的隐患排查治理清单，并将责任逐一分解落实，推动全员参与自主排查隐患，尤其要强化对存在重大风险的场所、环节、部位的隐患排查。真正在隐患排查工作中做到隐患查得出、治得了。

三、检查与整改注意的原则

(1)坚持早发现、早汇报、早整改的原则。

(2)安全检查要坚持领导与群众相结合、综合检查与专业检查相结合、检查与整改相结合的原则，并做到经常化、制度化、规范化。

(3)对检查出的隐患，要进行原因分析，及时实施整改解决措施。对事故隐患，按照隐患整改“四定”原则(定措施、定负责人、定期限、定资金来源)落实。

(4)对检查中发现的一般安全隐患要立即整改，对不能处理的隐患实施跟踪监督、实施临时应急措施，挂牌限期整改。对不具备整改条件的隐患，要采取一定的应急防范措施，或临时解决措施，按要求限期整改或停车停产整改，在条件具备的情况下彻底整改掉，确保安全生产。对危险性及危害性较大的隐患必须立即整改落实。

(5)检查和整改是互动互补的关系，在检查中发现问题加以整改，在整改中继续排查隐患，不断优化和完善，最终达到安全生产的目的。企业和员工必须重视安全检查与整改，认真做好相关工作。

第六章 化工厂设计和操作安全

第一节　化工园区设立的行政许可、项目的“三同时”

一、化工园区设立行政许可

化工园区是现代化学工业为适应资源或原料转换，顺应大型化、集约化、最优化、经营国际化和效益最大化发展趋势的产物。国外发达国家在二战结束后就兴起了化工产业带的建设，促进了战后经济恢复和腾飞。在我国，随着化工企业的高速发展，其对环境、安全与卫生的影响日益显著。为解决该问题，各级政府高度重视化工园区的筹划和设立，并制定相关政策保障及规范化工园区的设立和运作。

依据《危险化学品安全管理条例》第十一条：国家对危险化学品的生产、储存实行统筹规划、合理布局。国务院工业和信息化主管部门以及国务院其他有关部门依据各自职责，负责危险化学品生产、储存的行业规划和布局。地方人民政府组织编制城乡规划，应当根据本地区的实际情况，按照确保安全的原则，规划适当区域专门用于危险化学品的生产、储存。

依据《危险化学品生产企业安全生产许可证实施办法》(国家安全生产监督管理总局令第41号，2011年12月1日起施行)第八条，企业选址布局、规划设计以及与重要场所、设施、区域的距离应当符合下列要求：国家产业政策；当地县级以上(含县级)人民政府的规划和布局；新设立企业建在地方人民政府规划的专门用于危险化学品生产、储存的区域内。

上述法规从法律层面上规定了危险化学品生产、储存项目要依据政策与法规进行规划、布局。在此基础上，国家部委和各省政府的规范性文件在法律法规的范围内，对此也做了具体要求，从行政上规范了化工园区的运作。

二、项目的“三同时”

建设项目不论其规模大小及采取何种投资渠道，项目中的安全、职业卫生、消防及环保设施应符合国家有关安全、职业卫生、消防及环保方面的法律、法规和技术标准，并与建设项目的主体工程同时设计、同时施工、同时投入生产和使用。这就是项目的“三同时”，目的是达到本质安全。项目从立项开始就应确立起本质安全和把隐患消除于源头的理念，在设计、施工、安装、投产、竣工验收等一系列过程中把“安全第一，预防为主”的方针置于首位，并贯穿始终。

“三同时”工作的必要性可以从以下几个方面理解。

1. 实行“安全第一，预防为主”方针的重要举措

建设项目中“三同时”目前主要分为3个阶段：可行性研究、初步设计和竣工验收。在每一个阶段中，国家、省、市有关部门及上级主管部门都明确要求各级安全环保部门及时介入，参加“三同时”审查，这就从技术手段、法律规定和组织措施上为把好“三同时”关提供了依据。

2. 从源头上防止安全生产事故是实现本质安全的重要手段

安全生产始终是企业的命脉和生命线，企业事故频发，便谈不上维持企业的正常生产，更谈不上企业的可持续发展。推行“三同时”审查，从一开始就抓紧建设项目的本质安全，这就抓住了根本，抓到了点子上。因此“三同时”是一项战略性的措施，是实现本质安全的重要手段。

3. 职业健康和环境保护的一项治本措施

在“三同时”审查时，从根本上保证安全、职业卫生、消防和环保设施做到项目落实、措施落实和资金落实，从而保证安全生产、职业卫生、消防和环保设施投资及时到位，为企业长期安全平稳生产提供保障。

建设项目“三同时”工作是一个庞大的系统工程，它贯穿于建设项目从可行性研究到竣工验收的全过程。要完成这个系统工程，相关单位和部门必须在建设项目各阶段通力合作、相互沟通、共享信息，引进系统安全工程的管理技术，制定出切实可行的管理办法，并由投资、生产、设计、施工、设备等部门积极参与，安全环保监督部门进行有组织、有计划的监督检查。只有这样，才能有条不紊地做好建设项目“三同时”工作。

第二节　化工工艺本质安全设计、设备安全及布局

化工装置的安全设计，以系统科学的分析为基础，定性、定量地考虑装置的危险性，同时以过往事故等所提供的教训和资料来考虑安全措施，以防再次发生类似事故。以法令规则为第一阶段，以有关标准或规范为第二阶段，再以总结或企业经验的标准为第三阶段来制定安全措施。但是，用这种“事故后补式”办法，很难杜绝新事故发生。应彻底研究化工装置发生事故的原因、有系统地采取安全措施，采用“问题发现式”的预测方法，使化工装置的安全运行基于化工装置的设计阶段，实现设计安全。

基于各种原因(例如经济上或技术上的原因)，把化工装置的安全全部寄希望于设备和工艺的安全设计是不切实际的，还需要同时依靠工艺和设备的正确运转和适当的维护管

理。因此，做好工艺和设备安全设计的同时，还应注重运转或维护管理上的安全。安全设计基本的原则可以归纳如下。

(一)工艺安全性

实现工艺安全必须进行下述研究：①设计条件和设计内容的确定是在系统危险分析、事故模式与机理研究基础上进行的，在设计条件下能够安全运转；②采用现代安全措施和控制技术，实现过程的自适应性和调控作用，即使有些偏离设计条件也能将其安全处理并恢复到原来的条件；③确立安全的启动或停车系统。

因此，必须评价化工工艺所具有的各种潜在危险性，如原料、化学反应、操作条件不同，偏离正常运转的变化，工艺设备本身的危险性，排除这些危险因素，或者用其他适当措施对这些条件性加以限制。化工装置一般是由很多工艺高度集中构成的，有时各工艺的每个阶段也影响其他阶段的操作。一开始就考虑全部工艺过程的安全问题是比较复杂的，有必要将工艺过程进行分类，考虑每类工艺过程对其他工艺过程的影响，以求达到整个工艺的安全。

(二)防止运转中的事故

应防止运转中所发生事故而引起的次生灾害。事故类型有：三废处理、动力供应停止、混入杂质、误操作、异常状态和外因等。

一旦发生爆炸毒物泄漏灾害，应防止灾害扩大。考虑到工厂位置、化工装置特殊性和企业特殊情况，必须具体问题具体分析，采取各种安全措施以确保安全。

1. 工艺过程的安全措施

针对工艺过程，须评价物料、反应、操作条件的危险性，研究相应的安全措施，例如：评价由物料特性引起的危险性，包括燃烧危险与有害危险；反应风险；抑制反应的失控；设定数据测定点；判断引起火灾、爆炸的条件；评价操作条件产生的危险性；从材质耐应力性、高低温耐应力性、耐腐蚀性、耐疲劳性、耐电化学腐蚀性、隔音、耐火和耐热性等方面选择合适材质。

选择机器、设备的结构，研究承受负荷时，主要从材质、结构、强度和标准等级等方面考虑。

研究设备机器偏离正常的操作条件及泄漏时的安全措施，主要从以下方面考虑：选择泄压装置的性能、结构、位置，具体包括安全阀、防爆板、密封垫、过流量防止器和阻火器；惰性气体注入设备；爆炸抑制装置；其他控制装置(包括程序控制等)；测量仪表；气体检测报警装置；厂房通风装置；确定危险区和决定电气设备的防爆结构；防静电措施(包括防杂散电流措施)；避雷设备；装置区的动火管理。

2. 运转中的安全

要保证工艺运转安全，可采用的安全措施如下：紧急输送设备；放空系统；排水、排油设备(包括室外装置的地面)；保安用电力、保安用蒸汽和保安用冷却水；为防止误操作，可采用阀等的连锁或其他措施；安全仪表；防止混入杂质的措施；防止外因导致断裂的措施。

(三)设备安全选择

根据外部条件进行评价和选择生产工艺时，尤其像炼油装置那样的复合工艺装置，各单元工艺的评价及选择不能单独进行，应作为一个工艺复合体进行评价、选择。各成套设备及装置能力根据今后2~3年的需要而定，一般产能不超过当年产能的2倍。构成装置的设备规模应根据设备情况，有的最初就采用大规模设备，有的适时增加设备规模。

将不同工艺串联，可以省略重复设备(如加热炉等)；如果将同种工艺过程合一，可扩大规模且容易运转；通过不同工艺过程间的换热，可以大幅度提高系统整体热效率。

工艺组合安全上存在的问题有：局部故障将影响系统整体，因此要提高单个设备的可靠性；系统整体的灵活性将受到子系统更强烈的制约，所以各个子系统都需要具备较大的富余能力；启动、停车困难。

(四)设备布置安全原则

设备布置应按照装置的管道及仪表流程图设计出安全的、操作性及经济性最佳的平立面布置。考虑施工作业性和安全性，应留出施工吊车、起重机及装置设备的搬运、安装、组装的作业空地。与有可燃性物质的装置相邻，焊接动火时，应留出足够距离，便于设置临时防护设施；考虑装置运转中的操作、维修、检查的作业性和安全性，应留出足够的操作、维修、检查空间，还需考虑操作区至道路的距离、头顶空间、楼梯位置等。如果装置内存在加热炉等火源设备，应考虑设备占地内的通风情况、与火源之间的安全距离(一般为15 m以上)、防护墙等。应考虑地形及周围有关设备的布置情况，确保邻近设备、附属设备之间的作业性及安全性。为提高装置性能和经济效益，合理布置各设备，减少配管、阀门的尺寸及数量。考虑发生风、水、火等灾害时的作业性和安全性，从防潮方法、浸水高度等出发研究设备的平面布置、高度，还要考虑到应使各设备的布置便于发生火灾时的救火作业。应考虑将来扩建装置所需要的空地。

第三节　安全设施及职业病防护设施介绍

一、化工单位的安全设施

安全设施，指企业(单位)在生产经营活动中将危害因素控制在安全范围内以及预防、减少、消除危害所配备的装置(设备)和采取的措施。安全设施分为预防事故设施、控制事故设施、减少与消除事故影响设施。

(一)预防事故设施

1. 检测、报警设施

该类设施包括：

(1)压力、温度、液位、流量、组分等检测和报警设施；

(2)可燃气体、有毒有害气体等检测和报警设施；

(3)用于安全检查和安全数据分析等的检验、检测和报警设施；

2. 设备安全防护设施

该类设施包括：

(1)防护罩、防护屏、负荷限制器、行程限制器、制动、限速、防雷、防潮、防晒、防冻、防腐、防渗漏等设施；

(2)传动设备安全闭锁设施；

(3)电气过载保护设施；

(4)静电接地设施。

3. 防爆设施

该类设施包括：

(1)各种电气设备、仪表的防爆设施；

(2)阻隔防爆器材、防爆工具；

4. 作业场所防护设施

该类设施包括：作业场所的防辐射、防触电、防静电、防噪声、通风(除尘、排毒)、防护栏(网)、防滑、防灼烫等设施。

5. 安全警示标志

该类设施包括：

(1)各种指示、警示作业安全和逃生避难及风向的警示标志、警示牌、警示说明；

(2)厂内道路交通标志。

(二)控制事故设施

1. 泄压和止逆设施

该类设施包括：

(1)用于泄压的阀门、爆破片、放空管等；

(2)用于止逆的阀门等。

2. 紧急处理设施

该类设施包括：

(1)紧急备用电源、紧急切断等设施；

(2)紧急停车、仪表连锁等设施。

(三)减少与消除事故影响设施

1. 防止火灾蔓延设施

该类设施包括：

(1)阻火器、防火梯、防爆墙、防爆门等隔爆设施；

(2)防火墙、防火门等设施；

(3)防火材料涂层。

2. 灭火设施

该类设施包括：灭火器、消防栓、高压水枪、消防车、消防管网、消防站等。

3. 紧急个体处置设施

该类设施包括：洗眼器、喷淋器、应急照明等。

4. 逃生设施

该类设施包括逃生安全通道(梯)。

5. 应急救援设施

该类设施包括堵漏、工程抢险装备和现场受伤人员医疗抢救装备。

6. 劳动防护用品和装备

该类设施包括头部、面部、视觉、呼吸、听觉器官、四肢、身躯的防火、防毒、防烫伤、防腐蚀、防噪声、防光射、防高处坠落、防砸击、防刺伤等免受作业场所物理、化学因素伤害的劳动防护用品和装备。

二、职业病防护设施

职业病防护设施指应用工程技术手段控制工作场所产生的有毒有害物质，防止发生职业危害的一切技术措施，包括：防尘，防毒，防噪声、防振动，防暑降温、防寒、防潮，防非电离辐射(高频、微波、视频)，防电离辐射，防生物危害，人机工效学。常见的职业病防护设施如表 6-1 所示。

表 6-1 常见的职业病防护设施

序号	防护项目	设施名称
1	防尘	集尘风罩、过滤设备(滤芯)、电除尘器、湿法除尘器、洒水器
2	防毒	隔离栏杆、防护罩、集毒风罩、过滤设备、排风扇(送风通风排毒)、燃烧净化装置、吸收和吸附净化装置、有毒气体报警器、防毒面具、防化服
3	防噪声、振动	隔音罩、隔音墙、减振器
4	防暑降温、防寒、防潮	空调、风扇、暖炉、除湿机
5	防非电离辐射(高频、微波、视频)	屏蔽网、屏蔽罩
6	防电离辐射	屏蔽网、屏蔽罩
7	防生物危害	防护网、杀虫设备
8	人机工效学	如通过技术设备改造，消除生产过程中的有毒有害源；生产过程中的密闭、机械化、连续化措施，隔离操作和自动控制等
9	安全标志	警示标志

第四节　化工企业“四规一法”

为强化化工企业生产工艺管理，提高职工操作水平与安全意识，企业应对职工进行“四规一法”培训，以实现上述目的。“四规”指《工艺技术规程》《安全技术规程》《分析规程》和《设备检修维护规程》，“一法”指《岗位操作法》。

一、《工艺技术规程》

《工艺技术规程》的主要内容包括：生产工艺流程、原材料和燃料的质量标准、产品质量标准、对动力的技术要求、生产过程的技术条件指标、主要技术经济指标和环境保护。通过《工艺技术规程》培训，职工可掌握工厂生产工艺及各项指标标准，从而提高其操作水平。

二、《安全技术规程》

《安全技术规程》是国家为防止劳动者在生产和工作中的伤亡事故，保障劳动者的安全和防止生产设备遭到破坏而制定的各种法律规范。我国现行的安全技术规程的主要内容有：建筑物和通道的安全；机器设备的安全；电器设备的安全；动力锅炉和气瓶的安全；建筑工程的安全；矿山安全。

三、《分析规程》

《分析规程》主要介绍企业分析样品所采用的标准，详细介绍每种样品分析方法。由于每个化工企业的原料、中间品和产品种类不同以及对纯度的要求差异，即使是相同物料采用的分析方法也可能不同。

四、《设备检修维护规程》

《设备检修维护规程》主要针对各类设备润滑、维修和保养做出规定，目的是规范化、高效化和精细化管理各类设备，以维护设备的正常运行。

五、《岗位操作法》

《岗位操作法》对企业不同工作岗位的操作规程进行了详细的规定，可用于职工岗位培训及指导岗位操作。

第五节　常见化工单元操作安全

化工产品从原料到产品，需要几个甚至几十个单元加工过程，除化学反应外，还有大量物理加工过程，这些物理过程包括流体输送、过滤、固体流态化、热传导、蒸发、冷凝、气体吸收、蒸馏、萃取、吸附、干燥、液化、冷冻、固体输送、粉碎、筛分等。这些物理操作按照共性可分为：物料传送与加工类单元操作、传热类和物料分离类单元操作，本节重点讨论常见化工单元操作的共性安全技术。

一、物料传送与加工类单元操作

物料输送与加工类单元操作一般可以忽略操作中热量与物质的传递。

(一)物料输送操作简介

化工生产中，经常需将各种原材料、中间体、产品、副产品和废弃物由前一工序输往后一工序，或由一个车间输往另一个车间，或输往储运点。现代化工企业中，这些输送过程借助于各种输送机械设备来实现。

物料输送又可分为固体物料输送、液体物料输送和气体物料输送。由于所输送的物料形态不同(块状、粉态、液态、气态等)，采用的输送设备也各有不同。但不论何种形式的输送，保证它的安全运行都十分重要，因为若一处受阻，不仅影响整条生产线的正常运行，还可能引发各种事故。

1. 固体物料输送的危险性分析和安全技术

固体物料分为块状物料和粉状物料，生产中采用皮带输送机、螺旋输送机、刮板输送机、链斗输送机、斗式提升机以及气力输送(风送)等多种形式进行输送，有时还利用位差，采用密闭溜槽等简单方式进行输送。

1）皮带、刮板、链斗、螺旋、斗式提升机等输送设备的危险性分析和安全技术

这类输送设备连续往返运转，可连续加料与卸料。运行中除设备本身故障外，也可能造成人身伤害。

(1)传动机构。

① 皮带传动。皮带规格与形式应根据输送物料的性质、负荷情况进行合理选择。皮带要有足够的强度，胶接平滑，根据负荷调整松紧度。要防止运行中因物料高温而烧坏皮带，或因斜偏刮挡撕裂皮带等而发生事故。

皮带同皮带轮接触的部位对操作者而言是极其危险的部位，可造成断肢甚至危及生命。正常生产时，该部位应安装防护罩。因检修拆卸下的防护罩，事后应立即复原。

② 齿轮传动。齿轮传动的安全运行，在于齿轮同齿轮以及齿轮同齿条、链带的良好啮合，以及齿轮本身具有足够的强度。此外，要注意负荷的均匀情况、物料的粒度以及混入其中的杂物，防止因卡料而拉断链条、链板，甚至拉毁整个输送设备机架。

同样，齿轮与齿轮、齿条、链带相啮合的部位也极其危险，该处连同它的端面均应采取防护措施，以防发生重大人身伤亡事故。

斗式提升机应有防链带拉断而坠落的防护装置。链式输送机还应注意下料器的操作，防止下料过多、料面过高造成链带拉断。

螺旋输送器，要注意螺旋导叶与壳体间隙大小、物料粒度变化和混入杂物（如铁筋、铁块等)，以防止挤坏螺旋导叶与壳体。

③ 轴、联轴节、联轴器、键及固定螺钉。这些部件表面光滑程度有限，易有突起。

特别是固定螺钉不准超长，否则高速旋转中易将人刮到。这些部位要安装防护罩，并不得随意拆卸。

(2)输送设备的开、停车。在生产中，物料输送设备有自动开/停系统和手动开/停系统，有因故障而装设的事故自动停车和就地手动事故按钮停车系统。为保证输送设备本身的安全，还应安装超负荷、超行程停车保护装置。紧急事故停车开关应设在操作者经常停留的部位。停车检修时，开关应上锁或撤掉电源。

对于长距离输送系统，应安装开停车连锁信号装置，以及给料、输送、中转系统的自动连锁装置或程序控制系统。

(3)输送设备的日常维护。在输送设备的日常维护中，润滑、加油和清扫工作是操作者致伤的主要原因，减少这类工作的次数就能够减少操作者发生危险的概率。所以，应安装自动注油和清扫装置。

2）粉料气力输送的危险性分析和安全技术

气力输送指凭借真空泵或风机产生的气流动力将物料吹走而实现物料输送。与其他输送方式相比，气力输送系统密闭性好、物料损失少、构造简单、粉尘少、劳动条件好，易实现自动化且输送距离远(达数百米)。但气力输送能量消耗大、管道磨损严重，不适于输送湿度大、易黏结的物料。

从安全技术考虑，使用气力输送系统输送固体物料时，除设备本身会产生故障之外，最大的问题是系统的堵塞和内静电引起的粉尘爆炸。

(1)堵塞。易发生堵塞的有下述几种情况。

① 具有黏性或湿度过高的物料易在供料处、转弯处黏附管壁堵塞。

② 管道连接不同心时，有错偏或焊渣突起等障碍处易堵塞。

③ 大管径长距离输送管比小管径短距离输送管更易发生堵塞。

④ 输料管径突然扩大，或物料在输送状态中突然停车时，易造成堵塞。最易堵塞的部位是弯管和供料处附近的加速段，如由水平向垂直过渡的弯管易堵塞。为避免堵塞，设计时应确定合适的输送速度，选择合理的管道结构和布置形式，尽量减少弯管数量。

输料管壁厚通常为 3 ~ 8 mm，输送磨削性较强的物料时，应采用管壁较厚的管道，管内表面要求光滑、没有褶皱或凸起。

此外，气力输送系统应保持良好的密闭性。否则，吸送式系统的漏风会导致管道堵塞，而系统漏风会将物料带出而污染环境。

(2)静电。粉料在气力输送系统中，会同管壁发生摩擦而使系统产生静电，这是导致粉尘爆炸的重要原因之一。因此，必须采取以下措施加以消除。

① 输送粉料的管道应选用导电性较好的材料，并良好接地。若采用绝缘材料管道，且能产生静电时，管外应采取可靠的接地措施。

② 输送管道直径要尽量大些。管路弯曲和变径应平缓、弯曲和变径处要少。管内壁应平滑、不许装设网格之类的部件。

③ 管道内风速不应超过规定值，输送量应平稳，不应有急剧的变化。

④ 粉料不要堆积管内，要定期使用空气进行管壁清扫。

2. *液态物料输送的危险性分析和安全技术*

化工生产中，液态物料可用管道输送，高处物料可以由高处自流至低处。将液态物料由低处输往高处，或由一地输往另一地(水平输送)，或由低压处输往高压处，以及为保证一定流量而克服阻力所需要的压头，都要物料输送泵来完成。

用各种泵类输送易燃、可燃液体时，流速过快会产生静电积累，故其管内流速不应超过安全速度。

化工生产中需输送的液体物料种类繁多、性质各异(如高黏度溶液、悬浮液、腐蚀性溶液等)，且温度、压强不同，因此，所需要输送泵的种类也较多。生产中常用的有往复泵、离心泵、旋转泵、酸蛋和空气升液器。

1)往复泵

往复泵主要由泵体、活塞(或活柱)和两个单向活门构成。它依靠活塞的往复运动将外能以静压形式直接传给液态物料借以输送。往复泵按其吸入液体动作可分为单动、双动及差动三类。

蒸汽往复泵以蒸汽为驱动力，可以避免电和其他动力会产生的火花，故而适用于输送易燃液体。输送酸性和悬浮液时，选用隔膜往复泵较为安全。

往复泵开动前，须对各运动部件进行检查。观察其活塞、缸套是否磨损，吸液管垫片大小是否适合法兰，以防泄漏。各注油处应适当加油润滑。

开车时，将泵体内充满水，排除缸中空气。若在出口装有阀门时，须将出口阀门打开。

需要特别注意的是，对于往复泵等正位移泵，严禁用出口阀门调节流量，否则将造成设备或管道的损坏。

2)离心泵

离心泵启动前，泵内和吸入管段必须充满液体。在吸液管侧装单向阀，可使泵停止工作时，泵内液体不致流空，或将泵置于吸入液面之下，或采用自灌式离心泵，都可将泵内空气排尽。

操作前应压紧填料函，不要过紧或过松，以防磨损轴部或使物料喷出。停车时，先关闭泵出口阀，使泵进入空转。使用后放净泵与管道内积液，以防冬季冻坏设备和管道。

输送可燃液体时，管内流速不超过安全流速，且管道应有可靠的接地措施以防静电。同时避免吸入口产生负压，使空气进入系统而引起爆炸。

安装离心泵时，混凝土基础须稳固，基础不与墙壁、设备或房柱基础相连接，以免产生共振。为防止杂物进入泵体，吸入口加滤网。泵与电动机的联轴节加防护罩以防绞伤。

对于连续生产过程，考虑配置备用泵和备用电源。

3)旋转泵

旋转泵同往复泵一样属于正位移泵。它同往复泵的主要区别是泵中没有活门，只有在泵中旋转着的转子。旋转泵依靠转子旋转排送液体，排液后形成低压空间又将液体吸入，从而实现液体的连续吸入和排出。

旋转泵属正位移泵，流量也不能用出口管道上的阀门进行调节，而采用改变转子转速或装回流支路的方式调节流量。

4)酸蛋和空气升液器

酸蛋、空气升液器等是以空气为动力的压力设备，应有足够的耐压强度。输送有爆炸性或燃烧性物料时，要采用氮、二氧化碳等惰性气体代替空气，以防造成燃烧或爆炸。

对于易燃液体，不能采用压缩空气压送。因为空气与易燃液体蒸气混合，可形成爆炸性混合物，且可能产生静电。

对于闪点很低的易燃液体，用氮或二氧化碳等惰性气体压送。闪点较高及沸点在 130 ℃以上的可燃液体，如有良好的接地措施，可用空气压送。

输送易燃液体采用蒸汽往复泵较为安全。如采用离心泵，则泵的叶轮应采用有色金属或塑料制造，以防撞击发生火花。设备和管道应良好接地，以防静电引起火灾。另外，虹吸和自流的输送方法比较安全，在工厂中应尽量采用。

3. 气体物料输送的危险性分析和安全技术

输送可燃气体，采用液环泵比较安全。抽送或压送可燃性气体时，吸入口需要经常保持一定余压，以免造成负压吸入空气而形成爆炸性混合物(雾化的润滑油或其分解产物与压缩空气混合，同样会产生爆炸性混合物)。

为避免压缩机气缸、储气罐以及输送管路因压力增高而引起爆炸，这些部分应有足够强度。此外，要安装经校验的压力表和安全阀(或爆破片)。安全阀泄压应能将危险气体导至安全地带。可安装压力超高报警器、自动调节装置或压力超高自动停车装置。

压缩机运行时，冷却水不能进入气缸，以防发生水锤。氧压机严禁与油类接触，一般采用含 10% 以下甘油的蒸馏水作为润滑剂。水的含量以气缸壁充分润滑而不产生水锤为准(80 ~ 100 滴/min)。

气体抽送、压缩设备上的垫圈易损坏漏气，需经常检查和及时更换。

对于特殊压缩机，根据压送气体物料化学性质的不同，有不同的安全要求。如乙炔压缩机同乙炔接触的部件不允许用铜来制造，以防产生比较危险的乙炔铜等。

可燃气体输送管道应经常保持正压。根据实际需要安装止逆阀、水封和阻火器等安全装置。易燃气体、液体管道不允许同电缆一起敷设。可燃气体管道同氧气管道一同敷设时，氧气管道应设在旁边，并保持 250 mm 净距。

管内可燃气体流速不应过高。管道应良好接地以防静电引起事故。

对于易燃、易爆气体或蒸气抽送、压缩设备的电动机部分须全部采用防爆型，否则须穿墙隔离设置。

(二)物料破碎、混合操作

1. 物料破(粉)碎操作简介

化工生产中，为满足工艺要求，常常需将固体物料粉碎或研磨成粉末以增加表面积，进而缩短化学反应时间。将大块物料变成小块物料的操作称为粉碎或破碎，而将小块变成粉末的操作称为研磨。

2. 物料破(粉)碎危险性分析和安全技术

物料破碎过程中，关键部分是破碎机。破碎机必须符合下列安全条件：

(1)加料、出料最好连续化、自动化；

(2)具有防止破碎机损坏的安全装置；

(3)产生粉末尽可能少；

(4)发生事故能迅速停车。

对各类破碎机，必须有紧急制动装置，必要时可迅速停车。严禁检查、清理、调节和检修运转中的破碎机。

3. 混合操作简介

使两种以上物料相互分散，达到浓度及组成一致的操作，均称为混合。混合分液态物料与液态物料的混合、固态物料与液态物料的混合和固态物料与固态物料的混合。混合操作是用机械搅拌、气流搅拌或其他混合方法完成的。

4. 混合操作危险性分析和安全技术

混合操作是比较危险的过程，需要根据物料性质(如腐蚀性、易燃易爆性、粒度、黏度等)正确选用设备。

利用机械搅拌进行混合的操作过程，桨叶强度非常重要。桨叶制造要符合强度要求，安装要牢固，不允许产生摆动。修理或改造桨叶时，应重新计算其强度。加长桨叶时，应重新计算所需功率。因为桨叶消耗的能量与其长度的5次方成正比，若忽视这一点，可能发生电动机超负荷及桨叶折断等事故。

搅拌器不可随意提高转速，尤其当搅拌非常黏稠的物质时。提高转速也可造成电动机超负荷、桨叶断裂以及物料飞溅等。

对于黏稠物料的搅拌，最好采用推进式及透平式搅拌机。为防止超负荷造成事故，应安装超负荷停车装置。对于混合操作的加料、出料，应实现机械化、自动化。

对于能产生易燃、易爆或有毒物质的混合，混合设备应密闭良好，并充入惰性气体加以保护。

搅拌中物料产热，如因故停止搅拌，会导致物料局部过热。因此，在安装机械搅拌的同时，还要辅以气流搅拌，或增设冷却装置。若气流搅拌的气体有危险，尾气应回收处理。

混合可燃粉料，设备应良好接地以除静电，并应在设备上安装爆破片。

混合设备中不允许落入金属物件，以防卡住叶片，烧毁电动机。

(三)筛分、过滤操作

1. 筛分操作简介

化工生产中，为满足生产要求，常常将固体原材料、产品进行颗粒分组。通常用筛子将固体颗粒度(块度)分级，选取符合工艺要求的粒度，这一操作称为筛分。

物料粒度是通过筛网孔眼尺寸控制的。根据工艺要求可进行多次筛分，去掉颗粒较大和较小部分而留取中间部分。

2. 筛分操作危险性分析和安全技术

从安全技术角度出发，筛分操作要注意以下几个方面。

(1)筛分操作中，如粉尘具有可燃性，须注意避免因碰撞和静电而引起粉尘燃烧、爆炸。如粉尘具有毒性、吸水性或腐蚀性，须注意呼吸器官及皮肤的保护，以防引起中毒或皮肤伤害。

(2)筛分操作是大量扬尘过程，在不妨碍操作、检查的前提下，应将筛分设备最大限度地进行密闭。

(3)要注意筛网磨损和筛孔堵塞、卡料，以防筛网损坏和混料，或降低筛分效率。

(4)筛分设备的运转部分应加防护罩以防绞伤人体。

(5)振动筛会产生高强度噪声，严重时应采用隔离等消声措施。

3. 过滤操作简介

化工生产中，欲将悬浮液中的液体与固体分离，常采取过滤的方法。过滤是使悬浮液中的液体在重力、真空、加压或离心力作用下，通过多孔性材料，将固体截留下来的操作。

工业上应用的过滤装置称为过滤机。过滤机按操作方法的不同分为间歇式过滤机和连续式过滤机。按过滤推动力的不同分为重力过滤机、真空过滤机、加压过滤机和离心过滤机。

过滤设备种类繁多，生产中应根据过滤目的、滤饼与悬浮液性质和生产规模等因素进行选用。

4. 过滤操作危险性分析和安全技术

过滤设备种类较多，从操作方式来看，连续式过滤较间歇式过滤更安全。连续式过滤机循环周期短，能自动洗涤和自动卸料，过滤速度较间歇式过滤机高，操作人员脱离了与有毒物料的接触，比较安全。

间歇过滤由于洗涤、卸料、组装过滤机阶段不过滤物料，所以过滤周期长，且人工操作、劳动强度大、直接接触毒物，不够安全。

对于加压过滤机，当过滤中能散发有害或有爆炸性气体时，要采用密闭式过滤机，并以压缩空气或惰性气体保持压力。取滤渣时，应先泄压，否则会发生事故。

对于离心过滤机，应注意选材和焊接质量，限制转鼓直径与转速，以防转鼓承受高压而引起爆炸。有爆炸危险生产中，最好不使用离心过滤机而采用转鼓式、带式等真空过滤机。

离心过滤机超负荷、运转时间过长、转鼓磨损或腐蚀、转动速度过高等均有可能导致事故的发生。

对于上悬式离心过滤机，负荷不均匀时会发生剧烈振动，不仅磨损轴承，而且能使转鼓因撞击外壳而发生事故。高速运转的转鼓也可能从外壳中飞出，造成重大事故。

离心过滤机无盖或防护装置不良，工具或其他杂物有可能落入其中，并以很大速度飞出伤人。即使杂物留在转鼓边缘，也可能引起转鼓振动而造成其他危险。

不停车或未停稳即清理器壁时，铲勺等会从手中飞脱，使人受伤。因此，开、停离心机时，操作人员不要帮助启动或帮助停止，以防发生事故。

处理腐蚀性物料时，应采用钢质衬铅或衬硬橡胶的转鼓，经常检查衬里有无裂缝，以防腐蚀性物料由裂缝进入而腐蚀转鼓。

镀锌转鼓、陶瓷转鼓或铝制转鼓，只适用于速度较慢、负荷较低的情况，还应设置特殊外壳加以保护。

此外，操作过程中加料不匀，也会导致剧烈振动，对此应加以注意。

综上所述，离心过滤机操作应注意以下安全问题。

(1)转鼓、盖子、外壳及底座应用韧性金属制造。可用铜制造，并要符合质量要求。

(2)处理腐蚀性物料，转鼓需有耐腐蚀衬里。

(3)盖子应与离心过滤机启动连锁，盖子打开时，离心过滤机不能启动。

(4)离心过滤机转鼓应有限速装置，在有爆炸危险的厂房中，其限速装置不得因摩擦撞击而发热或产生火花。同时，不要选择临界速度操作。

(5)离心过滤机开关应安装在近旁，并应有闭锁装置。

(6)在楼上安装离心过滤机，应用工字钢或槽钢做成金属骨架，并在其上装设减振装置；注意内、外壁间隙，转鼓与刮刀间隙，还应防止离心过滤机与建筑物产生共振。

(7)对离心过滤机的内部及外部应定期进行检查。

二、传热类单元操作

传热类单元操作主要有加热、熔融、干燥、蒸发、蒸馏等，这类单元操作的共同点是均伴有热量传递和转换。

(一)加热操作

1. 加热操作简介

加热操作是化工生产的基本操作，是促进化学反应、物料升温、液体物料蒸发和浓缩、蒸馏和精馏、固体物料干燥、热量综合应用等操作的必要手段。生产中常用的加热方式有直接火加热(包括烟道气加热)、蒸汽或热水加热、有机载体(或无机载体)加热以及电加热等。加热温度在100 ℃以下的，常用热水或蒸汽加热；100 ~ 140 ℃用蒸汽加热；超过140 ℃则用加热炉直接加热或用热载体加热；超过250 ℃时，一般用电加热。

加热操作主要是物料的升温或干燥操作，提供热源的设备主要为蒸汽锅炉、热油炉和热风炉等，均属于特种设备。

2. 加热操作过程的危险性分析

化工生产中加热操作是控制温度的重要手段，均伴有热量传递。加热操作对人员的直接危害是热灼烫，间接危害是加热操作不当诱发人员受伤和物品损坏。加热操作的关键是按规定严格控制温度范围和升温速度。加热操作存在的主要危险如下。

(1)一般情况下反应温度升高会使化学反应速度加快，温度过高或升温速度过快会导致反应过于剧烈，造成温度失控，甚至发生冲料。

(2)若化学反应是放热反应，则反应温度升高会使放热量增加，易因散热不及时，造成安全隐患。

(3)若反应物料为易燃化学品，反应温度过高会导致易燃化学品大量气化，在有限空间达到爆炸极限的范围，防护不当就会引起燃烧和爆炸事故。

(4)升温速度过快不仅容易使反应超温，还会损坏设备。例如，升温过快会损坏带衬里的设备及各种加热炉、反应炉等设备。

(5)用高压蒸汽加热时，对设备耐压要求高，须严防其泄漏或与物料混合，避免造成事故。

(6)使用导热油系统加热时，要防止导热油循环系统堵塞，致热油喷出酿成事故。

(7)使用电加热系统可能发生电气伤害，在燃爆环境中电气设备不符合防爆要求可能诱发燃爆事故。

(8)直接火加热危险性最大，不易控制温度，可能造成局部过热烧坏设备，甚至引起易燃物质的分解爆炸。

(9)当加热温度接近或超过物料的自燃点时，若该加热温度接近物料分解温度，易引起燃爆事故。

(10)管内有热物料的管道外壁，若未进行隔热保护，易造成人员热烫伤。

以上几种加热操作中，电加热较安全，且易控制和调节温度，一旦发生事故，可以迅速切断电源，但其主要制约因素是成本较高。普通电加热采用电炉加热。采用电炉加热易燃物质时，应采用封闭式电炉。电炉丝与被加热的器壁有良好的绝缘，以防短路击穿器壁，使设备内易燃物质漏出产生气体或蒸气而着火、爆炸。电感加热设备是一种新型加热设备，它是在钢制容器或管道上缠绕绝缘导线，通入交流电，利用容器或管道器壁中电感涡流产生的温度而加热物料。电感加热设备不用灼热的电阻丝，是电加热中较安全的设备。但如果电感线圈绝缘破坏、受潮、发生漏电、短路、产生电火花、电弧，或接触不良发热，均能引起易燃、易爆物质着火、爆炸。因此，应该提高电感加热设备的安全可靠程度。例如，采用较大截面积的导线，以防过负荷，采用防潮、防腐蚀、耐高温的绝缘，增加绝缘层厚度，添加绝缘保护层等，接线部分加大接触面积，以防产生接触电阻等。

3. 加热操作过程安全技术

加热操作的安全技术主要是针对加热过程存在的危险性而采用的安全对策和安全设施，主要目的是防止加热操作中产生对人的伤害和物的损失。可采用的安全技术主要有以下几类。

(1)热蒸汽、导热油、热风、热物料的输送管道应包覆保温(或隔热)层，也可使用套管结构，以防对人员产生热灼烫，对节能也有益。

(2)供热系统的压力容器(如分气包、换热器、反应釜等)及安全附件(如安全阀、压力表、水位计等)应定期巡检。

(3)蒸汽锅炉供热使用蒸汽软管时，管内蒸汽压力应小于0.1 MPa。

(4)使用导热油炉供热时，导热油流量调节宜使用旁路调节系统。

(5)使用电加热时，应预防电气伤害发生，在燃爆环境中的电气设备要符合防爆要求。

(6)可燃物料不能用直火加热。直火加热的加热锅内残渣应经常清除，以免局部过热引起锅底破裂。

(7)热源设备距燃爆危险场所应符合相关技术标准规定的防火间距。

(8)对反应温度敏感的反应设备，应使用DCS、PLC等自动控制系统，严格控制反应器温度。

(9)加热温度接近或超过物料自燃点时，应采用惰性气体保护。若加热温度接近物料分解温度，应设法改进工艺条件，如采用负压或加压操作来保证安全。

(10)反应装置中反应物料与水分接触可能发生危险时，应设置防止水分进入装置和系统中水分含量监控装置。

(11)采用金属浴加热操作时，应防止蒸汽对人体的危害。

(二)熔融操作

1. 熔融操作简介

化工生产中常常需将某些固体物料(如苛性钠、苛性钾、硫黄、黄磷、固体石蜡、萘、磺酸盐等)加热熔融，以便后续反应或加工，这种单元操作称为熔融。熔融操作的危险在碱熔操作中较为突出。

2. 熔融操作危险性分析

熔融操作的主要危险来源于被熔融物料的化学性质、熔融时的黏度、熔融过程中副产物的生成、熔融设备、加热方式以及物料的破碎等方面。对人的主要危害形式为热灼烫和化学灼烫。

(1)熔融物料性质诱发的危险。被熔固体物料本身的危险特性对操作安全有很大影响。例如，碱熔中的碱可使蛋白质变为胶状碱蛋白化合物，又可使脂肪变为胶状皂化物质。碱比酸有更强的渗透能力，深入组织较快，因此碱对皮肤的灼伤要比酸更严重。尤其是固碱粉碎、熔融过程中，碱屑或碱液飞溅至眼部时危险性更大，不仅可使眼角膜、结膜立即坏死糜烂，还会向深部渗入，损坏眼球内部，致使视力严重减退甚至失明。

(2)熔融物中杂质诱发的危险。熔融物中杂质种类和数量会对安全操作产生很大影响。例如，碱和磺酸盐纯度是碱熔过程中影响安全的重要因素。若碱和磺酸盐中含有无机盐杂质，应尽量除去，否则，无机盐杂质不熔融，并呈块状残留于反应物内。块状杂质会妨碍反应物的混合，并造成局部过热、烧焦，致使熔融物喷出，烧伤操作人员。因此必须经常清除锅垢。

(3)物料黏度过高诱发的危险。为使熔融物具有较大的流动性，可用水适当稀释碱。当苛性钠或苛性钾中有水存在时，其熔点就显著降低，从而使熔融在危险性较小的低温下进行。能否安全熔融，与设备中物质的黏度有密切关系。物质流动性越好，熔融过程就越安全。

(4)碱熔设备的危险性。碱熔设备一般分为常压设备与加压设备两种。常压操作一般采用铸铁设备，加压操作一般采用钢制设备。

为加热均匀，避免局部过热，熔融应在搅拌下进行。对液体熔融物(如苯磺酸钠)可用桨式搅拌，对于非常黏稠的糊状熔融物可采用锚式搅拌。

熔融过程在150～350 ℃进行时，一般采用烟道气加热，也可采用油浴或金属浴加热。

使用煤气加热时，注意煤气可能泄漏而引起爆炸或中毒。

3. 碱熔操作安全技术

(1)化学反应过程中，若使用40% ~50%的液碱代替固碱可行，应尽量使用液碱。这样可以省掉固碱粉碎及熔融过程。必须用固碱时，也最好使用片状碱。

(2)对于加压熔融设备，应安装压力表、安全阀和排放装置。

(3)碱熔过程中碱屑或碱液飞溅到皮肤上或眼睛里会造成灼伤，作业岗位应设置淋洗和洗眼设施，保护半径小于15 m。

(4)碱熔中，碱熔融物和磺酸盐中若含有无机盐杂质，应尽量除去。无机盐会因不熔融而造成局部过热、烧焦，致使熔融物喷出，容易造成烧伤。

(5)碱熔过程中为防止局部过热，应设置搅拌装置并不间断地进行搅拌。

(三)干燥操作

1. 干燥操作简介

干燥操作是利用热能将固体物料中水分(或溶剂)除去的单元操作，干燥热源有热空气、过热蒸汽、烟道气和明火等。化工生产中，固液分离可采用过滤方法，但滤饼中液量仍相当多。要进一步除去液体，必须采用干燥的方法。

干燥按操作压力可分为常压干燥和减压干燥，按操作方式可分为间歇式干燥与连续式干燥，按干燥介质类别可分为空气干燥、烟道气干燥或其他介质干燥，按干燥介质与物料的流动接触方式可分为并流干燥、逆流干燥和错流干燥。

2. 干燥操作危险性分析和安全技术

干燥中要严格控制温度，防止局部过热，以免物料分解爆炸。干燥中散发出来的易燃易爆气体或粉尘，不应与明火和高温表面接触，防止燃爆。气流干燥中应有防静电措施，滚筒干燥中应适当调整刮刀与筒壁间隙，以防产生火花。

间歇式干燥比连续式干燥危险。间歇操作中，操作人员劳动强度大，需在高温、粉尘或有害气体的环境中操作。工艺参数的可变性也增加了操作危险性。

1) 间歇式干燥危险性分析和安全技术

间歇式干燥，大部分物料靠人力输送，热源采用热空气自然循环或鼓风机强制循环。其温度难控制，易造成局部过热而使物料分解，从而引起火灾或爆炸。干燥过程中散发出来的易燃蒸气或粉尘，同空气混合达到爆炸极限时，遇明火、炽热表面和高温即燃烧爆炸。

因此，间歇式干燥中，应严格控制干燥温度。应安装温度计、温度自动调节装置、自动报警装置以及防爆泄压装置。

电气设备开关(非防爆型)应装在室外或箱外。电热设备与其他设备隔离。干燥室内不存放易燃物，定期清除墙壁积灰。当干燥物料中含有自燃点很低的杂质及其他有害杂质时，必须在干燥前彻底清除。利用电热烘箱烘干物料时，若能蒸发出可燃气体，应将电热丝封闭，箱上加防爆安全门。

2)连续干燥危险性分析和安全技术

连续干燥采用机械化操作，干燥过程连续进行，物料过热危险性较小，操作人员脱离了有害环境，所以连续干燥比间歇干燥安全。采用洞道式、滚筒式干燥器时，应防止产生机械伤害。为此，应有联系信号装置及各种防护装置。

气流干燥、喷雾干燥、沸腾床干燥及滚筒式干燥中，多以烟道气、热空气为热源。干燥中所产生的易燃气体和粉尘同空气混合易达到爆炸极限，必须加以防止。气流干燥中，物料运动速度快、相互碰撞激烈、摩擦易产生静电，应严格控制干燥气流风速，并将设备接地。滚筒干燥中的刮刀有时同滚筒壁摩擦产生火花，这是非常危险的，应适当调整刮刀与筒壁间隙，并将刮刀牢牢固定，或采用有色金属材料制造刮刀，以防产生火花。用烟道气加热的滚筒式干燥器，应注意加热均匀，不可断料，滚筒不可中途停止运转。断料或停转时应切断烟道气并通入氮气。

干燥中要注意采取措施，防止易燃物料与明火接触。干燥设备上应安装爆破片，定期清理设备中的积灰和结疤。

3)真空干燥危险性分析和安全技术

真空条件下，易燃液体蒸发速度快、干燥温度可以低一些，防止高温而引起物料局部过热和分解，可以降低火灾、爆炸的可能性。

真空干燥后消除真空时，一定要使温度降低后方能放入空气。否则，过早放入空气，有可能引起干燥物着火或爆炸。

(四)蒸发、蒸(精)馏操作

蒸发与蒸(精)馏都是很重要的化工单元操作，应用广泛。前者主要用于溶液蒸浓，后者主要用于两种或两种以上液体混合物的分离。

1. 蒸发操作简介

蒸发是借加热作用使溶液中溶剂不断气化，以提高溶质的浓度，或使溶质析出的物理过程，即挥发性溶剂与不挥发性溶质分离的物理过程。按操作压力不同可分为常压蒸发、加压蒸发和减压蒸发。

2. 蒸发操作危险性分析和安全技术

溶液皆有一定特性。如溶质在浓缩中有结晶、沉淀和污垢生成，均能降低传热效率，局部过热会促使物料分解、燃烧和爆炸，因此要控制蒸发温度，对蒸发器加热部分经常清洗。为防止热敏性物质分解，可采用真空蒸发，降低蒸发温度，或采用高效蒸发器，增加蒸发面积，减少停留时间。例如：单程循环、快速蒸发等。

有腐蚀性溶液的蒸发，须考虑设备的防腐问题，有些设备或部件需采用特种钢材制造。

热敏性溶液的蒸发，须考虑温度的控制问题。尤其是蒸发产生结晶和沉淀，而这些物质又不稳定时，局部过热可使其分解变质或燃烧、爆炸，更需严格控制蒸发温度。

3. 蒸(精)馏操作简介和危险性分析

蒸馏是利用液体混合物中各组分挥发度的不同进行组分分离的操作。按操作方式蒸馏可分为间歇蒸馏和连续蒸馏。按操作压力可分为常压蒸馏(一般蒸馏)、减压蒸馏(真空蒸馏)和加压蒸馏(高压蒸馏)。在安全问题上，除了按加热方法采取相应的安全措施外，还应按物料性质、工艺要求正确选择蒸馏方法和蒸馏设备。选择蒸馏方法时，应从操作压力及操作过程等方面综合考虑。改变操作压力可直接改变液体沸点，即改变液体的蒸馏温度。

处理难挥发物料(常压下沸点在150 ℃以上)应采用真空蒸馏。这样可以降低蒸发温度，防止物料在高温下变质、分解、聚合和局部过热。处理中等挥发性物料(沸点为100 ℃左右)，采用常压蒸馏较为适宜，如采用真空蒸馏，反而会增加冷却难度。常压下沸点低于30 ℃的物料，应采用加压蒸馏，注意设备密封性。

4. 常压蒸馏安全技术

常压蒸馏中应注意：易燃液体不能采用明火作热源，用水蒸气或过热水蒸气加热较为安全。

蒸馏腐蚀性液体时，应防止塔壁、塔盘腐蚀泄漏，以免易燃液体或蒸气逸出，遇明火或灼热炉壁而燃烧。

蒸馏自燃点很低的液体时，应注意蒸馏系统的密封性，防止其在高温下泄漏遇空气而自燃。

对于高温蒸馏，应防止冷却水突然窜入塔内。否则水在塔内迅速气化，使塔内压力突然增高，将物料冲出或发生爆炸。故开车前应将塔内和蒸汽管道内的冷凝水除尽。

常压蒸馏中，还应防止凝固点较高的物质凝结堵塞管道，致使塔内压力增高而引起爆炸。

蒸馏高沸点物料时(如苯二甲酸酐)，可以采用明火加热，但应防止产生自燃点很低的树脂油状物遇空气而自燃。同时应防止蒸干，使残渣脂转化为结垢，引起局部过热而着火、爆炸。应经常清除油焦和残渣。

不能中断冷凝器中的冷却水或冷冻盐水。否则，未冷凝的易燃蒸气逸出会使系统温度增高，或窜出遇明火而燃烧。

5. 真空蒸馏(减压蒸馏)安全技术

真空蒸馏是一种比较安全的蒸馏方法。对于沸点较高、高温蒸馏时又能引起分解、爆炸或聚合的物质，采用真空蒸馏较为合适。如硝基甲苯在高温下易分解爆炸，而苯乙烯在高温下易聚合，这类物质的蒸馏必须采用真空蒸馏。

真空蒸馏设备的密闭性非常重要。蒸馏设备一旦吸入空气，与塔内易燃气混合形成爆炸性混合物，就有引起爆炸或着火的危险。因此，真空蒸馏所用的真空泵应安装单向阀，以防突然停泵空气吸入设备。

易燃易爆物质蒸馏完毕，应充入氮气后，再停止真空泵，以防空气进入系统，引起燃烧或爆炸。

真空蒸馏应注意操作顺序：先打开真空活门，然后开冷却器活门，最后打开蒸汽阀门。否则，物料会被吸入真空泵引起冲料，使设备受压甚至产生爆炸。真空蒸馏易燃物质的排气管应通至厂房外，管道上安装阻火器。

6. 加压蒸馏安全技术

加压蒸馏中，气体或蒸汽容易因泄漏而产生燃烧、中毒的危险。因此，设备应严格进行气密性和耐压试验及检查，并安装安全阀和温度、压力调节控制装置，严格控制蒸馏温度与压力。石油产品的蒸馏中，应将安全阀的排气管与火炬系统相接。安全阀起跳即可将物料排入火炬烧掉。

此外，蒸馏易燃液体时，应注意消除系统的静电。特别是蒸馏苯、丙酮、汽油等不易导电液体时，应将蒸馏设备、管道良好接地。室外蒸馏塔应安装可靠的避雷装置。

蒸馏设备应经常检查、维修，做好停车后、开车前的系统清洗、置换，避免发生事故。

易燃易爆物质的蒸馏，厂房要符合防爆要求，有足够的泄压面积，室内电机、照明等电气设备均采用防爆产品，灵敏可靠。

(五)冷却、冷凝和冷冻操作

1. 冷却与冷凝操作简介

冷却与冷凝是化工生产基本操作，冷却与冷凝的区别在于被冷物料是否发生相变。若发生相变则称为冷凝，无相变则称为冷却。

化工生产中，把物料冷却到大气温度以上，可以用空气或循环水作为冷却介质；冷却温度在15 ℃以上，可以用地下水；冷却温度在0～15 ℃之间，可以用冷冻盐水。还可以用某种沸点较低介质的蒸发，从待冷却物料中获得热量来实现冷却，常用介质有氟利昂、氨等。此时，物料被冷却的温度可达-15 ℃左右。

2. 冷却与冷凝操作危险性分析

冷却与冷凝操作不仅涉及原材料消耗定额以及产品收率，而且影响安全生产，危险性主要有以下几个方面。

(1)化工生产中，有些工艺过程冷却操作时，冷却介质不能中断，否则会造成积热，使系统温度、压力骤增，引起爆炸。

(2)化工生产中，有些凝固点较高的物料遇冷易变得黏稠或凝固，可能会卡住搅拌器或堵塞设备及管道。

(3)需要进行冷却的工艺设备所用的冷却水不能中断，否则，反应热不能及时导出，会使反应异常、系统压力增高，甚至产生爆炸。另一方面冷却、冷凝器如果断水，会使后续系统温度增高，若未凝危险气体外逸排空，可能导致燃烧或爆炸。

3. 冷却与冷凝操作安全技术

(1)冷却工艺设备开车时，先通冷却介质；停车时，先停物料，后停冷却系统。

(2)冷却时要注意控制温度，防止因物料温度过低而卡住搅拌器或堵塞设备及管道。

(3)根据被冷物料的温度、压力、理化性质以及所要求冷却的工艺条件，正确选用冷却设备和冷却剂；

(4)腐蚀性物料的冷却，应选用耐腐蚀材料制作的冷却设备。如石墨冷却器、塑料冷却器，以及用高硅铁管、陶瓷管制成的套管冷却器、四氟换热器或钛材冷却器等。

(5)应保持冷却设备的密封性，防止物料窜入冷却剂中或冷却剂窜入被冷却的物料中(特别是酸性气体)。

(6)对反应温度敏感的设备，应使用温度自动控制系统和安全连锁，以保证反应温度在控制范围之内。

(7)冷凝设备使用前宜先清除冷凝器中的积液，再打开冷却水、然后通入高温物料。

4. 冷冻操作简介

冷冻操作是不断地从低温物体(被冷冻物)吸取热量并传给高温物质(水或空气)，使被冷冻物料温度降低。热量由低温物体传递到高温物体是借助冷冻剂实现的。冷冻温度范围在-100 ℃以内的称冷冻；-100～-200 ℃或更低温度则称深度冷冻，或简称深冷。

化工企业的冷源来自冷冻压缩机，制冷剂主要为氨、氟利昂、溴化锂等。以氨为制冷剂的冷冻操作危险性稍大，但有成本优势，因此而在化工企业中广泛应用。

5. 冷冻操作危险性分析

冷冻操作对人的危害主要为中毒和窒息、化学灼烫、冷灼烫、机械伤害、电气伤害等，表现为以下几点。

(1)氨制冷剂易燃且有毒，易导致中毒和窒息。

(2)制冷系统的压缩机、冷凝器、蒸发器以及管路，应注意耐压等级和气密性，防止泄漏而导致的中毒和窒息危害、化学灼伤。

(3)低温设备辅机及管道与人员接触可能产生冷灼烫。

(4)制冷机械的转动和往复运动位置，在缺少防护或防护不当时，可导致人员的缠绕、挤压等机械伤害发生。

6. 氨制冷操作安全技术

一般冷冻系统由压缩机、冷凝器、蒸发器与膨胀阀4个基本部分组成。冷冻设备所用的压缩机以氨压缩机最为多见，使用氨冷冻压缩机时应注意以下几点。

(1)采用不发生火花的防爆型电气设备。

(2)在压缩机汽缸与排气阀间，设一个通到吸入管的安全装置，以防压力超高。为避免管路爆裂，旁通管路上不装阻气设施。

(3)易于污染空气的油分离器设于室外。采用低温不冻结、不与氨反应的润滑油。

(4)制冷系统的压缩机、冷凝器、蒸发器和管路系统，应注意耐压程度和气密性，防止设备、管路产生裂纹和泄漏。同时要加强安全阀、压力表等安全装置的检查、维护。

(5)制冷系统发生事故或停电而紧急停车时，注意被冷冻物料的排空处理。

(6)装冷料的设备及容器，应选择耐低温材质，防止金属的低温脆裂。

(7)氨制冷机附近应设置氨气浓度自动检测报警装置，实现氨浓度与强制排风系统的安全连锁。

三、物料分离类单元操作

物料分离类单元操作较为广泛，主要有沉降、过滤、蒸馏、精馏、蒸发、结晶、吸收、萃取、干燥等。本小节主要讨论吸收、结晶、萃取单元操作。

(一)吸收操作简介

吸收操作是指气体混合物在溶剂中选择溶解而实现气体各组分分离的操作。常用的吸收设备有喷雾塔、填料塔、板式塔等。除化学反应吸收外，吸收操作也常见于化工企业尾气处理系统中，多为气液吸收。

(二)萃取操作简介

萃取在石油化工、精细化工、湿法冶金(如稀有元素的提炼)、原子能化工和环境保护等方面得到广泛应用。例如，石化行业中的芳烃抽提，由于芳烃与链状烷烃的沸点非常接近，一般的蒸馏方法费用极高，且难以达到分离目的，可以采用萃取的方法先提取出其中的芳烃，再将芳烃中各组分加以分离。

萃取操作是指在欲分离的液体混合物中加入适宜的溶剂，使其形成两液相体系，利用液体混合物中各组分在两液相中分配差异的性质，使易溶组分较多地进入溶剂相而实现混合液的分离。萃取中所用溶剂称为萃取剂，混合液体为原料，原料液中欲分离的组分称为溶质，其余组分称为稀释剂(或称原溶剂)。萃取操作中所得到的溶液称为萃取相，其成分主要是萃取剂和溶质，剩余的溶液称为萃余相，成分主要是稀释剂，还含有残余的溶质等组分。

(三)结晶操作简介

结晶操作是固体以晶体形态从蒸汽、溶液或熔融物中析出的过程，多伴有物料搅拌和晶种成长等过程。

(四)吸收、萃取、结晶操作危险性分析和安全技术

吸收、萃取和结晶操作除了物料性质本身的危险外，其他危险一般较少。由于吸收、萃取、结晶单元操作中可能伴有加热、冷却、搅拌等操作，故这些操作的危险性分析和安全技术基本相同。

四、物料储存过程危险性分析和安全技术

在化工生产企业中，大至货场料堆、大型罐区、气柜、大型料仓、仓库，小至车间中转罐、料斗、小型料池等。物料储存的场所、形式多种多样，这是由物料种类、环境条件及使用需求的多样性所决定的。

(1)许多储存场所中的易燃易爆物料数量巨大，存放集中，一旦着火爆炸，火势猛烈，极易蔓延扩大。特别是周边及内部防火间距不足、消防设施器材配置不当可能造成重大损失。

(2)多种性质相抵触的物品若不按禁忌规定混存，例如可燃物与强氧化剂、酸或碱等混放或间距不足，便可能发生激烈反应而起火爆炸。

(3)不少物品存放时，因露天曝晒、库房漏雨、地面积水、通风不良等，未能满足一定的温度、压力、湿度等条件，就可能出现受潮、变质、发热、自燃等危险。

(4)储存危险化学品的容器破坏、包装不合要求，就可能发生泄漏，引发火灾或爆炸事故。可燃危化品应设置专门的储罐区，并设置防火堤、消防灭火系统等。

(5)周边烟囱飞火、机动车辆排气管火星、明火作业、储存场所电气系统不合要求、静电、雷击等，都可能形成火源。这些火源与可燃危化品罐(库)区的距离应符合相关技术标准规定的防火间距。

(6)在储存场所装卸、搬运储罐时，违规使用铁器工具、开密封容器时撞击摩擦、违规堆垛、野蛮装卸、可燃粉尘飞扬等，都可能引发火灾或爆炸。

(7)易燃液体储罐应采用浮顶式储罐，必要时可充装惰性气体以保证安全。

(8)危险化学品仓库周边应设置环形消防通道。易燃液体、有毒物质的储罐区和仓库中应设置可燃(或有毒)气体报警装置。

第六节　重点监管的危险化工工艺

为提高化工生产装置和危险化学品储存设施本质安全水平，指导各地对涉及危险化工工艺的生产装置进行自动化改造，国家安全监督管理总局组织编制了《首批重点监管的危险化工工艺目录》和《首批重点监管的危险化工工艺安全控制要求、重点监控参数及推荐的控制方案》，文件于2009年正式发布。

首批重点监管的危险化工工艺共15种：光气及光气化工艺；电解工艺(氯碱)；氯化工艺；硝化工艺；合成氨工艺；裂解(裂化)工艺；氟化工艺；加氢工艺；重氮化工艺；氧化工艺；过氧化工艺；胺基化工艺；磺化工艺；聚合工艺；烷基化工艺。

首批重点监管的危险化工工艺安全控制要求、重点监控参数及推荐的控制方案如表6-2～表6-8所示。(因篇幅所限，只列举7种工艺)

表6-2　光气及光气化工艺

<table>
<tr><td>反应类型</td><td>放热反应</td><td>重点监控单元</td><td>光气化反应釜、光气储运单元</td></tr>
<tr><td colspan="4">工艺简介</td></tr>
<tr><td colspan="4">光气及光气化工艺包含光气的制备工艺，以及以光气为原料制备光气化产品的工艺，光气化工艺主要分为气相和液相两种</td></tr>
<tr><td colspan="4">工艺危险特点</td></tr>
<tr><td colspan="4">(1)光气为剧毒气体，在储运、使用过程中发生泄漏后，易造成大面积污染、中毒事故；
(2)反应介质具有燃爆危险性；
(3)副产物氯化氢具有腐蚀性，易造成设备和管线泄漏，使人员发生中毒事故</td></tr>
<tr><td colspan="4">典型工艺</td></tr>
<tr><td colspan="4">一氧化碳与氯气反应得到光气；
光气合成双光气、三光气；
采用光气作单体合成聚碳酸酯；
甲苯二异氰酸酯(TDI)的制备；
4，4'-二苯基甲烷二异氰酸酯(MDI)的制备等</td></tr>
<tr><td colspan="4">重点监控工艺参数</td></tr>
<tr><td colspan="4">一氧化碳、氯气含水量；反应釜温度、压力；反应物质的配料比；光气进料速度；冷却系统中冷却介质的温度、压力、流量等</td></tr>
<tr><td colspan="4">安全控制的基本要求</td></tr>
</table>

续表

事故紧急切断阀；紧急冷却系统；反应釜温度、压力报警连锁；局部排风设施；有毒气体回收及处理系统；自动泄压装置；自动氨或碱液喷淋装置；光气、氯气、一氧化碳监测及超限报警；双电源供电
宜采用的控制方式
光气及光气化生产系统一旦出现异常现象或发生光气及其剧毒产品泄漏事故时，应通过自控连锁装置紧急停车并自动切断所有进出生产装置的物料，将反应装置迅速冷却降温，同时将发生事故设备内的剧毒物料导入事故槽内，开启氨水、稀碱液喷淋，启动通风排毒系统，将事故部位的有毒气体排至处理系统

表 6-3　电解工艺(氯碱)

反应类型	吸热反应	重点监控单元	电解槽、氯气储运单元
工艺简介			
电流通过电解质溶液或熔融电解质时，在两个电极上所引起的化学变化称为电解反应。涉及电解反应的工艺过程为电解工艺。许多基本化学工业产品(氢、氧、氯、烧碱、过氧化氢等)的制备，都是通过电解实现的			
工艺危险特点			
(1)电解食盐水过程中产生的氢气是极易燃烧的气体，氯气是氧化性很强的剧毒气体，两种气体混合极易发生爆炸，当氯气中含氢量达到5%以上，则随时可能在光照或受热情况下发生爆炸； (2)如果盐水中存在的铵盐超标，在适宜的条件(pH<4.5)下，铵盐和氯作用可生成氯化铵，浓氯化铵溶液与氯还可生成黄色油状的三氯化氮。三氯化氮是爆炸性物质，与许多有机物接触或加热至90 ℃以上以及被撞击、摩擦等，即发生剧烈的分解而爆炸； (3)电解溶液腐蚀性强； (4)液氯在生产、储存、包装、输送、运输过程中可能发生泄漏			
典型工艺			
氯化钠(食盐)水溶液电解生产氯气、氢氧化钠、氢气； 氯化钾水溶液电解生产氯气、氢氧化钾、氢气			
重点监控工艺参数			
电解槽内液位；电解槽内电流和电压；电解槽进出物料流量；可燃和有毒气体浓度；电解槽的温度和压力；原料中铵含量；氯气中杂质含量(水、氢气、氧气、三氯化氮等)等			
安全控制的基本要求			
电解槽温度、压力、液位、流量报警和连锁；电解供电整流装置与电解槽供电的报警和连锁；紧急连锁切断装置；事故状态下氯气吸收中和系统；可燃和有毒气体检测报警装置等			
宜采用的控制方式			
将电解槽内压力、槽电压等形成连锁关系，系统设立连锁停车系统。 安全设施，包括安全阀、高压阀、紧急排放阀、液位计、单向阀及紧急切断装置等			

表 6-4　氯化工艺

<table>
<tr><td>反应类型</td><td>放热反应</td><td>重点监控单元</td><td>氯化反应釜、氯气储运单元</td></tr>
<tr><td colspan="4">工艺简介</td></tr>
<tr><td colspan="4">氯化是化合物的分子中引入氯原子的反应，包含氯化反应的工艺过程为氯化工艺，主要包括取代氯化、加成氯化、氧氯化等</td></tr>
<tr><td colspan="4">工艺危险特点</td></tr>
<tr><td colspan="4">(1)氯化反应是一个放热过程，尤其在较高温度下进行氯化，反应更为剧烈，速度快，放热量较大；
(2)所用的原料大多具有燃爆危险性；
(3)常用的氯化剂氯气本身为剧毒化学品，氧化性强，储存压力较高，多数氯化工艺采用液氯生产是先气化再氯化，一旦泄漏危险性较大；
(4)氯气中的杂质，如水、氢气、氧气、三氯化氮等，在使用中易发生危险，特别是三氯化氮积累后，容易引发爆炸危险；
(5)生成的氯化氢气体遇水后腐蚀性强；
(6)氯化反应尾气可能形成爆炸性混合物</td></tr>
<tr><td colspan="4">典型工艺</td></tr>
<tr><td colspan="4">(1)取代氯化：
氯取代烷烃的氢原子制备氯代烷烃；
氯取代苯的氢原子生产六氯化苯；
氯取代萘的氢原子生产多氯化萘；
甲醇与氯反应生产氯甲烷；
乙醇和氯反应生产氯乙烷(氯乙醛类)；
醋酸与氯反应生产氯乙酸；
氯取代甲苯的氢原子生产苄基氯等。
(2)加成氯化：
乙烯与氯加成氯化生产 1，2-二氯乙烷；
乙炔与氯加成氯化生产 1，2-二氯乙烯；
乙炔和氯化氢加成生产氯乙烯等。
(3)氧氯化：
乙烯氧氯化生产二氯乙烷；
丙烯氧氯化生产 1，2-二氯丙烷；
甲烷氧氯化生产甲烷氯化物；
丙烷氧氯化生产丙烷氯化物等。
(4)其他工艺：
硫与氯反应生成一氯化硫；
四氯化钛的制备；
黄磷与氯气反应生产三氯化磷、五氯化磷等</td></tr>
</table>

续表

重点监控工艺参数
氯化反应釜温度和压力；氯化反应釜搅拌速率；反应物料的配比；氯化剂进料流量；冷却系统中冷却介质的温度、压力、流量等；氯气中杂质含量（水、氢气、氧气、三氯化氮等）；氯化反应尾气组成等
安全控制的基本要求
反应釜温度和压力的报警和连锁；反应物料的比例控制和连锁；搅拌的稳定控制；进料缓冲器；紧急进料切断系统；紧急冷却系统；安全泄放系统；事故状态下氯气吸收中和系统；可燃和有毒气体检测报警装置等
宜采用的控制方式
将氯化反应釜内温度、压力与釜内搅拌、氯化剂流量、氯化反应釜夹套冷却水进水阀形成连锁关系，设立紧急停车系统。 安全设施，包括安全阀、高压阀、紧急放空阀、液位计、单向阀及紧急切断装置等

表 6-5　硝化工艺

反应类型	放热反应	重点监控单元	硝化反应釜、分离单元
工艺简介			
硝化是有机化合物分子中引入硝基($-NO_2$)的反应，最常见的是取代反应。硝化方法可分成直接硝化法、间接硝化法和亚硝化法，用于生产硝基化合物、硝胺、硝酸酯和亚硝基化合物等。涉及硝化反应的工艺过程为硝化工艺			
工艺危险特点			
(1)反应速度快，放热量大。大多数硝化反应是在非均相中进行的，反应组分的不均匀分布容易引起局部过热导致危险。尤其在硝化反应开始阶段，停止搅拌或由于搅拌叶片脱落等造成搅拌失效是非常危险的，一旦搅拌再次开动，就会突然引发局部激烈反应，瞬间释放大量的热量，引起爆炸事故； (2)反应物料具有燃爆危险性； (3)硝化剂具有强腐蚀性、强氧化性，与油脂、有机化合物（尤其是不饱和有机化合物）接触能引起燃烧或爆炸； (4)硝化产物、副产物具有爆炸危险性			

续表

典型工艺
(1)直接硝化法： 丙三醇与混酸反应制备硝酸甘油； 氯苯硝化制备邻硝基氯苯、对硝基氯苯； 苯硝化制备硝基苯； 蒽醌硝化制备1-硝基蒽醌； 甲苯硝化生产三硝基甲苯(俗称梯恩梯，TNT)； 丙烷等烷烃与硝酸通过气相反应制备硝基烷烃等。 (2)间接硝化法： 苯酚采用磺酰基的取代硝化制备苦味酸等。 (3)亚硝化法： 2-萘酚与亚硝酸盐反应制备1-亚硝基-2-萘酚； 二苯胺与亚硝酸钠和硫酸水溶液反应制备对亚硝基二苯胺等
重点监控工艺参数
硝化反应釜内温度、搅拌速率；硝化剂流量；冷却水流量；pH值；硝化产物中杂质含量；精馏分离系统温度；塔釜杂质含量等
安全控制的基本要求
反应釜温度的报警和连锁；自动进料控制和连锁；紧急冷却系统；搅拌的稳定控制和连锁系统；分离系统温度控制与连锁；塔釜杂质监控系统；安全泄放系统等
宜采用的控制方式
将硝化反应釜内温度与釜内搅拌、硝化剂流量、硝化反应釜夹套冷却水进水阀形成连锁关系，在硝化反应釜处设立紧急停车系统，当硝化反应釜内温度超标或搅拌系统发生故障，能自动报警并自动停止加料。分离系统温度与加热、冷却形成连锁，温度超标时，能停止加热并紧急冷却 硝化反应系统应设有泄爆管和紧急排放系统

表6-6　合成氨工艺

反应类型	吸热反应	重点监控单元	合成塔、压缩机、氨储存系统
工艺简介			
氮和氢两种组分按一定比例(1∶3)组成的气体(合成气)，在高温、高压下(一般为400～450 ℃，15～30 MPa)经催化反应生成氨的工艺过程			

续表

工艺危险特点
(1)高温、高压使可燃气体爆炸极限扩宽，气体物料一旦过氧(亦称透氧)，极易在设备和管道内发生爆炸； (2)高温、高压气体物料从设备管线泄漏时会迅速膨胀与空气混合形成爆炸性混合物，遇到明火或因高流速物料与裂(喷)口处摩擦产生静电火花引起着火和空间爆炸； (3)气体压缩机等转动设备在高温下运行会使润滑油挥发裂解，在附近管道内造成积炭，可导致积炭燃烧或爆炸； (4)高温、高压可加速设备金属材料发生蠕变、改变金相组织，还会加剧氢气、氮气对钢材的氢蚀及渗氮，加剧设备的疲劳腐蚀，使其机械强度减弱，引发物理爆炸； (5)液氨大规模事故性泄漏会形成低温云团引起大范围人群中毒，遇明火还会发生空间爆炸
典型工艺
(1)节能 AMV 法； (2)德士古水煤浆加压气化法； (3)凯洛格法； (4)甲醇与合成氨联合生产的联醇法； (5)纯碱与合成氨联合生产的联碱法； (6)采用变换催化剂、氧化锌脱硫剂和甲烷催化剂的“三催化”气体净化法等
重点监控工艺参数
合成塔、压缩机、氨储存系统的运行基本控制参数，包括温度、压力、液位、物料流量及比例等
安全控制的基本要求
合成氨装置温度、压力报警和连锁；物料比例控制和连锁；压缩机的温度、入口分离器液位、压力报警连锁；紧急冷却系统；紧急切断系统；安全泄放系统；可燃、有毒气体检测报警装置
宜采用的控制方式
将合成氨装置内温度、压力与物料流量、冷却系统形成连锁关系；将压缩机温度、压力、入口分离器液位与供电系统形成连锁关系；紧急停车系统。 合成单元自动控制还需要设置以下几个控制回路： (1)氨分、冷交液位；(2)废锅液位；(3)循环量控制；(4)废锅蒸汽流量；(5)废锅蒸汽压力。 安全设施，包括安全阀、爆破片、紧急放空阀、液位计、单向阀及紧急切断装置等

表 6–7　裂解(裂化)工艺

<table>
<tr><td>反应类型</td><td>高温吸热反应</td><td>重点监控单元</td><td>裂解炉、制冷系统、压缩机、引风机、分离单元</td></tr>
<tr><td colspan="4">工艺简介</td></tr>
<tr><td colspan="4">裂解是指石油系的烃类原料在高温条件下发生碳链断裂或脱氢反应，生成烯烃及其他产物的过程。产品以乙烯、丙烯为主，同时副产丁烯、丁二烯等烯烃和裂解汽油、柴油、燃料油等产品。
烃类原料在裂解炉内进行高温裂解，产出组成为氢气、低/高碳烃类、芳烃类以及馏分为 288 ℃以上的裂解燃料油的裂解气混合物。经过急冷、压缩、激冷、分馏、干燥和加氢等工艺，分离出目标产品和副产品。
在裂解过程中，同时伴随缩合、环化和脱氢等反应。由于所发生的反应很复杂，通常把反应分成两个阶段。第一阶段，原料变成的目的产物为乙烯、丙烯，这种反应称为一次反应。第二阶段，一次反应生成的乙烯、丙烯继续反应转化为炔烃、二烯烃、芳烃、环烷烃，甚至最终转化为氢气和焦炭，这种反应称为二次反应。裂解产物往往是多组分混合物。影响裂解的基本因素主要为温度和反应的持续时间。化工生产中用热裂解的方法生产小分子烯烃、炔烃和芳香烃，如乙烯、丙烯、丁二烯、乙炔、苯和甲苯等</td></tr>
<tr><td colspan="4">工艺危险特点</td></tr>
<tr><td colspan="4">(1)在高温(高压)下进行反应，装置内的物料温度一般超过其自燃点，若漏出会立即引起火灾；
(2)炉管内壁结焦会使流体阻力增加，影响传热，当焦层达到一定厚度时，因炉管壁温度过高，而不能继续运行下去，必须进行清焦，否则会烧穿炉管，裂解气外泄，引起裂解炉爆炸；
(3)如果由于断电或引风机机械故障而使引风机突然停转，则炉膛内很快变成正压，会从窥视孔或烧嘴等处向外喷火，严重时会引起炉膛爆炸；
(4)如果燃料系统大幅度波动，燃料气压力过低，则可能造成裂解炉烧嘴回火，使烧嘴烧坏，甚至会引起爆炸；
(5)有些裂解工艺产生的单体会自聚或爆炸，需要向生产的单体中加阻聚剂或稀释剂等</td></tr>
<tr><td colspan="4">典型工艺</td></tr>
<tr><td colspan="4">热裂解制烯烃工艺；
重油催化裂化制汽油、柴油、丙烯、丁烯；
乙苯裂解制苯乙烯；
二氟一氯甲烷(HCFC-22)热裂解制得四氟乙烯(TFE)；
二氟一氯乙烷(HCFC-142b)热裂解制得偏氟乙烯(VDF)；
四氟乙烯和八氟环丁烷热裂解制得六氟乙烯(HFP)等</td></tr>
<tr><td colspan="4">重点监控工艺参数</td></tr>
<tr><td colspan="4">裂解炉进料流量；裂解炉温度；引风机电流；燃料油进料流量；稀释蒸汽比及压力；燃料油压力；滑阀差压超驰控制、主风流量控制、外取热器控制、机组控制、锅炉控制等</td></tr>
</table>

续表

安全控制的基本要求
裂解炉进料压力、流量控制报警与连锁；紧急裂解炉温度报警和连锁；紧急冷却系统；紧急切断系统；反应压力与压缩机转速及入口放火炬控制；再生压力的分程控制；滑阀差压与料位；温度的超驰控制；再生温度与外取热器负荷控制；外取热器汽包和锅炉汽包液位的三冲量控制；锅炉的熄火保护；机组相关控制；可燃与有毒气体检测报警装置等
宜采用的控制方式
将引风机电流与裂解炉进料阀、燃料油进料阀、稀释蒸汽阀之间形成连锁关系，一旦引风机故障停车，则裂解炉自动停止进料并切断燃料供应，但应继续供应稀释蒸汽，以带走炉膛内的余热。 将燃料油压力与燃料油进料阀、裂解炉进料阀之间形成连锁关系，燃料油压力降低，则切断燃料油进料阀，同时切断裂解炉进料阀。 分离塔应安装安全阀和放空管，低压系统与高压系统之间应有逆止阀并配备固定的氮气装置、蒸汽灭火装置。 将裂解炉电流与锅炉给水流量、稀释蒸汽流量之间形成连锁关系，一旦水、电、蒸汽等公用工程出现故障，裂解炉能自动紧急停车。 反应压力正常情况下由压缩机转速控制，开工及非正常工况下由压缩机入口放火炬控制。 再生压力由烟机入口蝶阀和旁路滑阀(或蝶阀)分程控制。 再生、待生滑阀正常情况下分别由反应温度信号和反应器料位信号控制，一旦滑阀差压出现低限，则转由滑阀差压控制。 再生温度由外取热器催化剂循环量或流化介质流量控制。 外取热汽包和锅炉汽包液位采用液位、补水量和蒸发量三冲量控制。 带明火的锅炉设置熄火保护控制。 大型机组设置相关的轴温、轴震动、轴位移、油压、油温、防喘振等系统控制。 在装置存在可燃气体、有毒气体泄漏的部位设置可燃气体报警仪和有毒气体报警仪

表 6-8 氟化工艺

反应类型	放热反应	重点监控单元	氟化剂储运单元
工艺简介			
氟化是化合物的分子中引入氟原子的反应，涉及氟化反应的工艺过程为氟化工艺。氟与有机化合物作用是强放热反应，放出大量的热可使反应物分子结构遭到破坏，甚至着火爆炸。氟化剂通常为氟气、卤族氟化物、惰性元素氟化物、高价金属氟化物、氟化氢、氟化钾等			
工艺危险特点			
(1)反应物料具有燃爆危险性； (2)氟化反应为强放热反应，不及时排除反应热量，易导致超温超压，引发设备爆炸事故； (3)多数氟化剂具有强腐蚀性、剧毒，在生产、储存、运输、使用等过程中，容易因泄漏、操作不当、误接触以及其他意外而造成危险			

续表

典型工艺
(1)直接氟化： 黄磷氟化制备五氟化磷等。 (2)金属氟化物或氟化氢气体氟化： SbF_3、AgF_2、CoF_3 等金属氟化物与烃反应制备氟化烃； 氟化氢气体与氢氧化铝反应制备氟化铝等。 (3)置换氟化： 三氯甲烷氟化制备二氟一氯甲烷； 2，4，5，6-四氯嘧啶与氟化钠制备 2，4，6-三氟-5-氟嘧啶等。 (4)其他氟化物的制备： 浓硫酸与氟化钙(萤石)制备无水氟化氢等
重点监控工艺参数
氟化反应釜内温度、压力；氟化反应釜内搅拌速率；氟化物流量；助剂流量；反应物的配料比；氟化物浓度
安全控制的基本要求
反应釜内温度和压力与反应进料、紧急冷却系统的报警和连锁；搅拌的稳定控制系统；安全泄放系统；可燃和有毒气体检测报警装置等。
宜采用的控制方式
氟化反应操作中，要严格控制氟化物浓度、投料配比、进料速度和反应温度等。必要时应设置自动比例调节装置和自动连锁控制装置。 将氟化反应釜内温度、压力与釜内搅拌、氟化物流量、氟化反应釜夹套冷却水进水阀形成连锁控制，在氟化反应釜处设立紧急停车系统，当氟化反应釜内温度或压力超标或搅拌系统发生故障时自动停止加料并紧急停车。安全泄放系统

2013 年，国家安全监督管理总局发布第二批重点监管危险化工工艺，在第一批的基础上新增三种重点监管危险化工工艺：新型煤化工工艺、电石生产工艺和偶氮化工艺。这三种重点监管危险化工工艺重点监控参数、安全控制基本要求及推荐的控制方案如表 6-9 ~ 表 6-11 所示。

表 6-9　新型煤化工工艺

反应类型	放热反应	重点监控单元	煤气化炉
工艺简介			
以煤为原料，经化学加工使煤直接或者间接转化为气体、液体和固体燃料、化工原料或化学品的工艺过程。主要包括煤制油(甲醇制汽油、费-托合成油)、煤制烯烃(甲醇制烯烃)、煤制二甲醚、煤制乙二醇(合成气制乙二醇)、煤制甲烷气(煤气甲烷化)、煤制甲醇、甲醇制醋酸等工艺			

续表

工艺危险特点
(1)反应介质涉及一氧化碳、氢气、甲烷、乙烯、丙烯等易燃气体，具有燃爆危险性； (2)反应过程多为高温、高压过程，易发生工艺介质泄漏，引发火灾、爆炸和一氧化碳中毒事故； (3)反应过程可能形成爆炸性混合气体； (4)多数煤化工新工艺反应速度快，放热量大，造成反应失控； (5)反应中间产物不稳定，易造成分解爆炸
典型工艺
煤制油(甲醇制汽油、费-托合成油)； 煤制烯烃(甲醇制烯烃)； 煤制二甲醚； 煤制乙二醇(合成气制乙二醇)； 煤制甲烷气(煤气甲烷化)； 煤制甲醇； 甲醇制醋酸
重点监控工艺参数
反应器温度和压力；反应物料的比例控制；料位；液位；进料介质温度、压力与流量；氧含量；外取热器蒸汽温度与压力；风压和风温；烟气压力与温度；压降；H_2/CO 比；NO/O_2 比；NO/醇比；H_2、H_2S、CO_2 含量等
安全控制的基本要求
反应器温度、压力报警与连锁；进料介质流量控制与连锁；反应系统紧急切断进料连锁；料位控制回路；H_2/CO 比例控制与连锁；NO/O_2 比例控制与连锁；外取热器蒸汽热水泵连锁；主风流量连锁；可燃和有毒气体检测报警装置；紧急冷却系统；安全泄放系统
宜采用的控制方式
将进料流量、外取热蒸汽流量、外取热蒸汽包液位、H_2/CO 比例与反应器进料系统设立连锁关系，一旦发生异常工况启动连锁，紧急切断所有进料，开启事故蒸汽阀或氮气阀，迅速置换反应器内物料，并将反应器进行冷却、降温。 安全设施，包括安全阀、防爆膜、紧急切断阀及紧急排放系统等

表 6-10 电石生产工艺

<table>
<tr><td>反应类型</td><td>吸热反应</td><td>重点监控单元</td><td>电石炉</td></tr>
<tr><td colspan="4">工艺简介</td></tr>
<tr><td colspan="4">电石生产工艺是以石灰和碳素材料(焦炭、兰炭、石油焦、冶金焦、白煤等)为原料，在电石炉内依靠电弧热和电阻热在高温下进行反应，生成电石的工艺过程。电石炉型式主要分为两种：内燃型和全密闭型</td></tr>
<tr><td colspan="4">工艺危险特点</td></tr>
<tr><td colspan="4">(1)电石炉工艺操作具有火灾、爆炸、烧伤、中毒、触电等危险性；
(2)电石遇水会发生激烈反应，生成乙炔气体，具有燃爆危险性；
(3)电石的冷却、破碎过程具有人身伤害、烫伤等危险性；
(4)反应产物一氧化碳有毒，与空气混合到12.5%～74.0%时会引起燃烧和爆炸；
(5)生产中漏糊造成电极软断时，会使炉气出口温度突然升高，炉内压力突然增大，造成严重的爆炸事故</td></tr>
<tr><td colspan="4">典型工艺</td></tr>
<tr><td colspan="4">石灰和碳素材料(焦炭、兰炭、石油焦、冶金焦、白煤等)反应制备电石</td></tr>
<tr><td colspan="4">重点监控工艺参数</td></tr>
<tr><td colspan="4">炉气温度；炉气压力；料仓料位；电极压放量；一次电流；一次电压；电极电流；电极电压；有功功率；冷却水温度、压力；液压箱油位、温度；变压器温度；净化过滤器入口温度、炉气组分分析等</td></tr>
<tr><td colspan="4">安全控制的基本要求</td></tr>
<tr><td colspan="4">设置紧急停炉按钮；电炉运行平台和电极压放视频监控、输送系统视频监控和启停现场声音报警；原料称重和输送系统控制；电石炉炉压调节、控制；电极升降控制；电极压放控制；液压泵站控制；炉气组分在线监测、报警和连锁；可燃和有毒气体检测和声光报警装置；设置紧急停车按钮等</td></tr>
<tr><td colspan="4">宜采用的控制方式</td></tr>
<tr><td colspan="4">将炉气压力、净化总阀与放散阀形成连锁关系；将炉气组分氢、氧含量高与净化系统形成连锁关系；将料仓超料位、氢含量与停炉形成连锁关系。
安全设施，包括安全阀、重力泄压阀、紧急放空阀、防爆膜等</td></tr>
</table>

表 6-11 偶氮化工艺

<table>
<tr><td>反应类型</td><td>放热反应</td><td>重点监控单元</td><td>偶氮化反应釜、后处理单元</td></tr>
<tr><td colspan="4">工艺简介</td></tr>
<tr><td colspan="4">合成通式为R-N=N-R的偶氮化合物的反应为偶氮化反应，式中R为脂烃基或芳烃基，两个R基可相同或不同。涉及偶氮化反应的工艺过程为偶氮化工艺。脂肪族偶氮化合物由相应的肼经过氧化或脱氢反应制取。芳香族偶氮化合物一般由重氮化合物的偶联反应制备</td></tr>
</table>

续表

工艺危险特点
(1)部分偶氮化合物极不稳定，活性强，受热或摩擦、撞击等作用能发生分解甚至爆炸； (2)偶氮化生产过程所使用的肼类化合物高毒、具有腐蚀性、易发生分解爆炸、遇氧化剂能自燃； (3)反应原料具有燃爆危险性
典型工艺
(1)脂肪族偶氮化合物合成：水合肼和丙酮氰醇反应，再经液氯氧化制备偶氮二异丁腈；次氯酸钠水溶液氧化氨基庚腈，或者甲基异丁基酮和水合肼缩合后与氰化氢反应，再经氯气氧化制取偶氮二异庚腈；偶氮二甲酸二乙酯 DEAD 和偶氮二甲酸二异丙酯 DIAD 的生产工艺。 (2)芳香族偶氮化合物合成：由重氮化合物的偶联反应制备偶氮化合物
重点监控工艺参数
偶氮化反应釜内温度、压力、液位、pH 值；偶氮化反应釜内搅拌速率；肼流量；反应物质的配料比；后处理单元温度等
安全控制的基本要求
反应釜温度和压力的报警和连锁；反应物料的比例控制和连锁系统；紧急冷却系统；紧急停车系统；安全泄放系统；后处理单元配置温度监测、惰性气体保护的连锁装置等
宜采用的控制方式
将偶氮化反应釜内温度、压力与釜内搅拌、肼流量、偶氮化反应釜夹套冷却水进水阀形成连锁关系。在偶氮化反应釜处设立紧急停车系统，当偶氮化反应釜内温度超标或搅拌系统发生故障时，自动停止加料，并紧急停车。 后处理设备应配置温度检测、搅拌、冷却连锁自动控制调节装置，干燥设备应配置温度测量、加热热源开关、惰性气体保护的连锁装置。 安全设施，包括安全阀、爆破片、紧急放空阀等

首批重点监管危险化工工艺中的部分典型工艺做了如下调整。

(1)涉及涂料、黏合剂、油漆等产品的常压条件生产工艺不再列入“聚合工艺”。

(2)将“异氰酸酯的制备”列入“光气及光气化工艺”的典型工艺中。

(3)将“次氯酸、次氯酸钠或 N-氯代丁二酰亚胺与胺反应制备 N-氯化物”“氯化亚砜作为氯化剂制备氯化物”列入“氯化工艺”的典型工艺中。

(4)将“硝酸胍、硝基胍的制备”“浓硝酸、亚硝酸钠和甲醇制备亚硝酸甲酯”列入“硝化工艺”的典型工艺中。

(5)将“三氟化硼的制备”列入“氟化工艺”的典型工艺中。

(6)将“克拉斯法气体脱硫”“一氧化氮、氧气和甲(乙)醇制备亚硝酸甲(乙)酯”“以双氧水或有机过氧化物为氧化剂生产环氧丙烷、环氧氯丙烷”列入“氧化工艺”的典型工艺中。

(7)将“叔丁醇与双氧水制备叔丁基过氧化氢”列入“过氧化工艺”的典型工艺中。

(8)将“氯氨法生产甲基肼”列入“胺基化工艺”的典型工艺中。

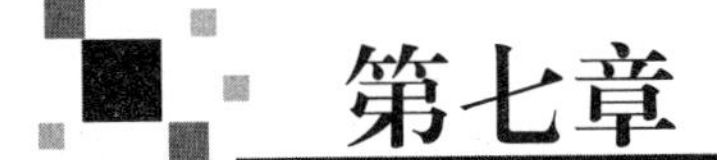

第七章

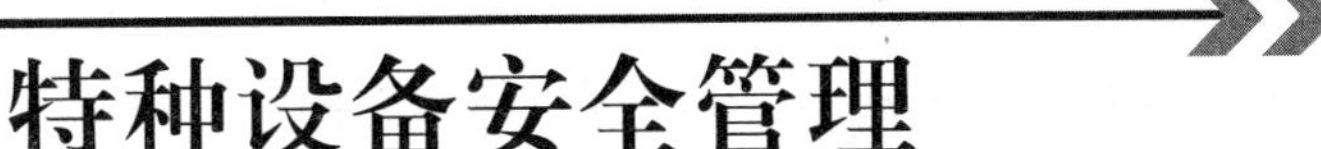

特种设备安全管理

第一节　特种设备概念及分类

一、特种设备的定义和分类

根据中华人民共和国《特种设备安全监察条例》(国务院第373号令)的规定，特种设备是指涉及生命安全、危险性较大的锅炉、压力容器(包含气瓶)、压力管道、电梯、起重机械、客运索道和大型游乐设施等。

特种设备依据其主要工作特点，分为承压类特种设备和机电类特种设备。

承压类特种设备是指承载一定压力的密闭设备或管状设备，包括锅炉、压力容器、压力管道。锅炉是提供蒸汽或热水介质及提供热能的特殊设备；压力容器是在一定温度和压力下进行工作且介质复杂的特种设备，使用领域广泛，危险性高；压力管道是生产、生活中广泛使用的可能引起燃烧、爆炸或中毒等危险性较大的特种设备，分布极广，已经成为流体输送的重要工具。

机电类特种设备是指必须由电力牵引或驱动的设备，包括电梯、起重机械、客运索道和大型游乐设施。电梯是服务于规定楼层的固定式提升设备；起重机械是指用于垂直升降或垂直升降并水平移动重物的机电设备；客运索道是指动力驱动，利用柔性绳索牵引箱体等运载工具运送人员的机电设备，包括客运架空索道、客运缆车、客运拖牵索道等；大型游乐设施是指用于经营目的，在封闭的区域内运行，承载游客游乐的设施。

工业特种设备是指在工业生产过程中使用的特种设备，主要包括：锅炉、压力容器、压力管道、电梯和起重机械。

二、特种设备安全管理的要求和依据

(一)国家对特种设备安全管理的要求

自2003年6月1日起，《特种设备安全监察条例》及其监察规程和标准规范的颁布与实施明确了特种设备所包括的范围和监管原则，进一步完善了特种设备安全监督管理法律

制度，对于加强特种设备安全监察工作，切实防范和减少特种设备事故的发生，保障人民群众生命财产安全和经济运行安全有着十分重要的意义。

由于特种设备的特殊性，国家对特种设备的设计、制造、使用、检验、维护保养、改造等都提出了明确的要求，实行统一管理，并定期对特种设备进行质量监督和安全监察。

特种设备的安全管理应以人本思想为基础，重视人的存在和生命，把员工的生命财产安全放在首位，始终坚持“安全第一、预防为主”的安全生产方针，并且把安全管理贯彻到整体、部门和个人，充分调动和发挥集体、部门、班组和个人的安全管理经验和主观能动性。

(二)特种设备安全管理的监察规程和标准规范

(1)《中华人民共和国特种设备安全法》(中华人民共和国主席令[2013]4号)

(2)《特种设备安全监察条例》(国务院[2003]373号，[2009]号修正)

(3)《特种设备作业人员监督管理办法》(国家质量监督检验检疫总局[2011]140号)

(4)《特种设备目录》(国家质量监督检验检疫总局[2014]114号)

(5)《特种设备事故报告和调查处理规定》(国家质量监督检验检疫总局[2009]115号)

(6)《特种设备现场安全监督检查规则》(国家质量监督检验检疫总局[2015]5号)

(7)《特种作业人员安全技术培训考核管理规定》(国家安全监管总局[2015]80号)

(8)《特种设备作业人员考核规则》(国家质量技术监督检验检疫总局[2019]8号)

(9)《安全阀安全技术监察规程》(TSG ZF001—2006)

(10)《有机热载体炉安全技术监察规程》(劳部发[1993]356号)

(11)《电力工业锅炉压力容器监察规程》(DL 612—1996)

(12)《固定式压力容器安全技术监察规程》(TSG 21—2016)

(13)《气瓶安全监察规定》(国家质量监督检验检疫总局 [2015]166号)

(14)《起重机械安全监察规定》(国家质量监督检验检疫总局[2010]134号)

(15)《起重机械安全规程》(GB 6067. 1—2010)

(16)《大型塔类设备吊装安全规程》(SY 6279—1997)

(17)《起重机械防碰装置安全技术规范》(LD 64—1994)

(18)《起重机械超载保护装置安全技术规范》(GB 12602—2009)

(19)《厂区吊装作业安全规程》(HG 23015—1999)

(19)《塔式起重机操作使用规程》(JG/T 100—1999)

(20)《塔式起重机安全规程》(GB 5144—2006)

(21)《起重机 手势信号》(GB 5082—1985)

三、特种设备安全管理

对于特种设备，我国建立和健全了安全管理体制和安全管理机构，起草并完善了相应的法律法规和标准规范。例如：对特种设备的设计、制造、使用、检验、维护保养、改造等实行了行政许可制度并强制实施；对特种设备的操作人员、检验人员、维护保养人员实行了培训考核和持证上岗制度；对于使用单位要求建立相应的管理机构或设置专职安全管理人员负责本单位安全监督和建立、健全本单位相应的管理制度和安全操作规程，定期或不定期地对特种设备进行检查与监督，并落实责任和考核。实践证明，特种设备安全管理的基本途径主要有以下几方面。

(一)加强法规标准建设

近些年来，国家制定了一些针对特种设备的生产质量、使用、安全管理等的规章、规范性文件和标准，发挥了巨大的作用。但随着时代进步，新情况和新问题不断涌现，因此，加快特种设备法规和标准建设，与时俱进、有力地规范和推动特种设备安全管理工作，更能适应特种设备安全管理的需要。

此外，还应与时俱进，应对新局面、新情况，解决新问题，吸取国际经验，加快法规与标准的建设，以适应特种设备安全管理的需要。

(二)加强特种设备的使用与运营管理

特种设备在使用与运营中，由于管理不善、使用不当，或检修与维保不及时、带病运转等造成的事故，占整个特种设备事故的60%以上。因此，加强使用与运营的管理是非常重要的。

使用单位必须对特种设备的使用与运营安全负责，必须指定专人负责特种设备的安全管理工作，必须制定安全管理制度，如相关人员岗位责任制、安全操作规程、安全检查与维保制度、技术档案管理制度以及事故应急防范措施等。制定的各项安全管理制度必须认真贯彻执行。

(三)加强特种设备作业人员的培训考核

发生特种设备事故的原因主要是人的不安全行为或者设备的不安全状态。对人的不安全行为，应通过培训教育来纠正。对特种设备的作业人员，包括安装、维保、操作等人员，应经过专业的培训和考核，取得“特种设备作业人员资格证书”后，方能从事相应的工作。人员的安全意识和操作技能提高了，特种设备安全工作就会有保证。

(四)实行特种设备安全检验制度

国家对特种设备实行安全检验制度，其目的是从第三方(既不是制造者，也不是使用者)的立场，公平、公正地进行检验，以确保其安全。目前，国家市场监督管理总局已颁布了电梯、施工升降机、游乐设施等的监督检验规程。文件规定，检验工作由国家授权的监督检验机构承担，检验人员必须经过专门培训、考核，持证上岗。实践证明，实施安全检验已发现许多设备隐患，避免了许多事故。

(五)加强特种设备的监察管理

鉴于特种设备安全的特殊性，国家政府部门对其应加大监察管理力度。我国《安全生产法》已界定了综合监管与专项监管的关系。各有关部门应依法履行自己的职责，既各司其职，又相互配合。在综合管理与专项监察相结合的安全工作体制下，我国的特种设备安全工作，一定会稳步向前，开创出新的局面。

四、特种设备安全技术

(一)特种设备的设计、制造与安装环节的安全技术

首先，设计上必须符合相应的标准和安全技术要求。生产制造特种设备的单位，在人员素质、加工设备、管理水平及质量控制等方面必须达到应有的技术条件。国家对特种设备实行生产许可证或安全认可制度，只有取得相应的资格证书，方能从事特种设备的生产制造。对生产制造的特种设备，必须出具制造质量合格证明，对其质量和安全负责。此外，对试制特种设备，或者制造标准(或技术规程)有型式试验要求的产品或部件，必须经国家认可的监督检验机构进行型式试验，试验合格后方可提供给用户使用。

对某些特种设备(如电梯等)，安装是制造过程的延续，只有安装完毕，调试好并经过试运行后才能竣工验收，交付使用。因此，安装环节也很重要，从事安装的单位必须具备相应的条件，必须取得安装资格证书，方可从事安装业务。安装单位必须对其安装的特种设备的质量与安全负责。

(二)特种设备的使用和维修安全技术

特种设备多为频繁动作的机电设备，机械部件、电气元件的性能状况及各部件间配合的好坏，直接影响特种设备的安全运行。因此，对使用运营的特种设备进行经常性的维修保养是非常重要的。

如果本单位没有维保能力，则应该委托有资质的单位代为维保。如电梯的使用单位(宾馆、饭店、商业大厦等)一般没有维保力量，就可以委托专门从事电梯维保业务的单位为其维保。需要强调的是：一定要委托有维保资质的单位；使用单位与维保单位一定要签订合同，明确维保单位要对特种设备的维保质量和安全负责，要保证设备处于良好状况，一旦出现故障，应保证在限定的时间内排除故障，恢复正常运行。使用单位须和维保单位建立技术档案，要有日常运行记录及维保记录，以备查证。

第二节　锅炉安全

一、概述

(一)锅炉概述

锅炉是将燃料的化学能转化为热能，又将热能传递给水、气、导热油等物质，从而产生蒸汽、热气或通过导热工质输出热量的设备。

顾名思义，锅炉包括“锅”和“炉”两个主要部分。

“锅”是锅炉中盛水和蒸汽的承压部分，它的作用是吸收“炉”中燃料燃烧放出来的热量，使水加热到一定的温度和压力，或者转变成蒸汽。构成“锅”的主要部件包括：锅筒、对流管、水冷壁、下降管、集箱、过热器、省煤器、减温器、再热器等。“炉”是指锅炉中供燃料燃烧的部分，它的作用是尽量地把燃料的热能全部释放出来，传递给“锅”内介质，

即将燃料燃烧产生的热能供“锅”吸收。构成“炉”的主要部件包括：炉膛、炉墙、燃烧设备、锅炉构架等。

同时，为了保证锅炉安全运行，还必须配备必要的安全附件、自动化仪器仪表和附属设备。

(二)锅炉分类

按用途可以分为电站锅炉、工业锅炉、机车锅炉、船舶锅炉、生活锅炉等。

按容量可以分为大型锅炉、中型锅炉、小型锅炉等。习惯上，把蒸发量大于100 t/h的锅炉称为大型锅炉，把蒸发量为20～100 t/h的锅炉称为中型锅炉，把蒸发量小于20 t/h的锅炉称为小型锅炉。

按蒸汽压力可以分为低压锅炉(压力为2.45 MPa以下)、中压锅炉(压力为2.94～4.90 MPa)、高压锅炉(压力为7.84～10.8 MPa)、亚临界锅炉(压力为15.7～19.6 MPa)和超临界锅炉(压力超过22.1 MPa)。

按燃料种类和能源来源可以分为燃煤锅炉、燃油锅炉、燃气锅炉、原子能锅炉、废热(余热)锅炉等。

按锅炉结构可以分为锅壳式锅炉(火管锅炉)、水管锅炉和水火管锅炉。

按燃料在锅炉中的燃烧方式可以分为层燃炉、沸腾炉、室燃炉。

按工质在蒸发系统的流动方式可以分为自然循环锅炉、强制循环锅炉、直流锅炉等。

工业锅炉一般压力较低(2.45 MPa以下)，容量较小(65 t/h以下)，大都采用层燃方式，结构形式和燃烧设备种类繁多，主要用于工业生产用蒸汽及采暖供热之中。常见工业锅炉类型如表7-1所示。

表7-1　常见工业锅炉类型

<table>
<tr><th>分类方法</th><th colspan="2">锅炉类型</th></tr>
<tr><td rowspan="3">按锅炉结构形式</td><td>锅壳式</td><td>立式横水管、立式弯水管、立式直水管、立式横火管、卧式内燃回火管等</td></tr>
<tr><td>水管式</td><td>单锅筒纵置式、单锅筒横置式、双锅筒纵置式、双锅筒横置式、纵横锅筒式、强制循环式等</td></tr>
<tr><td>水火管式</td><td>卧式快装</td></tr>
<tr><td>按燃烧设备</td><td colspan="2">固定炉排、活动手摇炉排、链条炉排、抛煤机、振动炉排、下饲式炉排、往复推饲炉排、沸腾炉、半沸腾炉、室燃炉、旋风炉等</td></tr>
<tr><td>燃料种类</td><td colspan="2">无烟煤、贫煤、烟煤、劣质烟煤、褐煤、油、气、甘蔗渣、稻壳、煤矸石、特种燃料、余热(废热)等</td></tr>
<tr><td>按出厂形式</td><td colspan="2">快装、组装、散装</td></tr>
<tr><td>按供热工质</td><td colspan="2">蒸汽、热水及其他工质</td></tr>
</table>

(三)锅炉主要参数

我国锅炉的参数已形成系列并纳入国家标准(GB/T 1921—2004)。工业蒸汽锅炉的参数系列如表 7-2 所示。

表 7-2　我国工业蒸汽锅炉的参数系列

额定蒸发量/(t·h⁻¹)	额定出口蒸汽压力(表压)/MPa										
	0.4	0.7	1.0	1.25			1.6		2.5		
	额定出口蒸汽温度/℃										
	饱和	饱和	饱和	饱和	250	350	饱和	350	饱和	350	400
0.1	Δ										
0.2	Δ										
0.5	Δ	Δ									
1	Δ	Δ	Δ								
2		Δ	Δ	Δ			Δ				
4		Δ	Δ	Δ			Δ		Δ		
6			Δ	Δ	Δ	Δ	Δ	Δ	Δ		
8			Δ	Δ	Δ	Δ	Δ	Δ	Δ		
10			Δ	Δ	Δ	Δ	Δ	Δ	Δ	Δ	Δ
15				Δ	Δ	Δ	Δ	Δ	Δ	Δ	Δ
20				Δ		Δ	Δ	Δ	Δ	Δ	Δ
35				Δ			Δ	Δ	Δ	Δ	Δ
65										Δ	Δ

(四)锅炉规格和型号

工业锅炉的产品规格型号，按照相关标准规定的方法编制。产品型号由三部分组成，中间用短线相连，其形式如下：

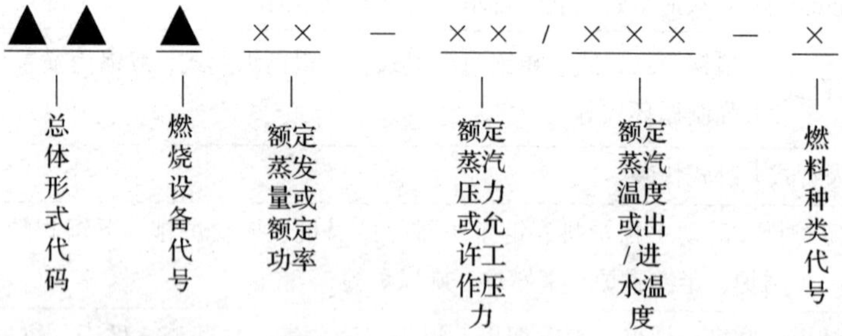

▲▲　▲　××　—　××/×××　—　×

- ▲▲：总体形式代码
- ▲：燃烧设备代号
- ××：额定蒸发量或额定功率
- ××：额定蒸汽压力或允许工作压力
- ×××：额定蒸汽温度或出/进水温度
- ×：燃料种类代号

型号第一部分表示锅炉形式、燃烧设备代号、额定蒸发量或额定热功率，共分 3 段。前两个“▲”是两个汉语拼音字母，表示锅炉总体形式，各字母所表示的具体意义如表 7-3 及表 7-4 所示；后一个“▲”是一个汉语拼音字母，表示不同的燃烧设备，具体含义如表 7-5 所示；最后的两个“×”是两个阿拉伯数字，表示锅炉的额定蒸发量(t/h)或额定热功率(MW)。

表 7-3　锅壳式锅炉总体形式代号

锅炉总体形式	代号
立式水管	LS(立水)
立式火管	LH(立火)
卧式外燃	WW(卧外)
卧式内燃	WN(卧内)

表 7-4　水管锅炉总体形式代号

锅炉总体形式	代号
单锅筒立式	DL(单立)
单锅筒纵置式	DZ(单纵)
单锅筒横置式	DH(单横)
双锅筒纵置式	SZ(双纵)
双锅筒横置式	SH(双横)
纵横锅筒式	ZH(纵横)
强制循环式	QX(强循)

表 7-5　锅炉燃烧设备代号

燃烧设备	代号	燃烧设备	代号
固定炉排	G(固)	抛煤机	P(抛)
固定双层炉排	C(层)	振动炉排	Z(振)
活动手摇炉排	H(活)	下饲炉排	A(下)
链条炉排	L(链)	沸腾炉	F(沸)
往复炉排	W(往)	室燃炉	S(室)

型号的第二部分表示介质参数，共分两段，中间以斜线相隔。第一段的两个“×”是用阿拉伯数字表示额定蒸汽压力或允许工作压力(MPa)；第二段的 3 个“×”是用阿拉伯数字表示过热蒸汽温度或热水锅炉出水温度/进水温度(℃)。蒸汽温度为饱和温度时，型号的第二部分无斜线和第二段，因为饱和温度取决于压力，型号中的介质压力即间接表示了饱和温度。

型号的第三部分表示燃料种类。以汉语拼音字母代表燃料种类，同时以罗马数字代表燃料品种分类与其并列(见表 7-6)。如同时使用几种燃料，主要燃料放在前面。

表 7-6　锅炉燃料种类代号

燃料种类	代号	燃料种类	代号
Ⅰ类劣质煤	LⅠ	木柴	M
Ⅱ类劣质煤	LⅡ	稻糠	D
Ⅰ类无烟煤	WⅠ	甘蔗渣	G
Ⅱ类无烟煤	WⅡ	柴油	YC
Ⅲ类无烟煤	WⅢ	重油	YZ
Ⅰ类烟煤	AⅠ	天然气	QT
Ⅱ类烟煤	AⅡ	焦炉煤气	QJ
Ⅲ类烟煤	AⅢ	液化石油气	QY
褐煤	H	油母页岩	YM
贫煤	P	其他燃料	T
型煤	X		

上述型号表示方法举例说明如下：

WNG1—0.7—AⅢ：表示卧式内燃固定炉排锅壳式锅炉，额定蒸发量为 1 t/h，蒸汽压力为 0.7 MPa，蒸汽温度为饱和温度，燃料为Ⅲ类烟煤。

DZL4—1.25—WⅡ：表示单锅筒纵置式或卧式水火管快装锅炉（铭牌中用中文说明），采用链条炉排，额定蒸发量 4 t/h，蒸汽压力为 1.25 MPa，蒸汽温度为饱和温度，燃料为Ⅱ类无烟煤。

QXW2.8—1.25/95/70—AⅡ：表示强制循环往复炉排热水锅炉，额定热功率 2.8 MW，允许工作压力 1.25 MPa，出水温度为 95 ℃，进水温度为 70 ℃，燃料为Ⅱ类烟煤。

二、锅炉安全管理

锅炉的安全管理可以从以下几个方面着手，做到防患于未然：

(1)使用定点厂家的合格产品；

(2)登记档案；

(3)专责管理；

(4)持证上岗；

(5)照章运行；

(6)定期检验；

(7)监控水质；

(8)报告事故。

三、锅炉安全技术

（一）运行准备

锅炉投入运行前，必须认真仔细地进行内、外部检查，尤其是新安装或受压元件经过重大修理的锅炉，必须经有关部门验收合格。在用锅炉经年检、整修合格后，方可进行起动的准备，包括点火前的检查工作和准备工作。

（二）烘炉与煮炉

新装、移装及大修或长期停放准备重新投入运行的锅炉，在投入运行前应进行烘炉和煮炉。

烘炉就是妥善地去除掉炉墙内的水分，提高炉墙强度和保温能力。

煮炉是为了除去锅炉受压元件及其水循环系统内所积有的污物、铁锈及安装过程中残留的油脂，以确保锅炉内部清洁，保证锅炉的安全运行和获得优良品质的蒸汽，保证锅炉能发挥应有的热效率。煮炉药剂一般常用氢氧化钠和磷酸三钠，也可用无水碳酸钠。煮炉投药量如表 7-7 所示。

表 7-7　煮炉投药量　　kg/吨水

药品名称	铁锈较少的新锅炉	铁锈较多的锅炉	有铁锈和水垢的锅炉
氢氧化钠（NaOH）	2～3	4～5	5～6
磷酸三钠（$Na_3PO_4 \cdot 12H_2O$）	2～3	3～4	5～6

注：（1）煮炉时，表内两种药品同时使用。

（2）表内药品按 100% 纯度计算。

（3）当用无水碳酸钠代替时，其用量为磷酸三钠的 1.5 倍。

（三）锅炉运行安全操作

1. 点火与升压

1）点火

一般锅炉上水后即可点火。进行烘炉和煮炉的锅炉，待煮炉完毕，排水清洗后，再重新上水，然后点火升压。

2）升压

锅炉点火后，随着燃烧加剧，开始升温、升压。升温期间可适当在下锅筒排水，并相应补充给水，促使上、下锅筒水循环，减小温差，使锅水均匀地热起来。

3）点火升压阶段的安全注意事项

从锅炉点火到锅炉蒸汽压力升至工作压力，这是锅炉起动中的关键环节，其间需要注意以下几个安全问题。

（1）防止炉膛爆炸。点火前，必须开动引风机对炉膛和烟道至少通风 5 min。燃油炉、燃气炉、煤粉炉点燃时，应先送风，之后投入点燃火把，最后送入燃料，而不能先输入燃料再点火。一次点火未成功，必须首先停止向炉内供给燃料，然后进行充分通风换气，再进行点火，严禁利用炉膛余热进行二次点火。

(2)控制升温升压速度。为了防止产生过大的热应力，升温升压速度一定要缓慢，一般要求介质温升不超过55 ℃/h；要求锅筒内、外壁及上、下壁间的温差不超过50 ℃。

(3)注意过热器和省煤器的冷却。点火时，要注意打开过热器上全部疏水阀和排汽阀，直到汽压升到高于大气压，蒸汽从排汽阀和疏水阀大量冒出时，才可将这些阀门关闭，以保护过热器和省煤器。

(4)严密监视和调整指示仪表。为了防止异常情况及事故的出现，必须严密监视各种指示仪表，控制锅炉压力、温度、水位在合理的范围之内。

2. 暖管与并汽

1)暖管

为了防止送汽时，冷凝水水击而损坏管道、阀门和法兰，需要用蒸汽将常温下的蒸汽管道、阀门、法兰等缓慢加热，使其温度均匀升高，将管道中的冷凝水驱出，此过程称为暖管。暖管时间一般应大于30 min。

2)并汽

并汽，即并炉，新投入运行的锅炉向共用的蒸汽母管供汽。当新投入运行的锅炉已完成通往分汽缸隔绝阀前的蒸汽管道暖管后，锅炉设备及管道等一切正常，即可准备供汽。

3. 监督和调整

锅炉运行时，其负荷是经常变化的，锅炉的蒸发量必须随着负荷的变化而变化，适应负荷的要求。因此，在锅炉运行期间，必须对其进行一系列的调节，如对燃料量、空气量、给水量等做相应的改变，才能使锅炉的蒸发量与外界负荷相适应。否则，锅炉的运行参数(汽压、汽温、水位等)就不能保持在规定的范围内。

4. 维护与管理

1)排污

锅炉排污的目的：①排除锅水中过剩的盐和碱，防止因锅水中的盐量、碱量过高降低蒸汽品质，导致锅水发生汽水共腾及过热器结垢；②排除锅筒内泥垢(水渣)，防止水渣在受热面某部位聚集形成二次水垢；③排除锅水表面的油质和泡沫，提高蒸汽的品质。

锅炉排污量通常不超过蒸发量的5%～10%。每一循环回路的排污持续时间，当排污阀全开时不宜超过30 s，以防过分排污干扰水循环而导致事故。

2)吹灰

吹灰是清除受热面积灰最常用的方法。用具有一定压力的蒸汽或压缩空气，定期吹扫受热面，以清除和减少其上的灰尘。对小型火管锅炉也可采取向炉膛投加清灰剂的方法，清灰剂燃烧后，其烟雾与受热面上的烟灰起化学反应，使烟灰疏松变脆后脱落。

3)预防锅炉结焦

锅炉结焦也叫结渣，指在高温条件下，灰渣在受热面、炉墙、炉排积累的现象。结焦使受热面热阻增大，传热不利；严重时会使过热器金属超温，妨碍设备的正常运行。

5. 运行安全管理

建立完善的规章制度和台账制度，对操作人员进行培训，搞好运行检查。搞好运行检验。按照《锅炉房安全管理规则》中规定的八项管理制度和六项记录严格执行安全管理。

四、锅炉常见事故原因及控制措施

(一)锅炉事故类型及特点

工业锅炉运行中常见的事故主要有：

(1)超压事故；

(2)缺水事故；

(3)满水事故；

(4)汽水共腾事故；

(5)炉管爆破事故；

(6)省煤器损坏；

(7)过热器损坏；

(8)水击事故；

(9)空气预热器损坏；

(10)水循环故障。

锅炉的事故特点有：

(1)锅炉在运行中受高温、压力和腐蚀等的影响，容易造成事故，且事故种类多种多样；

(2)锅炉一旦发生故障，将造成停电、停产、设备损坏，其损失非常严重；

(3)锅炉是一种密闭的压力容器，在高温和高压下工作，一旦发生事故，将摧毁设备和建筑物，造成人身伤亡。

(二)锅炉事故原因分析

(1)超压运行。如安全阀、压力表等安全装置失灵，或者水循环系统发生故障，造成锅炉压力超过允许压力，严重时锅炉会发生爆炸。

(2)超温运行。由于烟气流通不畅或燃烧工况不稳定等原因，使锅炉出口汽温过高、受热面温度过高，造成金属烧损或发生爆管事故。

(3)锅炉缺水事故/满水事故。锅炉水位过低会引起缺水事故，而锅炉水位过高会引起满水事故。锅炉长时间高水位运行，还容易使压力表管口结垢而堵塞，使压力表失灵而导致锅炉超压事故。

(4)水质管理不善。锅炉未定期排污，会使受热面水侧积存泥垢和水垢，热阻增大，而使受热面金属烧坏；给水中带有油质或水呈酸性，会使金属壁过热或腐蚀；水碱性过高，会使钢板产生苛性脆化。

(5)水循环被破坏。锅炉结垢会造成水循环破坏；锅水碱性过高，锅筒水面易起泡，汽水共腾，使水循环破坏。水循环被破坏，锅内的水况紊乱，造成受热面管流发生倒流或停滞，或者造成“汽塞”，在停滞水流的管内产生泥垢和水垢，水管堵塞，从而烧坏受热面管路或发生爆炸事故。

(6)锅炉工的误操作。错误的检修方法，或者锅炉不进行定期检查等都可能导致事故的发生。

(三)锅炉事故应急措施

(1)锅炉一旦发生事故，操作人员应立即判断和查明事故原因，并及时进行事故处理。发生重大事故和爆炸事故时，设法躲避爆炸物和高温水、汽，尽快将人员撤离现场；爆炸停止后应启动应急预案，保护现场，并及时报告有关领导和监察机构。

(2)发生锅炉重大事故时，要停止供给燃料和送风，减弱引风；熄灭和消除炉膛内的燃料(火床燃烧锅炉)，切记不能用向炉膛浇水的方法灭火，要用黄沙或湿煤灰将红火压灭；打开炉门、灰门、烟风道闸门等，以冷却锅炉；切断锅炉同蒸汽总管的联系，打开锅筒上放空阀或安全阀以及过热器出口集箱和疏水阀；向锅炉内进水、放水，以加速锅炉的冷却；但在发生严重缺水事故时，不能向锅炉进水。

(四)锅炉事故预防处理措施

1. 超压事故

锅炉超压事故是指锅炉在运行中，锅内的压力超过最高许可工作压力而危及锅炉安全运行的事故。超压事故是危险性比较大的事故之一，通常是锅炉爆炸的直接原因。

发生超压事故时，应迅速减弱燃烧；如果安全阀失灵，可以手动开启安全阀排汽，或打开锅炉上的放空阀，使锅炉逐渐降压，但严禁降压速度过快。在保持水位正常的同时，加大给水和排污，降低锅水温度。若全部压力表损坏，必须紧急停炉，检查锅炉超压原因和本体有无损坏后，再决定停炉或恢复运行。锅炉严重超压消除后，应停炉对锅炉进行内、外部检修，消除超压造成的变形、渗漏等。

2. 缺水事故

锅炉运行中，当水位低于水位表最低安全水位刻度线时，即形成缺水事故。锅炉缺水也是锅炉运行中最常见的事故之一。锅炉缺水会使锅炉蒸发受热面管路过热变形甚至爆破；造成胀口渗漏或脱落，炉墙损坏，严重时会导致锅炉爆炸。

事故发生时，首先校对各水位表所指示的水位，正确判断是否缺水。在无法确定是缺水还是满水时，可开启水位表的放水旋塞，若无锅水流出，表明是缺水事故，否则便是满水事故。轻微缺水时，应减少燃料和送风，并且缓慢向锅炉上水，使水位恢复正常，并查明缺水的原因；待水位恢复到最低安全水位线以上后，再加燃料和送风，恢复正常燃烧。严重缺水时，必须紧急停炉。必须注意的是，在未判定缺水程度或者已判定属于严重缺水的情况下，严禁给锅炉上水，以免造成锅炉爆炸事故。

3. 满水事故

锅炉水位高于水位表最高安全水位刻度线时，称为锅炉满水。满水会造成蒸汽大量带水，从而会使蒸汽管道发生水击；降低蒸汽品质，影响正常供汽；在装有过热器的锅炉中，还会造成过热器结垢或损坏。

轻微满水时，应将给水自动调节器改为手动，部分或全部关闭给水阀，并减弱燃烧；有省煤器的锅炉开启省煤器的再循环管阀门，必要时开启排污阀、蒸汽管道及过热器上的疏水阀，当水位表显示水位降到正常水位线时，要立即关闭排污阀和各疏水阀，并恢复锅炉的正常运行。如果满水时出现水击，则在恢复水位后，还应检查蒸汽管道、附件、支架等有无异常情况。严重满水时，应采取紧急停炉措施，停止给水，迅速放水和疏水。

4. 汽水共腾事故

锅炉运行中，锅筒内蒸汽和锅中水共同升起，产生大量泡沫并上下波动翻腾的现象，称为汽水共腾。汽水共腾会使蒸汽带水，降低蒸汽品质，造成过热器结垢。严重时，蒸汽管道产生水击现象，损坏过热器或影响用汽设备的安全。

事故发生时，要先减弱燃烧，减小锅炉蒸发量，调小主汽阀开度，降低负荷；再调大连续排污阀，并打开定期排污阀，同时加强给水，改善锅水品质。然后开启蒸汽管道、过热器和分汽缸等处的疏水阀。

采用锅内投药的锅炉，应停止投药。在锅炉水质未改善前，不得增大锅炉负荷；事故消除后，应及时冲洗水位表。

5. 炉管爆破事故

锅炉运行过程中，炉管(包括水冷壁管、对流管束管及烟管等)突然破裂，汽水大量喷出，会造成锅炉爆管事故。锅炉爆管事故是仅次于锅炉爆炸的严重事故，是危险性比较大的事故之一。锅炉爆管时可以直接冲毁炉墙；可将临近的管壁喷射穿孔；在极短时间内造成锅炉严重缺水。

炉管破裂泄漏不严重，尚能维持锻炉水位，故障不会迅速扩大时，可以短时间地降低负荷运行，等备用炉起动后再停炉。但是，当备用锅炉长时间不能投入运行，而故障锅炉的事故又在继续恶化时，应紧急停炉。如果几台锅炉并列运行，要将故障锅炉的主蒸汽管与蒸汽母管隔断；如果共用一根给水母管，当故障锅炉加大给水维持运行时，会对其他锅炉的正常运行带来影响，要对故障锅炉实行紧急停炉。

发生严重爆管，不能维持水位时，必须紧急停炉。此时引风机不能停止运行，并应继续给锅炉上水，以降低管壁温度；但如果由于爆管造成严重缺水，而炉膛温度又很高时，切不可上水，以免导致更大的事故发生。

6. 省煤器损坏

省煤器损坏是指由于省煤器管子破裂或省煤器其他零件损坏(如接头法兰泄漏)所造成的事故。省煤器损坏会造成锅炉缺水而被迫停炉。

对于可分式省煤器，应开启省煤器旁通水管阀门向锅炉上水，同时开启旁通烟道挡板，使烟气经旁通烟道流出，暂停使用省煤器。同时将省煤器内的存水放掉，开启主汽阀或抬起安全阀，在不停炉状态下对省煤器进行修理。修理时要注意安全，要检查主烟道挡板和省煤器进出口阀门的密封性，确保人身安全，否则应停炉进行修理。在隔绝故障省煤器的情况下，锅炉运行时应密切注意进入引风机的烟温，烟温不应超过引风机的铭牌规定，倘若超过应降低锅炉负荷。

对于不可分式省煤器，如能维持锅炉正常水位，可加大给水量，并且关闭所有的放水阀，以维持短时间运行，待备用锅炉投入运行后再停炉检修。如果事故扩大，不能维持正常水位时，应紧急停炉。

7. 过热器损坏

过热器损坏主要指过热器管破裂。

过热器损坏的处理：过热器管破裂不严重时，可适当降低锅炉蒸发量，在短时间内继续运行，直到备用锅炉投入使用或过渡到用汽高峰期后再停炉检修，但必须密切注意事故的发展情况。

过热器管损坏严重时必须及时停炉，防止从损坏的过热器管中喷出蒸汽而吹坏邻近的过热器管，使事故扩大。停炉后关闭主汽阀和给水阀，保持引风机继续运转，以排除炉内的烟气和蒸汽。

8. 水击事故

水击是由于蒸汽或水突然产生的冲击力使锅筒或管道发生冲击或振动的一种现象。水击多发生于锅筒、蒸汽管道、给水管道、省煤器等部位。发生水击时，管道承受的压力骤然升高，如不及时处理，会造成管道、法兰、阀门等的损坏。

水击事故的处理方法如下。

1)锅筒内水击的处理

(1)检查锅筒内水位，如果水位过低应适当提高；提高进水温度，适当降低进水压力，使进水均匀平稳；对于下锅筒点火时有蒸汽加热装置的，应迅速关闭蒸汽阀。

(2)采取上述措施而故障仍未消除时，应立即停炉检修。检修时，应注意上锅筒内给水分配管、水槽和下锅筒内蒸汽加热设备存在的缺陷。

2)给水管道内水击的处理

(1)适当关小给水阀，若水击还不能消除，则改用备用给水管道给锅炉供水。如果无备用管道，则应对故障管道进行处理。

(2)关闭给水阀、开启省煤器与锅炉的再循环阀门，然后再缓慢开启给水阀，消除给水管道内的水击。

(3)开启给水管道上的放汽阀，排除管道内的空气或蒸汽；保持给水压力和温度的稳定。

(4)检查给水泵和给水逆止阀工作是否正常。

3)省煤器内水击的处理

(1)开启省煤器出口角箱上的空气阀，排净内部的空气或蒸汽。

(2)检查省煤器进水口管道上的止回阀工作是否正常。

(3)严格控制省煤器出口水温。出口水温过高，应开启旁路烟道，关闭省煤器烟道挡板。若没有旁路烟道，则可使用再循环管路，或者开启回水管阀门，将省煤器出水送向水箱。

4)蒸汽管道水击的处理

(1)开启过热器集箱和蒸汽管道上的疏水阀进行疏水。

(2)属于蒸汽大量带水而造成蒸汽管道内水击的，除加强管道疏水外，还应检查锅炉水位是否过高，如水位过高，应适当加强排污；检查锅炉是否有汽水共腾或满水现象；检查锅筒内汽水分离装置是否有故障等。

(3)水击消除后，应对蒸汽管道的固定支架、法兰、焊缝及管道上所有的阀门进行检查，如有严重损坏，应进行修理或更换。

(4)加强水处理，保证锅炉给水和锅水质量，避免发生汽水共腾现象。

9. 空气预热器损坏

空气预热器发生泄漏，烟气中混入大量空气的现象，称为空气预热器损坏。

当预热器管子破裂不十分严重，尚可维持短时间运行，此时应立即启用旁通烟道，关闭主烟道挡板，待备用炉投入运行后再停炉检修。与此同时，应严密监视排烟温度，其不得超过引风机规定的温度值，否则应降低负荷或停炉检修。如果管子损坏严重，炉膛温度过低，无法维持锅炉正常燃烧时，应紧急停炉。

10. 水循环故障

水循环常见的故障有汽水停滞、下降管带汽及汽水分层。

1)汽水停滞

在同一循环回路中，如果各水冷壁受热不均匀，受热弱的水冷壁管内汽水混合物的流速较慢，甚至停止流动的现象为汽水停滞。出现汽水停滞时，水冷壁管内进水很少，特别是出口段含水量更少，这样的水冷壁虽然受热较弱，但冷却条件很差，往往会导致管壁超温爆破。特别是弯管段，因易积存蒸汽，更易发生爆管事故。

2)下降管带汽

下降管带汽是由于锅筒内的水位距下降管入口太近，在入口处形成旋涡漏斗，将蒸汽空间的蒸汽一起带入下降管。下降管距上升管太近时，也会把上升管送入锅筒的汽水混合物再抽入下降管内。另外，当锅筒内水容积中蒸汽上浮速度小于水的下降速度时，进入下降管的水中也会带汽。下降管带汽，增加了流动阻力，并且使上升管与下降管中工质的重度差减小，影响正常的水循环，会导致管子过热烧坏。

3)汽水分层

当锅炉水冷壁管水平布置或倾斜角度过小时，管中流动的汽水混合物流速过低，就会出现汽水分层流动的现象，即蒸汽在管子上部流动，水在管子下部流动。这时，管子下部有水冷不致超温；而蒸汽的传热性能差，因此管子上部很可能因壁温过高而过热损坏。

第三节 压力容器安全

一、压力容器概述

压力容器，泛指在工业生产中用于完成反应、传质、传热、分离和储存等生产工艺过程，并能承受压力的密闭容器。它被广泛用于石油、化工、能源、冶金、机械、轻纺、医药、国防等工业领域。它不仅是近代工业生产和民用生活设施中的常用设备，同时又是一种有潜在爆炸危险的特殊设备。和其他生产装置不同，压力容器发生事故时不仅本身遭到破坏，往往还会破坏周围设备和建筑物，甚至诱发一连串恶性事故，造成人员伤亡，给国民经济造成重大损失。因此，压力容器的安全问题一直受到政府和社会各界的广泛重视。

按安全技术管理分类，压力容器可分为固定式容器和移动式容器两大类。

(1)固定式容器，指有固定的安装和使用地点，工艺条件和使用操作人员也比较固定，一般不是单独装设，而是用管道与其他设备相连接的容器。如合成塔、蒸球、管壳式余热锅炉、换热器、分离器等。

(2)移动式容器，指一种储装容器，如气瓶、汽车槽车等，其主要用途是装运有压力的气体或液化气体。这类容器无固定使用地点，一般也没有专职的使用操作人员，使用环境经常变迁，管理比较复杂，较易发生事故。

二、压力容器特点

压力容器是在一定温度和压力下进行工作，介质复杂的特种设备。随着生产的发展和技术的进步，其操作工艺条件向高温、高压及低温发展，工作介质种类繁多，且具有易燃、易爆、剧毒、腐蚀等特征，危险性更为显著，一旦发生爆炸事故，就会危及人身安全、造成财产损失、带来灾难性恶果。

1. 冲击波及其破坏作用

冲击波超压会造成人员伤亡和建筑物的破坏。压力容器因严重超压而爆炸时，其爆炸能量远大于按工作压力估算的爆炸能量，破坏和伤害情况也严重得多。

2. 爆破碎片的破坏作用

压力容器破裂爆炸时，高速喷出的气流可将壳体反向推出，有些壳体破裂成块或片向四周飞散。这些具有较高速度或较大质量的碎片，易对人造成伤害。另外，碎片还可能损坏附近的设备和管道，引起连续爆炸或火灾，造成更大的危害。

3. 介质伤害

介质伤害主要是有毒介质的毒害。

压力容器所盛装的液化气体中有很多是毒性介质，容器破裂时，大量液体瞬间气化并向周围大气中扩散，会造成大面积的毒害，不但造成人员中毒，致病致死，也严重破坏生态环境，危及中毒区的动植物。

4. 二次爆炸及燃烧

当容器所盛装的介质为可燃液化气体时，容器破裂爆炸会在现场形成大量可燃蒸气，并迅即与空气混合形成可爆性混合气，在扩散中遇明火即形成二次爆炸，造成重大危害。

三、压力容器安全管理

1. 容器技术档案

容器技术档案包括容器的设计资料和容器的制造资料和容器使用记录，压力容器的使用记录由设备管理人员或容器操作人员负责按时填写并妥善保管。

2. 技术管理制度

技术管理制度包括容器的专责管理和安全操作规程。

四、压力容器的安全操作

(一)基本要求

(1)平稳操作。加载和卸载应缓慢，并保持运行期间载荷的相对稳定。

(2)防止超压，要密切注意减压装置的工作情况，并装设灵敏可靠的安全泄压装置。

(3)由于容器内物料的化学反应而产生压力的容器，必须严格控制每次投料的数量及原料中杂质的含量，并有防止超量投料的严密措施。

(4)储装液化气体的容器，为了防止液体受热膨胀而超压，一定要严格计量。

(5)除了防止超压以外，压力容器的操作温度也应严格控制在设计规定的范围内，长期的超温运行也可以直接或间接地导致容器的破坏。

(二)容器运行期间的检查

容器专责操作人员在容器运行期间应经常检查容器的工作状况，以便及时发现操作上或设备上的不正常状态，采取相应的措施进行调整或消除，防止异常情况的扩大或延续，保证容器安全运行。

(1)对运行中的容器进行检查，包括检查工艺条件、设备状况以及安全装置等方面。

(2)容器的紧急停止运行。压力容器在运行中出现下列情况时，应立即停止运行：容器的操作压力或壁温超过安全操作规程规定的极限值，而且采取措施仍无法控制，并有继续恶化的趋势；容器的承压部件出现裂纹、鼓包变形、焊缝或可拆连接处泄漏等危及容器安全的迹象；安全装置全部失效，连接管件断裂，紧固件损坏等，难以保证安全操作；操作岗位发生火灾，威胁到容器的安全操作；高压容器的信号孔或警报孔泄漏。

(三)压力容器的维护保养

容器的维护保养主要包括以下几方面内容。

(1)保持完好的防腐层。

(2)消除产生腐蚀的因素。

(3)消灭容器的“跑、冒、滴、漏”，经常保持容器的完好状态。“跑、冒、滴、漏”不仅浪费原料和能源，污染工作环境，还常常造成设备的腐蚀，严重时还会引起容器的破坏事故。

(4)加强容器在停用期间的维护。

(5)经常保持容器的干燥和清洁，防止大气腐蚀。

(6)经常保持容器的完好状态。容器上所有的安全装置和计量仪表，应定期进行调整校正，使其始终保持灵敏、准确；容器的附件、零件必须保持齐全和完好无损。

五、压力容器常见事故原因及控制措施

(一)压力容器事故类型及特点

(1)据容器发生破裂的特征，压力容器事故可分为爆炸与泄漏两大类。

(2)据容器的破坏程度，压力容器事故可分为3种。

①爆炸事故：压力容器在使用中或试压中受压部件突然破裂，容器中介质压力瞬时降至等于外界大气压力的事故。

②重大事故：压力容器受压部件严重损坏(过度变形、泄漏)、附件损坏等而使压力容器被迫停止运行，必须进行修理的事故。

③一般事故：压力容器受压部件或附件损坏程度不严重，不需要停止运行进行修理的事故。

(二)压力容器事故原因分析

(1)结构不合理，材质不符合要求，焊接质量不好，受压元件强度不够，以及其他设计制造方面的原因。

(2)安装不符合技术要求，安全附件规格不对，质量不好，以及其他安装、改造或修理方面的原因。

(3)在运行中超压、超负荷、超温，违反劳动纪律，违章作业，超过检验期限没有进行定期检验，操作人员不懂技术，以及其他运行管理方面的原因。

(三)压力容器事故应急措施

(1)发生重大事故时应启动应急预案，保护现场，并及时报告有关领导和监察机构。

(2)压力容器发生超压、超温时要马上切断进气阀：对于反应容器停止进料；对于无毒非易燃介质，要打开排空管排气；对于有毒易燃易爆介质要打开放空管，将介质通过接管排至安全地点。

(3)如果属超温引起的超压，除采取上述措施外，还要通过水喷淋冷却以降温。

(4)压力容器发生泄漏时，要马上切断进料阀及泄漏处前端阀门。

(5)压力容器本体泄漏或第一道阀门泄漏时，要根据容器、介质的不同使用专用堵漏技术和堵漏工具进行堵漏。

(6)易燃易爆介质泄漏时，要对周边明火进行控制，切断电源，严禁一切用电设备运行，防止火灾、爆炸事故产生。

(四)压力容器事故预防处理措施

针对压力容器发生事故的常见原因，可以采取相应的事故预防措施。

(1)在设计上，应采用合理的结构，如采用全焊透结构，使材料能自由膨胀等，避免应力集中、几何突变；针对设备使用工况，选用塑性、韧性较好的材料；强度计算及安全阀排量计算符合标准。

(2)制造、修理、安装、改造时，加强焊接管理，提高焊接质量并按规范要求进行热处理和探伤；加强材料管理，避免采用有缺陷的材料或用错钢材、焊接材料。

(3)在使用过程中，加强运行管理，保证安全附件和保护装置灵活，齐全；提高操作工人素质，防止产生误操作等现象。

(4)在压力容器使用中，加强使用管理，避免操作失误，超温、超压、超负荷运行，失检、失修、安全装置失灵等，加强检验工作，及时发现缺陷并采取有效措施。

第四节　气瓶安全

一、气瓶概述

依据《特种设备安全监察条例》，气瓶是指：盛装公称工作压力大于或等于 0.2 MPa(表压)，且压力与容积的乘积大于或者等于 1.0 MPa · L 的气体，液化气和标准沸点等于或者低于 60 ℃液体的移动式压力容器。

气瓶内充装的大多是易燃易爆、有毒甚至剧毒、强腐蚀性的介质，如果发生泄漏或者爆炸，很多时候会引发火灾或者中毒，造成灾难性事故。

气瓶按照充装介质可分为：①永久气体气瓶，如氧气瓶、氢气瓶、一氧化碳气瓶等；②高压液化气体气瓶，如二氧化碳气瓶、乙烷气瓶、乙烯气瓶等；③低压液化气瓶，如氨气瓶、氯气瓶、液化石油气瓶等；④溶解气体气瓶，如溶解乙炔气瓶。

气瓶还可以按照结构形式分为无缝气瓶和焊接气瓶；按材质分为钢制气瓶、铝合金气瓶和复合气瓶等。

二、气瓶安全管理

1. 气体充装

(1)充装前应对气瓶进行严格检查。包括漆色、气瓶内余气、瓶阀上进气口侧的螺纹、安全装置配备、合格证，以及外观检查。

(2)采取严密措施，防止超量充瓶。

2. 气瓶使用和维护

(1)防止气瓶受热升温。

(2)正确操作、合理使用。开阀时要慢慢开启，以防加压过快产生高温，对盛装可燃气体的气瓶应注意防止产生静电；开阀时不能用钢扳手敲击瓶阀，以防产生火花。氧气瓶的瓶阀及其他附件都禁止沾染油脂；每种气体要有专用的减压器，瓶阀或减压器泄漏时不得继续使用。气瓶使用到最后时应留有余气，以防混入其他气体或杂质，造成事故。

(3)加强维护。气瓶外壁上的油漆必须保持完好。漆色脱落或模糊不清时，应按规定重新漆色。瓶内混有水分常会加速气体对气瓶内壁的腐蚀，特别是氧、氯、一氧化碳等气体，盛装这些气体的气瓶在装气前，尤其是在进行水压试验以后，应该进行干燥。气瓶一般不得改装别种气体，如确实需要，按规定由有关单位负责清洗、置换并重新改变漆色后方可改装。

3. 气瓶运输

(1)防止气瓶受到剧烈振动或碰撞冲击。装在车上的气瓶要妥善固定，防止气瓶跳动或滚落；气瓶的瓶帽及防振圈应佩戴齐全；装卸气瓶时应轻装轻卸，不得采用抛装、滑放或滚动的装卸方法。

(2)防止气瓶受热或着火。两种介质相互接触后能引起燃烧等剧烈反应的气瓶不得同车运输；运装气瓶的车上应严禁烟火，运输可燃或有毒气体的气瓶时，车上应分别备有灭火器材或防毒用具。

三、气瓶安全技术

(一)气瓶的充装

1. 对气瓶充装单位的要求

气瓶充装单位应向省级特种设备安全监督管理部门提出申请，经评审，确认符合条件的，由省级特种设备安全监督管理部门发给许可证；未经行政许可的，不得从事气瓶充装工作。

2. 永久气体的充装

(1)充装前的检查。充装气体前对气瓶进行检查，可以消除或大大减少引起的气瓶爆炸事故。

(2)永久气体充装量。永久气体气瓶的充装量是指气瓶在单位容积内允许装入气体的最大质量。永久气体气瓶充装量确定的原则是：气瓶内气体的压力在基准温度(20 ℃)下应不超过其公称工作压力；在最高使用温度(60 ℃)下应不超过气瓶的许用压力。

(3)充装中的注意事项。在气瓶充装过程中，须先对充装系统用的压力表进行校验，检验装瓶气体中的杂质含量，检验瓶阀出气口螺纹与所装气体所规定螺纹形式的相符性，瓶体温度和瓶阀的密封性，充气过程中，监听瓶内有无异常声音，禁止用扳手等金属器具敲击瓶阀或管道，充气完毕后，做好气瓶充装记录。

凡充装氧或强氧化性介质的人员，其手套、服装、工具等均不得沾有油脂，也不得使油脂沾染到阀门、管道、垫片等一切与氧气接触的装置物件上。

3. 液化气体的充装

液化气体气瓶充装前的检查内容及对应方法与永久气体气瓶充装基本相同。主要区别在于判别瓶内气体性质的方法不同，液化气体气瓶在充气前须称量瓶内剩余气体的质量。

4. 乙炔气的充装

1) 充装前的检查和准备

(1) 乙炔瓶的检查。乙炔瓶充装前，充装单位应有专职人员对其进行检查。检查中发现有下列情况之一的，严禁充装：①无制造许可证单位生产的乙炔瓶；②未经省级以上(含省级)质量技术监督部门检验机构检验合格的进口乙炔瓶；③档案不在本充装单位保存又未办理临时充装变更手续的乙炔瓶。

(2) 剩余压力检查。检查确定瓶内的剩余压力和溶剂补加量。乙炔瓶内必须有足够的剩余压力，以防混入空气。

(3) 丙酮的充装。乙炔瓶内的丙酮在气瓶使用过程中，常常随着乙炔气体的放出而散失，因此气瓶充装前应逐瓶测定实际质量(实重)，检查丙酮逸损情况，以确定其补加量。

2) 充装中的注意事项

(1) 乙炔气瓶的充装宜分次进行，每次充装后的静置时间应不小于 8 h，并应关闭瓶阀。

(2) 乙炔瓶的充装压力，在任何情况下都不得大于 2.5 MPa。

(3) 应严格控制充装速度，充罐时的气体体积流量应小于 0.015 $m^3/(h \cdot L)$。

(4) 充气过程中，应用冷却水均匀地喷淋气瓶，以防乙炔温度过高，产生分解反应。

(5) 随时测试充气气瓶的瓶壁温度，如瓶壁温度超过 40 ℃，应停止充装，另行处理。

(6) 充装中，1 h 至少检查 1 次瓶阀出气口、阀杆及易熔合金塞等部位有无泄漏。发现漏气应立即妥善处理。

(7) 因故中断充装的乙炔瓶需要继续充装时，必须先保证充装主管内乙炔气压力大于或者等于乙炔气瓶内压力，才可开启瓶阀和支管切换阀。

3) 充装后的检查

充装后的气瓶，先静置 24 h，使其压力稳定、温度均衡。不合格的气瓶严禁出厂。

(二) 气瓶的运输与储存

1. 气瓶运输

气瓶在运输或搬运过程中发生事故也是常见的。因气瓶容易受到振动和冲击，可能造成瓶阀撞坏或碰断而飞出伤人或引起喷出的可燃气体着火，甚至导致气瓶发生粉碎性爆炸。为确保气瓶在运输过程中的安全，气瓶的运输单位应根据有关规程、规范，按气体性质制定相应的运输管理制度和安全操作规程，并对运输、装卸气瓶的人员进行专业的安全教育。

2. 气瓶储存

瓶装气体品种多、性质复杂，在储存过程中，当气瓶受到强烈的振动、撞击或接近火源、受阳光暴晒、雨淋水浸、储存时间过长、温/湿度变化等的影响，以及性质相抵触的气体泄漏并相互接触时，就会引起爆炸、燃烧、灼伤、中毒等灾害性事故。气瓶入库前应检查储存库是否符合要求，对入库的气瓶进行逐个检查验收。入库气瓶应按照空瓶/实瓶，气体相容性，或者装有有毒有害气体的气瓶进行分室分类存放，并用链条等进行固定。对必须堆放的气瓶，堆放层数一般不超过5层，且气瓶的头部朝向同一方向，并注意防振。气瓶储存库应有专人管理，管理人员应在牌子上注明入库或定期检验的日期。对于限期储存的气体及不宜长期存放的气体，应注明存放期限。气瓶在存放期间，管理人员应定期测试库内的温度和湿度，尤其是夏季。毒性气体或气瓶可燃性气体气瓶入库后，要连续2~3 d定时测定库内空气中毒性或可燃性气体的浓度。

气瓶的储存单位应建立并执行气瓶进出库制度，并做到瓶库账目清楚、数量准确、按时盘点、账物相符。气瓶发放时，库房管理员必须认真填写气瓶发放登记表。

(三)气瓶的安全使用

1. 气瓶的使用与维护

气瓶使用不当或维护不良会直接或间接造成爆炸、着火燃烧或中毒伤亡事故。从气体充装站或气瓶储存库接收气瓶时，应对所接收的气瓶进行逐只检查。

2. 气瓶安全使用要点

气瓶的使用单位和操作人员在使用气瓶时应做到以下几点。

(1)使用单位应做到专瓶专用，不得擅自更改气瓶的钢印和颜色标记。

(2)气瓶使用时，一般应立放，并应有防止倾倒的措施。

(3)使用氧气或氧化性气体气瓶时，操作者应仔细检查自己的双手、手套、工具、减压器、瓶阀等有无沾染油脂，凡有油脂的，必须脱脂干净后方能操作。氧气瓶和氧化性气体气瓶与减压器或汇流排连接处的密封垫，不得采用可燃性材料。

(4)在安装减压阀器或汇流排导管时，应检查卡箍或连接螺帽的螺纹完好情况，以免工作时脱开引起事故。用于连接气瓶的减压器、接头、导管和压力表，都应涂以标记，用在专一类气瓶上，严防混用。

(5)开启或关闭瓶阀时，只能用手或专用扳手，不准使用锤子、管钳、长柄螺纹扳手，以防损坏阀件。开启或关闭瓶阀的速度应缓慢，防止产生摩擦热或静电火花，对盛装可燃气体的气瓶尤应注意。

(6)发现瓶阀漏气，或放不出气来，或存在其他缺陷时，将瓶阀关闭，并将发现的缺陷标在瓶体上，送交气瓶充装单位处理。

(7)瓶内气体不得用尽，必须留有剩余压力，以防混入其他气体或杂质。永久气体气瓶的剩余压力应不小于0.05 MPa；液化气体气瓶应留有不少于1.0%规定充装量的剩余气体。

(8)在可能造成回流的使用场合，使用设备上必须配置防止倒灌的装置，如单向阀、止回阀、缓冲器等。

(9)液化石油气瓶用户不得将气瓶内的液化石油气向其他气瓶倒装，不得自行处理气瓶内的残液。

(10)气瓶投入使用后，不得对瓶体进行挖补、焊接修理。

(11)气瓶使用完毕，要送回瓶库或妥善保管。用过气的空瓶标上“空瓶”字样；已用部分气体的气瓶，应把剩余压力写在瓶身上；向瓶库退回未使用的气瓶，应标上“满瓶”字样。

(12)防止气瓶受热。不得将气瓶靠近热源。安放气瓶的地点周围10 m范围内，不应进行有明火或可能产生火花的作业；气瓶在夏季使用时，应防止暴晒。瓶阀冻结时，应把气瓶移到较温暖的地方，用温水解冻。严禁用温度超过40 ℃的热源对气瓶加热。盛装易于自行产生聚合反应或分解反应的气体的气瓶，应避开放射性射线源。

(13)加强维护。经常保持气瓶上油漆完好，漆色脱落或模糊不清时，应按规定重新漆色；严禁敲击、碰撞气瓶，严禁在气瓶上进行电焊引弧，不准用气瓶做支架。

3. 气瓶改装

气瓶改装是指原来盛装某一种气体的气瓶改为充装别种气体。气瓶改装，特别是使用单位自行改装，是国内气瓶爆炸事故的主要原因，因此必须慎重对待。

(1)对气瓶改装的规定。气瓶的使用单位不得擅自更改气瓶的颜色标记，换装别种气体。确实需要更换气瓶盛装气体的种类时，应提出申请，由气瓶检验单位负责对气瓶进行改装。气瓶改装后，负责改装的单位应将气瓶改装情况通知气瓶所属单位，记入气瓶档案。

(2)气瓶改装注意事项。负责改装的单位应根据气瓶制造钢印标记和安全状况，确定气瓶是否适合于所换装的气体，包括气瓶的材料与所换装的气体的相容性、气瓶的许用压力是否符合要求等。气瓶改装时，应根据原来所装气体的特性，采用适当的方法对气瓶内部进行彻底清理、检验，打检验钢印和涂检验色标，换装相应的附件，并按相关规定更改换装气体的字样、色环和颜色标记。

第五节　压力管道安全

一、压力管道概述

根据TSG D0001—2009，压力管道是指：

(1) 最高工作压力大于或等于0.1 MPa(表压，下同)的管道；

(2)公称直径大于25 mm的管道；

(3) 输送介质为气体、蒸汽、液化气体，最高工作温度高于或等于其标准沸点的液体或者可燃、易爆、有毒、有腐蚀性的液体的管道。

不包括下述管道：

(1)电气、电信专用管道；

(2) 动力管道；

(3) 军事装备和核设施的管道；

(4) 海上设施和矿井井下的管道；

(5) 移动设备(如铁路机车、汽车、船舶、航空航天器等)上的专用管道；

(6)石油、天然气、地热等勘探和采掘装置的管道；

(7) 长输(油气)管道和油气田集输管道；

(8) 城镇市政公用设施的管道；

(9) 制冷空调设备本体所属的管道和采暖通风的专业管道；

(10) 其他特种设备安全技术规范管辖范围内的管道。

管道按照设计压力、设计温度、介质毒性程度、腐蚀性和火灾危险性分为 GC1、GC2、GC3 三个等级。

二、压力管道安全管理

(一)压力管道的正确使用

压力管道的可靠性首先取决于其设计、制造和安装的质量。在用压力管道由于介质和环境的侵害、操作不当、维护不力，往往会引起材料性能的恶化、失效而降低其使用性能和周期，甚至发生事故。压力管道的安全可靠性与正确使用的关系极大，只有强化控制工艺操作指标和工艺纪律，坚持岗位责任制，认真执行巡回检查，才能保证压力管道的使用安全。

工艺指标的控制包括：操作压力和温度的控制、交变载荷的控制和腐蚀性介质含量的控制。

岗位责任制包括：要求操作人员熟悉本岗位压力管道的技术特性、系统结构、工艺流程、工艺指标、可能发生的事故和应采取的措施；操作人员必须经过安全技术和岗位操作法的学习培训，经考试合格后才能上岗独立进行操作；在运行过程中，操作人员应严格控制工艺指标，正确操作，严禁超压、超温运行。

巡回检查包括：使用单位应根据本单位工艺流程和各装置单元分布情况划分区域，明确职责，制定严格的压力管道巡回检查制度。制度要明确检查人员、检查时间、检查部位、应检查的项目，操作人员和维修人员均要按照各自的责任和要求定期按巡回检查路线完成每个部位、每个项目的检查工作，并做好巡回检查记录。

(二)压力管道的维护保养

维护保养的主要内容就是日常的维护保养措施。

(1)要经常检查压力管道的防腐措施，保证其完好无损，要避免对管道表面不必要的碰撞，保持管道表面的光洁，从而减少各种电离、化学腐蚀。

(2)阀门的操作机构要经常除锈上油，并配置保护塑料套管，定期进行活动，保证其开关灵活。

(3)安全阀、压力表要经常擦拭，确保其灵活、准确，并按时进行检查和校验。

(4)要定期检查紧固螺栓完好状况，做到齐全、不锈蚀、丝扣完整，连接可靠。

(5)压力管道因外界因素产生较大振动时，应采取隔断振源、加强支撑等减振措施，发现摩擦等情况应及时采取措施。

(6)静电跨接装置、接地装置要保持良好完整，及时消除缺陷，防止故障的发生。

(7)停用的压力管道应排除内部的腐蚀性介质，并进行置换、清洗和干燥，必要时做惰性气体保护，外表面应涂刷防腐油漆，防止环境因素造成腐蚀。对有保温层的管道，要注意保温层下的防腐和支座处的防腐。

(8)禁止将管道及支架作为电焊的零线和起重工具的锚点、撬抬重物的支撑点。

(9)及时消除“跑、冒、滴、漏”。

(10)管道的底部和弯曲处是系统的薄弱环节，这些地方最易发生腐蚀和磨损，因此必须经常对这些部位进行检查，以便在发生某种损坏之前，采取修理和更换措施。

三、压力管道安全技术

(一)一般要求

(1)管道设计要与装置整体设计统一考虑，必须符合管道仪表流程图，要有适当的支撑，保证足够的强度。

(2)管道的敷设主要有架空和埋地两种类型，在选择何种敷设类型时可根据具体情况确定。化工和石油化工企业的工业管道大都采用架空敷设。长输管道一般采用埋地敷设，它利用了地下空间，缺点是有腐蚀、检查和维修困难。工业管道埋地敷设的较少，即使是埋地敷设也大都用管沟，而不是直接敷设在地下。

(二)防火安全设计

当管道敷设在管廊上时，为充分利用空间，一般将机泵置于管廊下，管廊的上面放置引风机，管廊的两侧是主体设备。管廊与它们之间要保持一定的距离，这个距离要满足防火的有关规范标准。GB 50160—2018 中有详细而明确的规定。

(三)防爆安全设计

压力管道可通过防止设备和管道泄漏、用惰性气体将易燃物质与空气隔离、连锁保护等措施来达到防爆的目的。

在总体设计中还要设法限制和缩小危险区的范围。将不同等级的爆炸危险区与非爆炸危险区隔开；采用露天布置和加强室内通风使爆炸危险物质浓度低于爆炸极限，用可燃物质报警装置监测爆炸危险物浓度。

四、压力管道常见事故原因及控制措施

(一)压力管道事故类型及特点

压力管道事故按设备破坏程度分为爆炸事故、严重损坏事故和一般损坏事故。

爆炸事故是指压力管道在使用中或压力试验时，受压部件发生破坏，设备中介质蓄积的能量迅速释放，内压瞬间降至外界大气压力及压力管道泄漏而引发的各类爆炸事故。

严重损坏事故是指由于受压部件、安全附件、安全保护装置损坏及因泄漏而引起的火灾、人员中毒和压力管道设备遭到破坏的事故。

一般损坏事故是指压力管道在使用中受压部件轻微损坏而不需要停止运行进行修理，以及发生泄漏未引起其他次生灾害的事故。

（二）压力管道事故

压力管道发生事故后，一般会造成严重的事故后果，一般说来，事故主要有如下几种。

（1）爆管事故。压力管道在其试压或运行过程中由于各种原因造成的穿孔、破裂致使系统被迫停止运行的事故，称为爆管事故。

（2）裂纹事故。压力管道在运行过程中由于各种原因产生不同程度的裂纹，从而影响系统的安全，这种事故称为裂纹事故。裂纹是压力管道最危险的一种缺陷，是导致脆性破坏的主要原因，要引起高度重视。裂纹的扩展很快，如不及时采取措施就会发生爆管。

（3）泄漏事故。压力管道由于各种原因造成的介质泄漏，称为泄漏事故。由于管道内的介质不同，如果发生泄漏，轻则造成浪费能源和环境污染，重则造成燃烧爆炸事故，危及人民生命财产的安全。

（三）压力管道事故应急措施

（1）发生重大事故时应启动应急预案，保护现场，并及时报告有关领导和监察机构。

（2）压力管道发生超压时要马上切断进气阀；对于无毒非易燃介质，要打开排空管排气；对于有毒易燃易爆介质要打开放空管，将介质通过接管排至安全地点。

（3）压力管道本体泄漏时，要根据管道、介质的不同采用专用堵漏技术和堵漏工具进行堵漏。

（4）易燃易爆介质泄漏时，要对周边明火进行控制，切断电源，严禁一切用电设备运行，防止火灾、爆炸事故产生。

（四）压力管道事故预防处理措施

压力管道事故的原因涉及设计、制造、安装、使用、检验、修理和改造 7 个环节，要将压力管道事故控制到最低限度，确保压力管道经济、安全运行，必须对压力管道实行全过程管理。

（1）对压力管道设计、制造、安装、检验单位实施资格许可制度，这是保证压力管道质量的前提。

（2）对压力管道元件依法实行型式试验。型式试验检验其是否符合产品标准，是控制元件质量最直接的措施。

（3）对新建、扩建、改建的压力管道安装质量实施法定监督检验。

（4）使用系统的安全监察和管理。使用单位应严格按照相关要求，落实压力管道安全专（兼）职人员和机构管理，落实安全管理制度（包括巡线检查制度和各项操作规程），落实定期检验和检修计划，操作人员经培训考核持证上岗，压力管道逐步注册登记。对易产生腐蚀的管道，应正确选材、设计及选用良好的防护涂层，特殊情况下选用耐腐蚀非金属材料，埋地管线同时采用阴极保护。

（5）严格依法执行在用压力管道定期检验制度。

（6）建立一套监察有序、管理科学的压力管道法规标准体系。尽快颁布实施在用压力管道检验相关法规，使压力管道安全监察和管理逐步走上法制化、规范化的轨道。

第六节　吊装及起重设备安全

一、概述

起重机械是指用于垂直升降或者垂直升降并水平移动重物的机电设备。其范围规定为额定起重量≥0.5 t的升降机，额定起重量≥1 t且提升高度≥2 m的起重机，以及承重形式固定的电动倒链(俗称葫芦)等。

起重机械由驱动装置、工作机构、取物装置和金属结构组成。起重机械作业是间歇性的周期作业，取物装置借助金属结构的支撑，通过多个工作机构把物料提升，并在一定空间范围内移动，按要求将物料安放到指定位置，空载回到原处，准备再次作业，从而完成一个物料搬运的工作循环。从安全角度来看，与一般机械在较小范围内的固定作业方式不同，特殊的功能和特殊的结构形式使起重机械作业时本身存在诸多危险因素。

二、起重机械安全管理

(1)安全管理制度，包括：驾驶员守则和起重机械安全操作规程；起重机械维护、保养、检查和检验制度；起重机械安全技术档案管理制度；起重机械作业和维修人员安全培训、考核制度；起重机械使用单位应按期向所在地的主管部门申请在用起重机械安全技术检验，更换起重机械准用证的管理等。

(2)技术档案，包括：设备出厂技术文件；安装、修理记录和验收资料；使用、维护、保养、检查和试验记录；安全技术监督检验报告；设备及人身伤亡事故记录；设备的问题分析及评价记录。

(3)定期检验制度，在用起重机械安全定期监督检验周期为2 a(电梯和载人升降机安全定期监督检验周期为1 a)。

(4)作业人员的培训教育。起重作业是由指挥人员、起重机械驾驶员和司索工群体配合的集体作业，要求起重作业人员不仅应具备基本文化和身体条件，还必须了解有关法规和标准，学习起重作业安全技术理论和知识，掌握实际操作和安全救护的技能。起重机械驾驶员必须经过专门考核并取得合格证者方可独立操作。指挥人员与司索工也应经过专业技术培训和安全技能训练，了解所从事工作的危险和风险，并有自我保护和保护他人的能力。

三、起重机械常见事故原因及控制措施

起重机械是机械设备中蕴藏危险因素较多，易发事故的典型危险机械之一。实践证明，绝对避免起重机事故是不现实的，积极防范、力求减少与避免起重机械事故发生是每一个与起重机械有关人员的神圣职责。最有必要的是要能掌握起重机械事故的类型特点、

发生事故的原因，这样才能制定出防范事故发生的措施。

（一）起重机械事故类型及特点

1. 事故类型

从事故和伤害形式来看，起重机械常见事故可分为以下几大类：重物失落事故、挤伤事故、坠落事故、触电事故、机体毁坏事故和特殊类型事故等。

（1）重物失落事故，包括脱绳事故、脱钩事故、断绳事故、吊钩破断事故等。

（2）挤伤事故，包括吊具或吊载与地面物体间的挤伤事故、升降设备的挤伤事故、机体与建筑物间的挤伤事故、机体回转击伤事故，以及翻转作业中的撞伤事故等。

（3）坠落事故，主要是指从事起重作业的人员，从起重机械机体等高空处发生向下坠落至地面的摔伤事故，包括零部件从高空坠落使地面作业人员致伤的事故，从机体上滑落摔伤事故、机体撞击坠落事故、轿箱坠落摔伤事故、维修工具及零部件坠落砸伤事故、振动坠落事故和制动下滑坠落事故等。

（4）触电事故，包括室内作业的触电事故、室外作业的触电事故等。

（5）机体毁坏事故，包括断臂事故、倾翻事故、机体摔伤事故和相互撞毁事故等。

2. 特点

起重机伤害事故有以下特点。

（1）事故大型化、群体化，一起事故有时涉及多人，并可能伴随大面积设备、设施的损坏。

（2）事故类型集中，一台设备可能发生多起不同性质的事故。

（3）事故后果严重，一旦出现人员伤害，一般不是重伤就是死亡。

（4）伤害涉及的人员可能是驾驶员、司索工和作业范围内的其他人员，其中司索工被伤害的比例最高。

（5）在安装、维修和正常起重作业中都可能发生事故，其中起重作业中发生的事故最多。

（6）建筑、冶金、机械制造和交通运输等行业事故高发，与这些行业起重设备多、使用频率高、作业条件复杂有关。

（7）重物坠落是各种起重机共同的易发事故；汽车起重机易发生倾翻事故；塔式起重机易发生倒塔折臂事故；室外轨道起重机在风载作用下易发生脱轨翻倒事故；大型起重机易发生安装事故等。

（二）起重机械事故原因分析

（1）重物坠落。吊具或吊装容器损坏、物件捆绑不牢、挂钩不当、电磁吸盘突然失电、起升机构的零件故障（特别是制动器失灵、钢丝绳断裂）等都会引发重物坠落。处于高位置的物体具有势能，当坠落时，势能迅速转化为动能，成吨重的吊载意外坠落，或起重机械的金属结构件破坏、坠落，都可能造成严重后果。

（2）起重机械失稳倾翻。起重机械失稳有两种类型：一是由于操作不当（例如超载、臂架变幅或旋转过快等)、支腿未找平或地基沉陷等原因使倾翻力矩增大，导致起重机倾翻；二是由于坡度或风载作用，使起重机械沿路面或轨道滑动，导致脱轨翻倒。

(3)金属结构的破坏。庞大的金属结构是各类桥架起重机械、塔式起重机械和门座起重机械的主要构成部分，作为整台起重机械的骨架，不仅承载起重机械的自重和吊重，而且构架了起重作业的立体空间。金属结构的破坏常常会导致严重伤害，甚至群死群伤的恶果。

(4)挤压。起重机械轨道两侧缺乏良好的安全通道或与建筑结构之间缺少足够的安全距离，使运行或回转的金属结构机体对人体造成夹挤伤害；运行机构的操作失灵或制动器失灵引起溜车，造成碾压伤害等。

(5)高处坠落。人员在离地面 2 m 以上高度进行起重机械的安装、拆卸、检查、维修或操作等作业时，从高处跌落造成伤害。

(6)触电。起重机械在输电线附近作业时，其任何组成部分或吊物与高压带电体距离过近，感应带电或触碰带电物体，都可能引发触电伤害。

(7)其他伤害。其他伤害是指人体与运动零部件接触引起的绞、碾、戳等伤害；液压起重机的液压元件破坏造成高压液体的喷射伤害；飞出物件的打击伤害；装卸高温液体金属及易燃易爆、有毒、腐蚀等危险品，由于坠落或包装捆绑不牢破损引起的伤害等。

(三)起重机械事故应急措施

(1)由于台风、超载等非正常载荷造成起重机械倾翻事故时，应及时通知有关部门和起重机械制造、维修单位维保人员到达现场，进行施救。

(2)发生火灾时，应采取措施施救被困在高处无法逃生的人员，并应立即切断起重机械的电源，防止电气火灾的蔓延扩大；灭火时，应防止二氧化碳等中毒窒息事故的发生。

(3)发生触电事故时，应及时切断电源，对触电人员进行现场救护，预防因电气而引发的火灾。

(4)发生从起重机械高处坠落事故时，应采取相应措施，防止再次发生高处坠落事故。

(5)发生载货升降机故障，致使货物被困轿厢内，操作员或安全管理员应立即通知维保单位，由维保单位专业维修人员进行处置。维保单位不能很快到达的，由经过训练、取得特种设备作业人员证书的作业人员依照规定步骤释放货物。

(四)起重机械事故预防处理措施

(1)加强对起重机械的管理。认真执行起重机械各项管理制度和安全检查制度，做好起重机械的定期检查、维护、保养，及时消除隐患，使起重机械始终处于良好的工作状态。

(2)加强对起重机械操作人员的教育和培训，严格执行安全操作规程，提高操作人员的技术能力和处理紧急情况的能力。

(3)起重机械操作过程中要坚持“十不吊”原则，即：

①指挥信号不明或乱指挥不吊；

②物体质量不清或超负荷不吊；

③斜拉物体不吊；

④重物上站人或有浮动物件不吊；

⑤工作场地昏暗，无法看清场地、被吊物及指挥信号不吊；

⑥遇有拉力不清的埋置物时不吊；

⑦物件捆绑不牢或吊挂不牢不吊；

⑧重物棱角处与吊绳之间未加衬垫不吊；

⑨结构或零部件有影响安全工作的缺陷或损伤时不吊；

⑩钢(铁)水装得过满不吊。

(4)加强触电安全防护措施。如采取安全电压、加强绝缘、屏护、安全距离、接地与接零、漏电保护等措施。

第八章

消防安全管理

第一节　消防法规概述

一、消防法规的概念

狭义的消防法规是指国务院或者有立法权的地方人大及其常委会制定的有关消防管理的规范性文件，主要是指行政法规和地方性法规。

广义的消防法规是指国家机关制定的有关消防管理的一切规范性文件的总称，包括法律、行政法规、地方性法规、国务院部门规章、地方政府规章等。

二、消防法规的分类

我国的消防法规体系由法律、行政法规、行政规章、地方性法规及消防技术标准组成。

（一）法律

法律由全国人大或其常委会制定和修改，由国家主席公布。法律可分为基本法律和专门法律。《中华人民共和国消防法》是我国消防工作的专门法律，在消防法规体系中具有最高效力。

（二）行政法规

行政法规由国务院制定和发布。现行有关消防行政法规主要有《危险化学品安全管理条例》《森林防火条例》《草原防火条例》等。行政法规的效力次于法律，高于行政规章和地方性法规，在全国范围内适用。

（三）行政规章

行政规章分为国务院部门规章和地方政府规章两类，分别由国务院部门和省级人民政府、省级政府所在地城市和经国务院批准的较大城市的人民政府制定和发布。国务院部门规章的效力次于法律、行政法规。地方政府规章的效力次于法律、行政法规和当地地方性法规。

公安部负责对全国的消防工作实施监督管理，制定和发布了《机关、团体、企业、事业单位消防安全管理规定》《消防监督检查规定》等许多行政规章，这些是全国消防工作中常用的法规依据。

（四）地方性法规

地方性法规由省、自治区、直辖市人大及其常委会，以及省、自治区人民政府所在地的市和经国务院批准的较大的市的人大及其常委会制定和公布。地方性法规的效力次于法律、行政法规，它是当地消防工作中重要的法规依据。

（五）消防技术标准

消防技术标准由国务院有关主管部门或地方政府有关主管部门单独或联合制定发布，它的实施主要以法律、法规和规章的实施作为保障，因而具有法律效力。

消防技术标准按《中华人民共和国标准化法》的规定制定、发布。按制定部门等级划分为国家标准、行业标准和地方标准。按性质用途可划分为工程建设消防技术规范和消防产品技术标准两大类，如《建筑设计防火规范》《手提式灭火器通用技术条件》等。按强制约束力，可划分为强制性标准和推荐标准。消防技术标准一般都是强制性标准。

消防技术标准是搞好消防安全的准则，是消防科学管理的基础，是消防监督的重要依据。

三、消防法规的作用

消防法规的作用是法规对社会产生影响的体现，它具有规范作用和社会作用。这两种作用具有手段与目的的关系，即法规通过调整人们消防行为的规范作用（作为手段）来实现维护社会秩序的社会作用（作为目的），二者相辅相成。

（一）消防法规的规范作用

消防法规作为调整人们消防行为的社会规范，具有指引、评价、教育、预测和强制作用。

1. 指引作用

消防法规规定人们可以怎样行为和不应该怎样行为，即人们必须根据消防法规的规定而行为，其作用对象是本人的行为。

2. 评价作用

消防法规具有判断、衡量他人的行为是安全或不安全、合法或不合法的评价作用，其评价作用对象是指他人的行为。消防法规的条款内容就是评价他人消防行为普遍适用的准则。

3. 教育作用

消防法规的教育作用主要体现在 3 个方面：一是通过对消防法规的宣传，教育群众增强法制观念，做到知法守法；二是通过对违反消防法规行为的处罚，既可以对违法者本人起到惩戒的教育作用，又可以对其他人起到警告、预防的教育作用；三是通过对模范遵守消防法规事迹的表彰，对人们起到示范的教育作用。

4. 预测作用

消防法规对人们的相互行为有预测作用，即人们可以根据消防法规的规定要求估计到自己或他人的行为合法或不合法，从而起到自我控制和互相监督的作用。

5. 强制作用

消防法规有不同程度和不同形式的强制作用。这种强制作用在于对违反法规的行为给予不同的制裁，如行政纪律处分、消防行政处罚和刑事处罚等。

(二)消防法规的社会作用

消防法规的社会作用主要体现在保护人身和公私财产安全，促进和维护经济社会又好又快发展上，具体有以下 3 个方面。

1. 维护社会公共秩序和生活秩序

火灾危害社会安宁，严重破坏人们的生产、工作和生活秩序，而消防法规所确立的规范，如实行防火责任制、建立各种消防规章制度，是人们在生产、工作和生活中用火、防火、灭火行为应遵循的或受约束的依据，从而有助于维护社会秩序和生活秩序。

2. 保障经济社会又好又快发展

消防法规是为经济基础服务的，是保护和促进生产力发展的。因而，消防法规在诸如保护森林、草原等资源的生产、使用、储存和运输易燃易爆物品，研制和采用防火的新材料、新工艺和新设备，对新建、改建和扩建工程的设计和施工以及飞机、船舶、火车、汽车的运营等方面，都提出了明确的消防安全规定和要求。这些规定和要求，对经济社会又快又好发展和社会主义物质文明建设，都起到保障作用。

3. 促进社会主义精神文明建设

火灾可以毁灭精神文明建设成果，火灾的形成又同人们的不文明心理和不文明行为有直接或间接的联系。为了保护社会主义精神文明建设成果免遭火灾的危害，消防法规对文物古建筑、影剧院、歌舞厅、体育馆等文化娱乐场所的消防工作做了专门的规定。法规强调搞好消防宣传教育，提高人们的防火警觉，增强遵纪守法的观念，树立用火、管火、保安全的社会风尚，积极同火灾作斗争。

第二节　消防基础知识

消防工作既是社会化的系统工程，同时也是一门涉及法律、化学、物理学、建筑学、电子学、流体力学等学科的综合性、边缘性专业科学。要做好消防工作，单凭满腔热忱是远远不够的，必须加强理论知识学习，具备一定的科学文化素养和专业理论知识，并经过大量的实践锻炼，辅以高度的责任感，才能担当起消防工作的重任。

一、燃烧的条件

(一) 燃烧的必要条件

燃烧必须具备3个必要条件，即可燃物、氧化剂和温度(点火源)。只有在上述的3个条件同时具备的情况下可燃物质才能发生燃烧。

但是对有焰燃烧，过程中存在未受抑制的游离基(自由基)作中间体，自由基能与其他的自由基和分子起反应，从而使燃烧按链式反应扩展。因此，有焰燃烧的发生需要4个必要条件，即可燃物、氧化剂、温度(点火源)和未抑制的链式反应。

1. 可燃物

凡能与空气中的氧或其他氧化剂发生燃烧化学反应的物质都称"可燃物"。可燃物按其物理状态分为气体可燃物、液体可燃物和固体可燃物。绝大多数的可燃固体、液体和气体材料都含有一定比例的碳和氢。除了含有碳和氢的化合物以外，含有其他元素的化合物也是可燃的。

2. 氧化剂(助燃物)

与可燃物发生氧化反应的物质称为"氧化剂"，也称"助燃物"。燃烧过程中的氧化剂主要是氧，它包括游离的氧和化合物中的氧。除了氧以外，某些物质也可以作为燃烧反应的氧化剂，如氟、氯等。

3. 温度(点火源)

点火源是指供给可燃物与氧或助燃剂发生燃烧反应的能量来源。一般分直接火源和间接火源两大类。

直接火源主要有：

(1)明火，指生产生活的炉火、灯火、烛火、焊接火、吸烟火、撞击、摩擦打火、机动车辆排气筒火星、飞火等；

(2)电弧、电火花，指电气设备、电气线路、电气开关及漏电打火、电话、手机等通信工具火花等；

(3)瞬间高压放电的雷击能引燃任何可燃物。

间接火源主要有：

(1)高温，指高温加热、烘烤、积热不散、机械设备故障发热、摩擦发热等；

(2)自然起火，是指在既无明火、又无外来热源的情况下，物质本身自行发热、燃烧起火，如黄磷、烷基铝在空气中会自行起火；钾、钠等金属遇水着火；易燃可燃物质与氧化剂、过氧化物接触起火等。

4. 链式反应

有焰燃烧都存在着链式反应。当某种可燃物受热时其分子会发生热裂作用，此时分子中一些原子间的共价键会发生断裂生成自由基。它是一种高度活泼的化学形态，能与其他的自由基和分子反应，而使燃烧持续下去，这就是链式反应。

（二）燃烧的充分条件

具备了燃烧的必要条件，并不等于燃烧必然发生。在各种必要条件下，还有一个量的概念，这就是发生燃烧或持续燃烧的充分条件。燃烧的充分条件有以下几点。

1. 一定的可燃物浓度

可燃气体只有达到一定浓度才会发生燃烧或爆炸。如甲烷只有在浓度达到5%时才有可能发生燃烧。

2. 一定的氧气含量

各种不同的可燃物着火燃烧，均有本身固定的最低含氧量要求。低于这一浓度，即使燃烧的其他必要条件全部具备，燃烧仍然不会发生。如汽油燃烧的最低含氧量要求为14.4%。

3. 一定的点火能量

各种可燃物发生燃烧均有本身固定的最小点火能量要求。如在化学计量浓度下，汽油的最小点火能量为0.2 MJ，乙醚(5.1%)的最小点火能量为0.19 MJ。

4. 未受抑制的链式反应

对于无焰燃烧，以上3个条件同时存在、相互作用，燃烧即会发生。对于有焰燃烧，除以上3个条件外，燃烧过程还需存在未受抑制的游离基(自由基)，形成链式反应，使燃烧能够持续下去。

防火和灭火的基本原理就是去掉其中的一个或几个条件，使燃烧不至于发生或不能持续。

二、燃烧的类型

燃烧按其形成的条件和瞬间发生的特点，分为闪燃、着火、自燃和爆炸4种类型。

（一）闪燃与闪点

1. 闪燃

闪燃是指易燃和可燃液体表面能产生足够的可燃蒸气(包括可熔化的少量固体，如蜡、樟脑等)，遇火能产生一闪即灭的燃烧现象。闪燃只是短暂的闪火，不是持续的燃烧。尽管如此，闪燃仍然是引起火灾事故的危险因素。当可燃液体加热到闪点及闪点以上时，遇有火焰或火星的作用，就不可避免地引起着火。在消防管理中，对闪燃现象应引起注意。

2. 闪点

在规定的试验条件下(采用闭杯法测定)，液体表面产生闪燃的最低温度叫"闪点"。闪点是衡量液体火灾危险性大小的重要参数。闪点越低，火灾危险性越大。如液体闪点<28 ℃，则其为一级易燃液体，具有甲类火灾危险性；28 ℃≤闪点<60 ℃，则其为二级易燃液体，具有乙类火灾危险性；闪点≥60 ℃，其为可燃液体，具有丙类火灾危险性。闪点在消防工作中具有重要意义。

(二)着火

可燃物质在空气中与火源接触，达到一定温度时，开始产生有火焰的燃烧，并在火源移去后仍能持续燃烧的现象，称为着火。在规定的试验条件下，液体或固体能发生持续燃烧的最低温度，称为燃点。着火就是燃烧的开始，这是最常见的燃烧现象。

燃点对固体物质及闪点较高的液体物质具有实际意义，它是衡量固体物质火灾危险性大小的重要参数。固体物质燃点越低就越易燃。

(三)自燃

可燃物质在没有外部火源的作用下，因受热或自身发热并蓄热所产生的自然燃烧，称为自燃。在规定的条件下，可燃物质产生自燃的最低温度，称为该物质的自燃点。物质的自燃点越低，发生火灾的危险性越大。

根据热的来源不同，自燃可分为受热自燃和自热自燃(即本身自燃)两大类。

1. 受热自燃

可燃物质在没有明火接触而靠外部热源作用下，达到一定温度时而发生自行着火现象，称为受热自燃。例如，可燃物在加热、烘烤中，或者受摩擦热、辐射热、压缩热、化学反应热的作用而引起的燃烧，均属于受热自燃。

2. 自热自燃(即本身自燃)

由于物质内部发生生物、物理、化学等作用造成积热不散而引起的自行着火现象，叫作自热(或蓄热)自燃，也叫本身自燃。例如，堆积的湿稻草、褐煤等在没有外来热源作用下的燃烧均属自热自燃，这种自燃速度较慢。

(四)爆炸

广义上讲，物质由一种状态迅速地转变为另一种状态，并在瞬间以机械功的形式释放出巨大能量，或是气体、蒸气在瞬间发生剧烈膨胀等现象，称为爆炸。爆炸最重要的一个特征就是爆炸点周围发生剧烈压力突跃变化。

爆炸可分为物理爆炸、化学爆炸和核爆炸。常见的是物理爆炸和化学爆炸。

1. 物理爆炸

物理爆炸是指装在容器内的液体或气体受外界能量作用而体积迅速膨胀，压力剧增超过容器所能承受的极限压力而发生的急剧爆裂现象。如蒸汽锅炉、液化气钢瓶的爆裂，这种爆裂现象只改变物质的形态，而不改变物质的化学性质，因而不属于燃烧类型。但实践表明盛装可燃液体或气体的容器在发生爆裂时，往往会直接或间接地造成可燃液体、气体发生燃烧或爆炸。因此，不可忽视物理爆炸所造成的火灾危险性。

2. 化学爆炸

化学爆炸是指由于物质发生急剧氧化或分解的化学反应，产生温度、压力增加或两者同时增加的现象。如可燃气体、液体蒸气、粉尘与空气混合物的爆炸，炸药(本身含氧化剂)的爆炸等。实际上化学爆炸就是一种瞬间燃烧现象。这种爆炸的速度很快，可达几十米每秒到几千米每秒，爆炸时产生大量的热能和气态物质，形成很高的温度，产生很大的压力，并发出巨大的响声，危害性很大。通常将以亚音速(空气中音速约为 340 m/s)传播的爆炸称为爆燃；以冲击波为特征，以超音速传播的爆炸称为爆轰。

三、燃烧产物

(一)燃烧产物的概念

由燃烧或热解作用而产生的全部物质，称为燃烧产物。燃烧产物通常是指由燃烧生成的气体、热量和可见烟等。由燃烧或热解作用所产生的悬浮在大气中可见的固体和(或)液体微粒，称为烟，其粒径一般为 0.01～10 μm。通常所说的烟雾(烟气)是烟与气体的混合体，烟雾载有大量的热。

(二)燃烧产物的危害性

1. 引起人员中毒、窒息

火灾中可燃物由于热分解和燃烧反应，会释放出大量有毒和窒息性气体，如一氧化碳(CO)、二氧化碳(CO_2)、一氧化氮(NO)、二氧化氮(NO_2)等。这些气体均对人体有不同程度的危害。一氧化碳和二氧化碳是火灾中最主要、最常见的燃烧产物。可燃物完全燃烧时，产生大量的二氧化碳；不完全燃烧时产生一定数量的一氧化碳。一氧化碳是一种毒性可燃气体。当空气中一氧化碳的浓度达到 0.15% 以上时，人接触半小时就会出现明显的中毒症状；浓度达到 0.4% 时，人接触半小时即会中毒死亡。而二氧化碳本身不燃无毒，但它是一种窒息性气体，常用作灭火剂。当空气中二氧化碳浓度达到 5% 以上时，人接触半小时会引起缺氧症，呼吸困难；浓度达到 20% 时，即可使人窒息死亡。

统计资料表明：火灾中直接被烧死的只占少数，大约 80% 的人是因为中毒而死或是因中毒昏迷而后被烧死。

2. 造成人员伤亡

可燃物燃烧会放出大量的热量，燃烧产生的烟气载有大量的热量。建筑火灾中，火场的温度可达到上千度。当气温达到 70 ℃左右时，很快会使人的气管、支气管内黏膜充血起水泡，组织坏死，导致肺水肿而窒息；当气温达到 100 ℃左右时，人即会出现虚脱现象，丧失逃生能力而死亡。

3. 促使火势蔓延扩大

可燃物不完全燃烧产物中的一氧化碳气体与空气混合，达到一定浓度，能继续燃烧或发生爆炸。燃烧产物有很高的热能，会因对流或热辐射引起新的火点，甚至会引起轰燃。

四、火灾的种类

凡是失去控制，对财产和人身造成损害的燃烧现象叫火灾。火灾的种类按燃烧物的性质划分，共有 A、B、C、D、E 类五种。各类火灾所适用的灭火器如下。

A 类：指可燃固体火灾，即凡由树木、纸张、棉、布、毛等含碳固体物质所引起的火灾。可选用清水灭火器、酸碱灭火器、泡沫灭火器、磷酸铵盐干粉灭火器、卤代烷 1211

灭火器、1301 灭火器。

B 类：指可燃液体火灾，即凡由引火性液体及固体油脂物体所引起的火灾，如汽油、石油、煤油、柴油、甲醇、乙醚、丙酮等引起的火灾。可选用干粉灭火器、卤代烷 1211 灭火器、1301 灭火器、二氧化碳灭火器。泡沫灭火器只适用于 B 类中的油类火灾，而不适用于水溶性可燃、易燃液体火灾。

C 类：指可燃气体火灾，即凡由气体燃烧、爆炸引起的火灾，如天然气、煤气、甲烷、丙烷、乙炔、氢气等引起的火灾。可选用干粉灭火器、卤代烷 1211 灭火器、1301 灭火器、二氧化碳灭火器。

D 类：指可燃金属火灾，即凡由钾、钠、镁、锂、钛、铝镁合金及禁水物质引起的火灾。一般采用干沙或铸铁灭火，但目前尚无有效灭火器。

E 类：指电气火灾，即凡由电气线路或电器走火、漏电打火引起的火灾。可选用卤代烷 1211 灭火器、1301 灭火器、干粉灭火器和二氧化碳灭火器。

第三节　灭火剂与灭火器

一、灭火剂

灭火剂是指能够有效地破坏燃烧条件或对燃烧反应历程起负催化作用，使燃烧终止的物质。

灭火剂的作用在于对发生的火灾予以有效的扑救，最大限度地减少火灾损失和火灾危害。发生火灾后，除采取适当方法争取时间快速扑救外，能否正确合理地选择和使用各种灭火剂，充分发挥灭火剂的灭火效能，无疑是灭火成败的关键。

对于不同类别、不同性质的火灾，其适用灭火剂的种类也不尽相同。灭火剂的种类繁多，常用的有水、泡沫、二氧化碳、干粉、卤代烷等。本节将对上述 5 种常用灭火剂的性质、灭火原理等基本知识加以介绍。

(一)水

水是自然界中分布最广泛、灭火应用最多的灭火剂。它既可以单独使用，也可以与其他化学物质混合使用。

1. 水的理化性质

水在常温下是一种无色、无味、无臭的透明液体，在自然界中以固、液、气 3 种形态存在，并随着环境温度和压力的变化而相互转化。水具有良好热稳定性和溶解多种无机化合物、有机化合物、高分子化合物的特性。水在常温或高温下还可以与某些物质发生化学反应并伴有热量、可燃气体或腐蚀、毒害气体产生，有的反应甚至产生爆炸燃烧。

2. 水的灭火原理

水具有冷却、窒息、乳化、稀释和冲击等灭火作用。

(1)冷却作用。冷却是水的主要灭火作用。水具有很大的热容量和蒸发潜热，在被喷洒到燃烧物上时，会被加热和汽化而从燃烧物中吸取大量的热，致使燃烧物的温度大大降低而终止燃烧。

水的冷却效果与水的供给强度、水与燃烧物的接触面积和接触时间有关。当水以雾状形式喷洒时，由于获得较大的接触面积，冷却作用也比较好。

(2)窒息作用。窒息是水受热蒸发为水蒸气时形成的灭火作用。当水受热汽化后，体积会急剧膨胀，产生大量的水蒸气，阻碍新鲜空气进入燃烧区，降低燃烧物周围的氧含量，从而达到窒息灭火的作用。实验表明，当水蒸气浓度达到35%以上时，燃烧即会停止。

(3)乳化作用。当滴状水或雾状水喷洒在一些不溶于水的黏性液体表面时，可形成“油包水”型乳液。使液体表面受到冷却，可燃蒸气产生的速度下降。

(4)稀释作用。当水溶液与醇、酮、醛类可燃液体接触时能产生互溶，可燃液体的浓度随着水量的增加而降低，可燃蒸气产生的速度下降，闪点逐渐升高。当可燃液体的浓度降到一定程度时，可燃蒸气即会因助燃物供给不足而停止燃烧。

(5)水力冲击作用。高压水流强烈地冲击燃烧物和火焰，可冲散燃烧物，使燃烧强度显著减弱，当降至可燃烧浓度以下时，燃烧就会停止。

(二)泡沫灭火剂

凡能够与水混溶，通过化学反应或机械方式产生灭火泡沫的物质，都称为泡沫灭火剂。泡沫灭火剂由发泡剂、泡沫稳定剂、降黏剂、抗冻剂、助溶剂、防腐剂和水等组成。

1. 泡沫灭火剂的分类

按照泡沫的生成机制，泡沫灭火剂可分为化学泡沫灭火剂和空气泡沫灭火剂。

(1)化学泡沫灭火剂。化学泡沫灭火剂由酸性剂和碱性剂组成。酸性剂为酸式盐的水溶液；碱性剂为碱或盐的水溶液。两种药剂使用时，可按照规定的比例溶解在水中，分别盛装在灭火器的筒体和瓶胆内。

(2)空气泡沫灭火剂。空气泡沫灭火剂按照基料和用途的不同可分为蛋白泡沫、氟蛋白泡沫、水成膜泡沫、抗溶性泡沫和合成泡沫等类型。按照发泡倍数的不同可分为低倍泡沫、中倍泡沫和高倍泡沫。

2. 泡沫灭火剂的灭火原理

泡沫灭火剂产生的泡沫覆盖层可以使燃烧物表面与空气隔绝，阻止燃烧物的蒸发或热解挥发，使可燃气体难以进入燃烧区。泡沫析出的液体对燃烧表面有冷却作用，且泡沫受热蒸发产生的水蒸气可以减小燃烧区氧气浓度，达到冷却、窒息灭火的目的。

(三)二氧化碳灭火剂

二氧化碳是性质相当稳定的化合物，本身不具有燃烧性，对绝大多数物质无助燃作用。

1. 二氧化碳的理化性质

二氧化碳在标准状态下是无色、无味的气体，沸点为-78.5 ℃，对空气的比重为

1.52。可用加压降温的方法使其液化，充装于钢瓶中。二氧化碳虽是性质比较稳定的化合物，但在高温下能同钾、镁、氢、碳等强还原剂起化学反应。二氧化碳具有一定的毒性。

2. 二氧化碳的灭火原理

二氧化碳主要依靠窒息作用和部分的冷却作用进行灭火。在常温下，液态的二氧化碳会立即汽化，二氧化碳气体可以排除空气而包围在燃烧物体的表面或分布于较密闭的空间中，降低可燃物周围或防护空间内的氧气浓度，当燃烧区内氧气的浓度低于12%或二氧化碳的浓度达到30% ~35%时，燃烧即可停止。二氧化碳由液态变为气态时，1 kg二氧化碳将吸收550 kg的热量，汽化时有30%的二氧化碳凝结成雪花状的固体，而从周围吸收部分热量，起到局部的冷却作用。

二氧化碳灭火剂具有价格低廉、制取容易、无腐蚀、灭火后快速逸散、不留痕迹及不导电等特点，适用于扑救电气设备、精密仪器、贵重设备、图书档案等类型火灾；但不适于扑救活泼金属、能自燃分解的化学物品、纤维物内部的阴燃及自身可供氧的化学药品等火灾。

(四)干粉灭火剂

干粉灭火剂是一种用于灭火的干燥、易于流动的细微固体粉末，由具有灭火效能的无机盐和少量的添加剂经干燥、粉碎、混合而成的微细固体粉末组成。它是一种在消防中被广泛应用的灭火剂。

干粉灭火剂分为普通型(BC类干粉)和多用型(ABC类干粉)两大类，主要由基料和改进其物理性能的添加剂组成。基料的含量一般在90%以上，是灭火的主要成分；添加剂一般无灭火作用，但具有良好的防潮、促进流动和抗结块等性能。

干粉灭火剂主要通过在加压气体作用下喷出的粉雾流与火焰接触、混合时发生的物理、化学作用灭火。化学作用的机理是由干粉中无机盐吸附维持燃烧的自由基或活性基团，并使其相互结合成为惰性水，导致燃烧的链反应中断，从而达到抑制灭火的作用。另外，干粉粉末覆盖在可燃物表面上，发生化学反应，并在高温下形成一层玻璃状覆盖层，从而隔绝氧气窒息灭火。

干粉灭火剂具有灭火效率高、速度快、无毒等特点。普通型干粉灭火剂适用于扑救可燃液体、可熔化固体、可燃气体以及带电设备的火灾。多用途干粉灭火剂除适用于上述火灾外，还可用于扑救一般固体物质的火灾。但不适用于扑救轻金属、精密仪器和一般固体物质的深层或阴燃等火灾。

(五)卤代烷灭火剂

卤代烷灭火剂是卤素原子取代一些低级烷烃类化合物分子中的部分或全部氢原子后，所生成的具有一定灭火能力的化合物的总称。

在卤代烷灭火剂中，通常用作灭火剂的多为甲烷和乙烷的卤代物，分子中的卤素原子为氟、氯、溴。氟原子的存在增加了卤代烷的惰性和稳定性，同时降低了卤代烷的毒性和腐蚀性。氯原子和溴原子的存在，尤其是溴原子的存在，大大提高了卤代烷的灭火效能。

卤代烷灭火剂在接触燃烧物高温表面或火焰时，可分解产生活性自由基，通过溴和氟等卤素氢化物的负化学催化作用和化学净化作用，大量捕捉、消耗燃烧链反应中产生的自由基，破坏和抑制燃烧的链反应，从而迅速将火焰扑灭。

卤代烷灭火剂主要通过化学抑制、部分的稀释氧和冷却作用灭火，具有灭火效率高、时间短、用量省、不导电、可长期储存等特点。适用于扑救可燃气体、甲/乙/丙类液体、可燃固体物质和电气设备等引起的火灾；尤其适用于扑救电气设备机房、图书馆、博物馆、档案馆、飞机、船舶、车辆、油库、危险品库、化学实验室等场所的火灾；但不适用于扑救金属的氢化物、强自燃物质、强氧化剂、能自行分解的化学物质等引起的火灾。

二、灭火器

灭火器是指能在自身压力的作用下，将其内部所充装的灭火剂喷射出，由人力移动的灭火器具。

灭火器的结构简单，轻便灵活，普通人稍经学习和训练即可掌握其操作和使用方法，是火灾扑救中群众性的灭火器具。目前，在世界范围内，在诸如工业、企业、机关、学校、商场、仓库、住宅、交通运输及其他场所等，灭火器的应用已十分普遍。

灭火器是扑救初期火灾最基本和十分有效的消防应急设备。正确使用和合理配置灭火器，可确保一旦发生火灾能够进行快速有效地扑救，最大限度地减少火灾损失。

(一) 灭火器的分类

我国通常按照充装灭火剂种类、灭火器质量、加压方式 3 种分类方法进行分类。

1. 按充装灭火剂种类分类

(1) 水型灭火器：充装清水、酸碱等灭火剂。

(2) 化学泡沫型灭火器：充装化学泡沫和空气泡沫等灭火剂。

(3) 二氧化碳灭火器。

(4) 干粉灭火器：充装碳酸氢钠或磷酸铵干粉灭火剂。

(5) 卤代烷灭火器：充装卤代烷 1211、1301 等灭火剂。

2. 按灭火器质量分类

(1) 手提式灭火器：总质量在 28 kg 以下，总容量在 10 kg(L) 左右。

(2) 背负式灭火器：总质量在 40 kg 以下，总容量在 25 kg(L) 以内。

(3) 推车式灭火器：总质量在 40 kg 以上，总容量在 100 kg(L) 以内。

3. 按加压方式分类

(1) 化学反应式灭火器：两种药剂混合，发生化学反应产生气体而加压。

(2) 储气瓶式灭火器：气体储存在气瓶中，使用时打开气瓶开关使气体与灭火剂混合。

(3) 储压式灭火器：灭火器筒体内充入气体，灭火剂与气体混合，经常处于加压状态。

(二) 灭火器的结构

灭火器由筒体和器头两部分组成。

1. 筒体

筒体为一圆柱状球头圆筒，由钢板卷筒焊接或拉伸成圆筒焊接而成。二氧化碳灭火器筒体由无缝钢管焖头制成。筒体用作盛装灭火剂或驱动气体。

2. 器头

器头是灭火器的操作机构，其性能的好坏直接影响到灭火器的使用效果。器头主要包括下列部件。

(1)保险装置，由保险销或保险卡组成，作为启动机构的限位器，可防止误操作。

(2)启动装置，是灭火器的开启装置，起施放灭火剂的开关作用。

(3)安全装置，由安全膜片或安全阀组成，当灭火器超压时自动启动，防止灭火器因超压爆炸伤人。

(4)密封装置，由密封膜或密封垫组成，用于防止灭火剂或驱动气体泄漏。

(5)喷射装置，由接头、喷射软管组成，是灭火剂的输送通道。

(6)压力指示装置，用于显示灭火器内部的压力。

(7)卸压装置，用于灭火器在滞休条件下的安全拆卸。

第四节 灭火器的使用与维护

常用的灭火器主要有清水灭火器、酸碱灭火器、泡沫灭火器、二氧化碳灭火器、干粉灭火器和卤代烷灭火器。

(一)清水灭火器

清水灭火器采用储气瓶加压的方式，利用钢瓶中的二氧化碳气体作动力，把灭火剂喷射到着火物上，达到灭火的目的。

清水灭火器由保险帽、提圈、筒体、二氧化碳气体储气瓶和喷嘴等部件组成。清水灭火器的筒体中盛装的是洁净的水，所以称为清水灭火器。清水灭火器可设置于工厂、企业、公共场所等，主要用于扑救固体物质火灾，如棉麻、木材、稻草、纺织品等物质火灾；不适用于扑救油脂、石油产品、电气设备和金属火灾。

清水灭火器只有手提式一种，有6 L和9 L共2种规格，射程为8 ~ 10 m，喷射时间为40 ~ 50 s。

1. 使用力法

将清水灭火器提至火场，在距可燃物10 m左右时，取下安全帽，用手掌单击开启杆凸头，二氧化碳储气瓶的密封被击破，气体进入筒内，形成压力使清水从喷嘴喷出，当清水喷出后，立即一手提灭火器的提环，另一手托住灭火器的底圈，将水对准燃烧最猛烈处喷射。

随着灭火器喷射距离的缩短，操作者应逐渐向燃烧物靠近，使水流始终喷射在燃烧物上，直到将火扑灭。清水灭火器在使用的过程中，应始终与地面保持垂直，切忌颠倒或横卧，以免喷水中断或只有少量清水喷出，影响灭火效果。

2. 维护保养

由于清水灭火器内充装的灭火剂是水，存放地点的温度应在0 ℃以上，防止水因温度过低而冻结。清水灭火器应放置在通风、干燥、清洁的地点，防止喷嘴堵塞，以及因受潮或受化学物品腐蚀而产生锈蚀。在日常存放时，应经常检查喷嘴是否畅通，如有堵塞应及时疏通。检查压力表指针是否在绿色区域，如果指针在红色区域，说明二氧化碳气体储气瓶的压力不足，应重新灌装二氧化碳气体。检查灭火器有无锈蚀或损坏现象，如有涂漆脱落，应及时修补。

清水灭火器一经使用，必须按规定重新充水，以备下次再用。当灭火器内的清水质量不足时，应及时补足。

(二)酸碱灭火器

酸碱灭火器利用盛装于筒体内的两种药剂混合后发生化学反应，产生压力喷出水溶液进行灭火。

酸碱灭火器由筒体、筒盖、硫酸瓶、喷嘴等组成。筒体内装有碳酸氢钠水溶液，硫酸瓶内装有纯度为60%～65%的硫酸，适用于扑救木、棉、毛等一般可燃物质火灾，不适用于油类、忌水忌酸物质及电气设备火灾。

手提式酸碱灭火器的容量有7 L和9 L共2种规格。9 L的酸碱灭火器，其射程大于6 m，喷射时间大于50 s；7 L的酸碱灭火器，其射程大于6 m，喷射时间大于40 s。

1. 使用方法

将灭火器平稳地提到起火点，当距起火点10 m左右时，用手指压紧喷嘴，将灭火器颠倒过来上下摇动几次，一只手握住提环，另一只手抓住底圈对准火源，松开手指，将喷出的灭火剂对准燃烧最猛烈的地方喷射。

随着灭火器喷射距离的缩短，操作者应逐渐向燃烧物靠近，始终使水流喷射在燃烧物上，直到把火扑灭。酸碱灭火器在使用过程中，应始终将灭火器处于颠倒状态，以避免酸碱液不能充分混合或不能顺利喷出而影响灭火效果，切记不可将灭火器筒盖或筒底对着人体，防止灭火器发生爆炸而造成伤人事故。

2. 维护保养

酸碱灭火器不应存放在温度过高或温度过低的地方，以免内装化学药剂失效或产生冻结现象，酸碱灭火器不可倒置存放。存放灭火器的地点应通风、干燥，防止灭火器腐蚀或锈蚀。经常检查灭火器喷嘴是否堵塞，如有堵塞，应及时疏通。检查灭火器有无锈蚀和损坏，如有锈蚀和损坏现象，应及时修复。每年应定期更换灭火器筒体内的碳酸氢钠水溶液和硫酸，防止药液变质。

(三)泡沫灭火器

泡沫灭火器通过筒体内的酸性溶液和碱性溶液混合后发生化学反应，喷射出泡沫覆盖在燃烧物的表面上，隔绝空气而窒息灭火。泡沫灭火器分化学泡沫灭火器和空气泡沫灭火器2种。

1. 化学泡沫灭火器

化学泡沫灭火器以化学泡沫剂溶液进行化学反应生成的二氧化碳作为施放化学泡沫的驱动气体。

化学泡沫灭火器由筒体、瓶胆、器头、提环等组成。筒体内装有碱性溶液，瓶胆内装硫酸铝溶液，适用于扑救一般固体物质和可燃液体火灾，不适用于扑救带电设备、水溶性液体(醇、醛、醚、酮等)和金属火灾。

(1)使用方法。提取化学泡沫灭火器时，筒体不可过度倾斜，防止2种药剂混合。将灭火器平稳地提到火场，颠倒筒体，上下摇动几次，使2种药剂充分混合，发生化学反应生成化学泡沫，借助气体压力，将泡沫从喷嘴喷出，对准燃烧最猛烈处喷射，直到将火扑灭。

使用化学泡沫灭火器时，应保持颠倒的垂直状态，不可横立或直立。不允许将筒盖和筒底对向人体，以防因爆破造成伤人事故。当扑救容器内易燃液体火灾时，应把泡沫喷射在容器内壁上，不要直接冲击油面，使其由近及远平稳地覆盖在整个油面上，以减少油液的搅动和泡沫的破坏；扑救固体物质火灾时，要尽量接近火源，以最快的速度对燃烧物实施喷射。

(2)维护保养。化学泡沫灭火器的使用温度范围为4～55 ℃。灭火剂应按规定方法和容量配制和灌装，装药1 a后，必须送检验部门检验药液，若灭火剂变质，则应更换。每次更换灭火剂前后，应对灭火器筒体内外表面进行清洗和检查，有明显锈蚀的应予舍弃。更换灭火剂后，应标明更换日期。灭火器出厂充装灭火剂2 a后，每年应进行水压试验，试验合格后，可充装灭火剂继续使用。灭火器应防止潮湿、烈日暴晒和高温，冬季应注意防冻。

2. 空气泡沫灭火器

空气泡沫灭火器以空气机械泡沫液的水溶液为灭火剂，以二氧化碳为驱动气体，通过泡沫喷枪产生空气机械泡沫。

空气泡沫灭火器有储压式和储气瓶式2种。该灭火器的适用范围取决于充装灭火剂的性质：充装氟蛋白泡沫剂和轻水泡沫剂，可用于扑救一般固体物质和非水溶性易燃可燃液体的火灾；充装抗溶性泡沫剂，可专用于扑救水溶性易燃可燃液体的火灾。

(1)储压式空气泡沫灭火器。储压式空气泡沫灭火器由筒体、筒盖、泡沫喷枪、喷射软管、加压氮气、提把、压把等组成。

当压下开启压把时，筒体内的泡沫混合液在加压氮气的作用下，迅速流经泡沫喷枪生成泡沫喷出。

(2)储气瓶式空气泡沫灭火器。储气瓶式空气泡沫灭火器由筒体、筒盖、二氧化碳储气瓶、空气泡沫混合液、喷射软管和空气泡沫喷枪组成。

当压下开启压把时，二氧化碳储气瓶的密封膜片被刺穿，释放出二氧化碳。泡沫混合液在二氧化碳的压力下，经喷射软管流进空气泡沫喷枪，产生并喷出空气泡沫。

使用方法：将灭火器迅速提至起火点，在距起火点6 m左右时，先拔下保险销，一只手握住喷枪，另一只手握紧开启压把，空气泡沫就会从喷枪中喷射出来。喷射泡沫时，泡沫不能直接射向液面，应经过一定的缓冲后使泡沫流动堆积在燃烧区灭火。

维护保养；空气泡沫灭火器应放置在阴凉通风、清洁、远离热源的场所，严禁烈日暴晒。冬季应注意防冻。喷枪应采取一定的防尘措施。每隔半年进行一次定期检查，发现腐蚀或损坏，应及时修补。

(四)二氧化碳灭火器

二氧化碳灭火器是储压式灭火器，以液化二氧化碳气体本身的蒸气压力作为喷射动力。

二氧化碳灭火器有手提式和推车式，主要用于扑救易燃可燃液体、可燃气体造成的火灾和低压电器设备、仪器仪表、图书档案、工艺品、陈列品等所发生的火灾。可放置在贵重物品仓库、展览馆、博物馆、图书馆、档案馆、实验室、配电室、发电机房等场所。不可用于金属火灾的扑救。

1. 手提式二氧化碳灭火器

手提式二氧化碳灭火器按其开启方式的不同，可分为手轮式和鸭嘴式2种。手轮式二氧化碳灭火器由筒体、喷筒和手轮式启闭阀组成；鸭嘴式二氧化碳灭火器由筒体、提把、压把、喷管和启闭阀组成。

使用方法：手提二氧化碳灭火器，迅速赶到火场，在距起火点5 m处时，放下灭火器，一只手握住喷筒，另一只手打开启闭阀，即可喷出二氧化碳。鸭嘴式二氧化碳灭火器的使用方法是，右手拔去保险销，紧握灭火器喷嘴，左手压下鸭嘴压把，二氧化碳气体即从喷筒喷出。手轮式二氧化碳灭火器的使用方法是，逆时针旋转手轮，阀门即可开启。在使用过程中，应连续喷射，防止余烬复燃。

2. 推车式二氧化碳灭火器

推车式二氧化碳灭火器是移动式灭火器中灭火剂量较大的灭火器材，主要由小推车、钢瓶、安全帽、手轮、胶管和喷筒组成。

(1)使用方法。使用推车式二氧化碳灭火器灭火时，一般由两人配合操作。将灭火器推拉到火场，在距起火点10 m处停下，一人迅速卸下安全帽，逆时针旋转手轮至最大位置，另一人迅速取下喇叭喷筒，拉伸喷射软管后，双手紧捏喷筒的手柄，将喇叭喷筒对准火焰的根部喷射，直到把火扑灭。

在扑救的过程中，灭火器应始终保持直立状态，切不可平放或者颠倒使用。不要用手直接握喷筒或金属管，以防将手冻伤。室外使用时，应站在上风向喷射，注意安全，因空气中二氧化碳含量达到8.5%以上时，会造成呼吸困难，血压增高；含量达到20% ~30%时，会导致呼吸衰弱，严重者可窒息死亡。在狭小的室内灭火后，操作者应迅速撤离，并打开门窗通风换气，然后再进人，防止因二氧化碳窒息而发生意外。

(2)维护保养。二氧化碳灭火器不应存放在采暖或加热设备附近和日光强烈照射的地方，存放地点的温度不宜超过42 ℃。对灭火器每年要检查一次质量，泄漏量超过1/10时应检修补气。每5年进行1次水压试验，合格后方可使用。灭火器一经开启，必须重新充装，维修及充装应由专业人员承担。在搬运过程中，应轻拿轻放，防止撞击。

(五)干粉灭火器

干粉灭火器是以干粉为灭火剂，二氧化碳或氮气为驱动气体的灭火器。

干粉灭火器主要用于扑救石油及其产品、油漆等易燃液体、可燃气体、电气设备火灾(B、C类火灾)，工厂、仓库、机关、学校、商店、船舶、车辆、展览馆、图书馆等单位和场所可选用此类灭火器。若充装多用途(ABC)干粉，还可以扑救A类火灾。

干粉灭火器按移动方式分为手提式、背负式和推车式。按照二氧化碳气体配置的形式分为内装式、外装式和储压式3种。二氧化碳储气瓶装在干粉筒体内的称为内装式干粉灭火器；二氧化碳储气瓶装在干粉筒体外的称为外装式干粉灭火器；直接将二氧化碳气体加压储存于灭火器筒体内的称为储压式干粉灭火器。

1. 手提式干粉灭火器

手提式干粉灭火器根据其充装干粉的质量，可分为1、2、3、4、5、6、8、10 kg共8种规格。

(1)外装式干粉灭火器。外装式干粉灭火器主要由筒体、外装储气瓶、胶管和喷嘴组成。

外装式干粉灭火器筒体内用于充装干粉灭火剂，储存动力气体二氧化碳的钢瓶装在灭火器的筒体外，用紧固螺母与筒体紧密连接，在其喷嘴处有控制装置，可实现干粉灭火剂的点射。

(2)内装式干粉灭火器。内装式干粉灭火器主要由进气管、出粉管、筒体、钢瓶、喷枪、压把、开启装置和筒盖组成。

内装式干粉灭火器储存二氧化碳气体的钢瓶装置在灭火器的筒体内，以螺纹形式紧密连接，用筒盖对筒体进行密封。

(3)储压式干粉灭火器。储压式干粉灭火器由筒体、筒盖、喷射系统和开启机构组成。储压式干粉灭火器中作为动力的二氧化碳气体与干粉共同储存于灭火器的筒体内，和外装式、内装式干粉灭火器略有不同。

使用方法：使用外装式干粉灭火器灭火时，一只手提起提环，一只手握住喷嘴，将喷嘴对准燃烧物火焰根部。当提起提环时，阀门即打开，二氧化碳气体经进气管进入筒体内，在气体压力的作用下，干粉经过出粉管、胶管和喷嘴喷出，形成大量粉雾。灭火器应左右摇动，由近及远，快速推进灭火。注意在使用干粉灭火器前，应先将其上下颠倒几次，使干粉松动后，再提起提环进行灭火。

使用内装式干粉灭火器时，应先拔下保险销，将喷枪对准火焰根部，握住提把，然后用力按下压把，开启阀门，气体充入筒体内，干粉即在二氧化碳气体的压力下从喷嘴处喷出进行灭火。

使用储压式干粉灭火器时，应先拔下保险销，一只手握住喷嘴，另一只手用力压下压把，干粉即会从喷嘴喷射出来。

用干粉灭火器扑救容器内可燃液体火灾时，应从火焰侧面对准火焰根部，左右扫射，当火焰被赶出容器时，应快速向前，将余火扑灭。

用干粉灭火器扑救流散液体火灾时，应从火焰侧面，对准火焰根部喷射，并由近及远，左右扫射，快速推进，直到将火焰全部扑灭。

用多用途干粉灭火器扑救固体物质火灾时，应使灭火器喷嘴对准燃烧最猛烈处，左右扫射，尽量使干粉灭火剂均匀地喷洒在燃烧物表面上，直到将火全部扑灭。

维护保养：干粉灭火器应放置在被保护的物品附近且是干燥、通风和取用方便的地点，注意防止受潮和太阳暴晒。灭火器各连接件不得有松动现象，喷嘴塞盖不能脱落，以保证其完好的密封性能。灭火器应按规定的要求和检查周期进行定期检查，发现灭火剂结块或储气量不足时，应及时更换灭火剂或补充气体。灭火器一经开启，必须进行再次充装，充装后的储气瓶，应进行气密性试验，不合格的不得使用。

2. 推车式干粉灭火器

推车式干粉灭火器主要适用于石油、化工企业和变电站、油库等场所，能快速扑灭初起火灾。

(1)使用方法。使用推车式干粉灭火器灭火时，一般由两人进行操作，将灭火器快速推拉至火场，先取下喷枪，展开出粉管，提起进气压把，使二氧化碳气体进入储罐。当表压升至 700 ~ 1 100 kPa 时，放下压杆停止进气。两手持喷枪对准火焰根部，扣动扳机，干粉即从喷嘴喷出，并由近及远进行灭火。

(2)维护保养。推车式干粉灭火器应放置在干燥、通风和取用方便的地点，防止灭火器发生锈蚀或干粉结块现象。发现灭火器被腐蚀或干粉结块，应及时进行维修和更换干粉。定期检查钢瓶内二氧化碳的质量，如发现质量减少 1/10 以上，应立即补气。检查灭火器密封性能和安全装置，如发现故障，须及时修复，修好后方可使用。每隔 3 年，应对干粉储罐进行水压试验，合格后可继续使用。

3. 背负式干粉灭火器

背负式干粉灭火器由筒体、出粉软管和喷枪组成，通常由操作者背负使用。

(1)使用方法。在使用背负式干粉灭火器时，操作者应先拔出保险销，背起灭火器，迅速赶到火场，在距起火点 5 m 左右时，手持喷枪，用力扣动扳机，在二氧化碳气体压力的作用下，干粉即会从喷嘴喷出进行灭火。

(2)维护保养。背负式干粉灭火器应存放在通风、阴凉、干燥处。禁止暴晒，以防止驱动气体因受热膨胀而泄漏，影响灭火效果。喷嘴胶堵应塞好，以防止受潮或杂质进入胶管，影响喷射。

(六)卤代烷灭火器

卤代烷灭火器是将液态卤代烷灭火剂充装在钢瓶里，并用氮气或二氧化碳加压作为喷射动力进行灭火的一种灭火器。

卤代烷灭火器具有效率高、速度快、绝缘性能好、灭火时不污损物品、灭火后不留痕迹等优点，被广泛应用于机房、实验室、档案馆、精密仪器、仪表、电子设备及飞机、船舶、车辆、液化气站等部位和场所。但卤代烷对大气臭氧层有破坏作用，目前世界各国正逐步淘汰这种灭火器。

最常用的卤代烷灭火器有 1211 和 1301 两种。1211 灭火器和 1301 灭火器的应用范围完全相同。此节仅以 1211 灭火器为例，对卤代烷灭火器的性能、使用方法以及维护保养进行介绍。

1211 灭火器有手提式和推车式两种。手提式 1211 灭火器分 0.5、1、2、4、6 kg 共 5 种规格。推车式 1211 灭火器分 20、25、40 kg 共 3 种规格。

1. 手提式 1211 灭火器

手提式 1211 灭火器主要由筒体、器头、喷嘴、压力表和开启机构组成。灭火器筒体由钢板拉伸焊底制成，灭火剂与驱动气体盛装于筒体内。器头由铜合金或铝合金、不锈钢、工程塑料等材料制成。

(1)使用方法。使用手提式 1211 灭火器时，应手提灭火器手把，迅速赶到起火点。在距起火点 5 m 处，先拔掉保险销，然后右手紧提压把，左手握住喷射软管前端的喷管，1211 灭火剂即可喷出，松开压把即关闭。灭火时，应将喷嘴对准火焰的根部，由近及远快速推进，要防止回火复燃。如遇零星小火可点射灭火，直到将火全部扑灭。

在喷射的过程中，灭火器应垂直操作，不可水平和颠倒使用。室外使用时，应站在起火点的上风向。在狭小的室内灭火时，灭火后应迅速撤离。

(2)维护保养。1211 灭火器应放置在通风干燥的地方，6 个月检查 1 次灭火器的总质量，泄漏量超过 1/10 时，应重新灌装。灭火器一经开启，即使灭火剂喷出不多，也必须按规定数量再充装。

2. 推车式 1211 灭火器

推车式 1211 灭火器由推车、筒体、阀门、喷射胶管、手握开关、伸缩喷杆、喷嘴等组成。喷嘴有 2 种形式，一种是雾化喷嘴，其喷射面积较大但射程较近；另一种是直射喷嘴，其喷射面积小但射程较远。

(1)使用方法。推车式 1211 灭火器一般由 2 人操作，迅速将灭火器推拉至火场，先取出喷射装置，展开胶管，开启钢瓶截止阀，拉出伸缩喷杆，然后把喷嘴对准火源，紧握开关压把，即可喷出灭火剂进行灭火。喷射时，要沿火焰根部喷扫推进。灭火后，放松手提开关压把，开关自动关闭，喷射停止，同时关闭截止阀。

(2)维护保养。推车式 1211 灭火器应放置在取用方便、安全的地方，防止日晒、火烤和受潮、化学腐蚀。3 个月检查 1 次总质量和压力。如果质量比标准减少 5 kg 或压力低于 800 kPa 时，应重新装药充气。灭火器钢瓶每 3 年应进行 1 次全面检查。灭火器在使用和存放过程中，应防止剧烈的振动或碰伤。

第五节　灭火技术与战术

一、灭火的指导思想

救人第一，快速准确，集中兵力打歼灭战是进行灭火战斗的指导思想。按照这一指导思想去做，就能取得灭火战斗的胜利，减少火灾损失。

(1)集中兵力于火场。火灾发生后，初起阶段是消灭火灾的最好时机。所以，扑灭火灾必须力争主动，控制火势蔓延，速战速决，消灭火灾。发现火灾要迅速准确报警，将公安或企业消防队及时调往火场。公安消防队要注意加强第一批出动力量。同时，积极组织各单位义务消防人员迅速扑救火灾。

(2)集中优势兵力于火场的主要方面。火场上有人受到火势威胁，首先救人，同时组织力量控制火势蔓延；火场上有贵重物资、爆炸或有毒物质受到火势威胁，要集中优势力量疏散这些物资，采取防爆防毒措施，同时组织另一部分力量消灭火灾；火场上燃烧猛烈，火势蔓延迅速，造成大面积火灾时，则集中绝对优势力量，控制火势蔓延，消灭火灾；当重要的厂房或建筑物在火灾情况下有发生倒塌的可能，易造成人员伤亡和物资设备损失时，则应组织必要的力量，保护建筑的承重结构，防止倒塌，并组织力量疏散和保护物资设备。

集中优势兵力于火场的主要方面，要根据火势具体情况，灵活果断地决策，在集中优势兵力于火场主要方面的同时，也要给予其他方面必要的注意，并应保存与组织必要的预备力量，以应付新的情况。

二、灭火战术原则

“先控制、后消灭”是灭火的战术原则。

“先控制”，就是把优势兵力部署在火势蔓延的主要方面，用堵截、包围、隔离的方法，将燃烧控制在原来范围内，使其不继续蔓延扩大，并采取积极措施，保护物资设备。

“后消灭”，就是在控制火势的同时，组织进攻力量，缩小燃烧面积，迅速、全面、彻底消灭火灾。

三、灭火战术方法

灭火战斗中，要根据火场的不同情况，适时采取堵截、夹攻、合击、突破、分割、围歼等战术方法。

1. 堵截

堵截火势，防止蔓延或减缓火势蔓延速度，或在堵截过程中消灭火灾，是积极防御与主动进攻相结合的灭火战斗基本方法。

2. 夹攻

夹攻，即从相对的方向向燃烧区进攻，堵截控制蔓延，逐渐缩小燃烧区范围，消灭火灾的作战形式，夹攻属灭火进攻战术。

3. 合击

合击，指在火场上从两个或两个以上的方向向燃烧区协调一致进攻，控制火势、消灭火灾。

4. 突破

突破，就是在火场上某一地段，部署力量打开突破口的作战行动。当火场上的火势猛烈，进攻危险性较大时，又必须去完成某些比较艰巨的任务，则须从某一方面，强行打开突破口，进攻火点。这种选准突破点，强行进攻的战术突破方法，必须组织精干力量(挑选经验丰富、战斗力强的消防员)，使用精良有效的技术装备器材和灭火剂，配备好安全防护装具，选准突破口，坚决果断地强行纵深突破，完成预定的作战任务。

5. 分割

分割，是针对大面积燃烧区或火势比较复杂的火场，根据灭火战斗的需要，将燃烧区分割成两个或数个战斗区段，以便于分别部署力量将火扑灭。

6. 围歼

围歼，指对燃烧区完成战术包围，达成围攻态势，看准时机，准备充分，从包围的几个方面对火势进行攻击，消灭火灾的战术。

上述各种战术方法，仅仅是指导灭火战斗的基本方法。运用什么样的战法没有固定不变的模式，在理解这些基本战法的前提下，根据着火目标的特点、火势和兵力的具体情况灵活运用。

第六节　应急救援预案

各单位，尤其是人员密集单位和易燃易爆单位，应制定灭火和应急疏散预案。灭火和应急疏散预案主要应包括三个方面的内容：一是灭火和应急疏散的组织机构；二是可能出现的火灾险情的设定；三是灭火和应急疏散的程序与措施。

一、灭火和应急疏散的组织机构

(1)总指挥、副总指挥。

(2)灭火行动组。

(3)疏散引导组。

(4)安全防护救护组。

(5)通信联络组。

二、火灾险情的设定

(1)火灾发生的部位。

(2)火灾的种类。

(3)火灾危害的程度和范围，包括人员受火灾威胁的情况。

三、灭火和应急疏散的程序与措施

(1)报警和接警处置程序。

(2)应急疏散的组织程序与措施。

(3)扑救初起火灾的程序与措施。

(4)安全防护、救护的程序与措施。

(5)通信联络的程序与措施。

各单位制定的灭火和应急疏散预案，应简洁明了，宜图文结合；要做到人员分工、责任明确，程序和措施切实可行，实战可操作性强。消防安全重点单位应按预案，至少每半年进行一次演练；其他单位应按预案，至少每年组织一次演练，不断完善预案，提高灭火和应急疏散能力。

第七节　应急演练

一、应急演练基本任务

应急演练基本任务包括以下方面。

(1)成立演练策划小组。

(2)规定演练的时间安排。

(3)确定演练目标和范围。

(4)编写演练方案。

(5)划定演练现场规则。

(6)安排后勤工作。

(7)指定、培训评价人员。

(8)准备和分发评价人员工作文件(即评价人员工作任务、演练、日程及后勤安排，以及相关的背景资料)。

(9)讲解演练方案和演练活动。

(10)做好演练纪录。

(11)写评价报告。

(12)对演练进行总结，并编写总结报告。

(13)举行公开会，让公众熟悉应急预案的内容。

(14)对演练中存在的问题进行处理：针对不足之处确定纠正措施，进行补救训练，确保整改项能在下次演练中得到纠正。

二、演练方案的内容

演练方案应包括以下内容。

(1)演练目的。

(2)应急演练目标、评价准则及评价方法。应急演练目标包括：应急动员、指挥和控制、事态评估、资源管理、通信、应急设施、警报和紧急公告、应急人员安全、警戒与治安、紧急医疗服务、撤离与疏散等。

(3)日程表。

(4)演练的组织，包括演练人员、模拟人员、指挥人员、评价人员、观摩人员。

(5)演练内容。

(6)演练现场规则。演练现场规则是为了确保演练安全而规定的对有关演练和演练控制、参与人员职责、实际紧急事件、法规符合性、演练结束程序等事项的规定和要求。

(7)练前准备。

(8)演练情景说明。

(9)演练程序表。

(10)总结和追踪。

三、火灾事故的描述

一般火灾事故的描述应有下列内容。

(1)火灾事故场所的外部特征和涉及的范围描述，如浓烟、酸雾或有毒品覆盖的范围、场所燃烧的情况。

(2)损坏的部件或设备状态描述，如罐体爆炸、泄漏等。

(3)假定现场的各种标志。

(4)消毒及洗消处理情况。

(5)急救、救护情况。

(6)通信、报警情况。

(7)交通控制管理情况。

(8)治安保卫工作情况。

(9)事故控制、善后工作情况。

(10)抢险、掩蔽、撤离等情况。

四、应急预案演练的总结

应急预案演练后只有经过认真总结才能达到演练的目的。通过总结，每个演练者都可以达到再次学习和提高的目的。对于指挥者来说，通过演练的总结，可以发现消防应急救援预案中的问题，并可从中找出改进的措施，把预案提高到一个新的水平。因此，演练后的总结是演练不可或缺的一个组成部分，应对发现的有价值的部分汇总并做好记录，必要时，应适时报送上级主管部门。

消防应急预案演练后，应对如下内容做重点总结。

(1)通过演练发现的主要问题。

(2)演练设置情况的评价。

(3)预案有关程序、作业指导书的内容的改进意见。

(4)应急装备、通信保障等是否满足应急要求。

(5)在演练中获得的经验。

(6)最佳演练时间和顺序的建议等。

五、消防应急预案的改进

应急预案需要持续改进，在演练中查找问题，并对预案进行改进，以保证应急预案的及时性和有效性。应急预案编制小组还应定期或在发生较大变动时及时对预案进行修订。

第九章 化工环保管理

第一节　概　述

一、环境

环境一词的含义和内容极其丰富，在不同的学科中，环境一词的科学定义也不相同，其差异源于主体的界定。

对于环境科学而言，“环境”的含义应是“以人类社会为主体的外部世界的总体”。这里所说的外部世界主要是指地球表面与人类发生相互作用的自然要素及其总体。它是人类生存发展的基础，也是人类开发利用的对象。中华人民共和国 1989 年 12 月 26 日公布的《中华人民共和国环境保护法》对环境的内涵有如下规定：“本法所称环境，是指影响人类生存和发展的各种天然和经过人工改造的自然因素的总体，包括大气、水、土地、矿藏、森林、草原、野生生物、自然遗迹、人文遗迹、自然保护区、风景名胜区、城市和乡村等”。

二、环境问题

人类活动作用于周围的环境，引起环境质量的变化，这种变化又反过来对人类的生产、生活和健康产生影响，这就产生了环境问题。

环境问题多种多样，归纳起来有两大类：一类是自然演变和自然灾害引起的原生环境问题，也叫第一环境问题，如地震、洪涝、干旱、台风、崩塌、滑坡、泥石流等。另一类是人类活动引起的次生环境问题，也叫第二环境问题。次生环境问题一般分为环境污染和环境破坏两大类，如乱砍滥伐引起的森林植被的破坏、过度放牧引起的草原退化、工业生产造成的大气和水环境恶化等。

三、环境污染

环境污染是指人类直接或间接地向环境排放超过其自净能力的物质或能量，从而使环境的质量降低，对人类的生存与发展、生态系统和财产造成不利影响的现象，具体包括：水污染、大气污染、噪声污染、放射性污染等。

四、化工对环境的污染

化学工业是环境污染较为严重的行业，从原料到产品、从生产到使用都有造成环境污染的因素。

我国的工业污染在环境污染中占70%。随着工业生产的迅速发展，工业污染的治理工作越来越引起人们的广泛注意。我国对工业污染的治理十分重视，从1973年建立环境保护机构起，各级环境保护部门就开展工业“三废”的治理和综合利用。几十年来，国家在工业污染治理方面进行了大量投资，建立了大批治理污染的设施，也取得了比较明显的环境效益。然而，我国工业污染治理的发展还远远落后于工业生产的发展。

第二节 环境管理

一、环境管理的含义

环境管理，是指运用经济、法律、技术、行政教育等手段，限制人类损害环境质量的行为，通过全面规划使经济发展与环境相协调，达到既要发展经济满足人类的基本需求，又不超出环境的允许极限。

二、环境管理的内容

1. 从环境管理的范围来划分

(1)资源管理。资源管理包括可更新资源的恢复和扩大再生产，以及不可更新资源的合理利用。

(2)区域环境管理。区域环境管理主要是协调区域的经济发展目标与环境目标，进行环境影响预测，制定区域环境规划，进行环境质量管理与技术管理，按阶段实现环境目标。

(3)部门管理。部门管理包括能源环境管理，工业环境管理，农业环境管理，交通运输环境管理，商业和医疗等部门的环境管理及企业环境管理。

2. 从环境管理的性质来划分

环境计划管理，主要包括：自然环境保护计划、区域环境规划、流域污染控制计划、城市污染控制计划、工业交通污染防治以及环境科学技术发展计划、宣传教育计划等。

环境质量管理，主要包括：制定各种质量标准、制定各类污染物排放标准、组织监测和评价环境质量状况、预测环境质量变化趋势等。

环境技术管理，主要包括：确定环境污染和破坏的防治技术路线和技术政策；组织国内、国际的环境科学技术交流合作等。

三、环境管理的基本指导思想和基本理论

1. 环境管理的基本指导思想

环境管理的基本指导思想是从宏观、整体规划上研究解决环境问题。

(1)环境问题是社会整体中的一个有机部分，它既有自己的特殊规律，又与整体社会密切相关。

(2)控制和解决环境问题必须把环境作为一个整体来考虑，局部地区、个别环境问题的治理是解决不了整个环境问题的。

(3)环境问题比较复杂，必须采取综合的方法才能有效地控制和解决。

(4)建立以合理开发利用资源、能源为核心的环境管理战略。

2. 环境管理的理论基础——生态经济理论

环境管理主要是通过全面规划使人类经济活动与环境系统协调发展，因而需要深入研究人类经济社会活动与环境系统相互作用的规律与机理，这是生态经济学的任务。所以说，生态经济理论是环境管理的理论基础。

四、环境管理的基本职能

环境管理的基本职能包括规划、协调、指导和监督 4 个方面，其中监督职能是主要职能。

五、环境管理的八项制度

1. “三同时”制度

“三同时”制度是指新建、改建、扩建项目和技术改造项目及区域性开发建设项目的污染治理设施必须与主体工程同时设计、同时施工、同时投产的制度。

2. 环境影响评价制度

环境影响评价制度是指对可能影响环境的重大工程建设、区域开发建设及区域经济发展规划或其他一切可能影响环境的活动，在事前进行调查研究的基础上，对活动可能引起的环境影响进行预测和评定，为防止和减少这种影响制定最佳行动方案。

3. 排污收费制度

排污收费制度是指一切向环境排放污染物的单位和个体生产经营者，应当依照国家的规定和标准，缴纳一定费用的制度。

4. 环境保护目标责任制

环境保护目标责任制是一种具体落实地方各级人民政府和有污染的单位对环境质量负责的行政管理制度。

5. 城市环境综合整治定量考核

城市环境综合整治就是在市政府的统一领导下，以城市生态理论为指导，以发挥城市

综合功能和整体最佳效益为前提，采用系统分析的方法，从总体上找出制约和影响城市生态系统发展的综合因素，理顺经济建设、城市建设和环境建设的相互依存、相互制约的辩证关系，用综合的对策整治、调控、保护和塑造城市环境，为城市人民群众创建一个适宜的生态环境，使城市生态系统良性发展。

6. 污染集中控制

污染集中控制是在特定的范围内，为保护环境所建立的集中治理设施和采用的管理措施，是强化环境管理的一种重要手段。

7. 排污申报登记与排污许可证制度

排污申报登记制度是环境行政管理的一项特别制度。凡是排放污染物的单位，须按规定向环境保护管理部门申报登记所拥有的污染物排放设施、污染物处理设施和正常作业条件下排放污染物的种类、数量和浓度。

排污许可制度以改善环境质量为目标，以污染物总量控制为基础，规定排污单位许可排放污染物种类、许可污染物排放量、许可污染物排放去向等，是一项具有法律效力的行政管理制度。

8. 限期治理制度

限期治理制度是以污染源调查、评价为基础，以环境保护规划为依据，突出重点，分期分批地对污染危害严重、群众反映强烈的污染物、污染源、污染区域采取的限定治理时间、治理内容及治理效果的强制性措施，是人民政府为了保护人民的利益对排污单位采取的法律手段。被限期的企业、事业单位必须依法完成限期治理任务。

第三节　化工污染物及其来源

化工污染物都是在生产过程中产生的，其产生的原因和进入环境的途径则是多种多样的，具体包括：①化学反应不完全所产生的废料；②副反应所产生的废料；③燃烧过程中产生的废气；④冷却水；⑤设备和管道的泄漏；⑥其他化工生产中排出的废弃物等。概括起来，化工污染物的主要来源大致分为以下两个方面。

一、化工生产的原料、半成品及产品

1. 化学反应不完全

目前，所有的化工生产中，原料不可能全部转化为半成品或成品，其中有一个转化率的问题。未反应的原料，虽有部分可以回收再用，但最终总有一部分因回收不完全或不可能回收而被排放掉。若化工原料为有害物质，排放后便会造成环境污染。

2. 原料不纯

化工原料有时本身纯度不够，含有杂质。这些杂质因一般不参与化学反应，最后也要排放掉，而且大多数杂质为有害的化学物质，对环境会造成重大污染。例如，氯碱工业电

解食盐溶液制取氯气、氢气和烧碱，只能利用食盐中的氯化钠，其余占原料约10%的杂质则排入下水道，成为污染源。

3.“跑、冒、滴、漏”

由于生产设备、管道等封闭不严密，或者由于操作水平和管理水平跟不上，物料在储存、运输以及生产过程中，往往会造成化工原料、产品的泄漏。习惯上称为“跑、冒、滴、漏”现象。

二、化工生产过程中排放出的废弃物

1. 燃烧过程

化工生产过程一般需要有能量的输入，从而要燃烧大量的燃料。但是在燃料的燃烧过程中，不可避免地要产生大量对环境造成极大危害的废气和烟尘。

2. 冷却水

化工生产过程中除了需要大量的热能外，还需要大量的冷却水。在生产过程中，用水进行冷却的方式一般有直接冷却和间接冷却。采用直接冷却时，冷却水直接与被冷却的物料进行接触，这种冷却方式很容易使水中含有化工物料，而成为污染物质。但当采用间接冷却时，虽然冷却水不与物料直接接触，但因为在冷却水中往往加入防腐剂、杀藻剂等化学物质，排出后也会造成污染，即便没有加入化学物质，冷却水也会对周围环境带来热污染问题。

3. 副反应

化工生产中，在进行主反应的同时，还经常伴随着一些人们所并不希望的副反应和副反应产物。副反应产物(副产物)虽然有的经过回收之后可以成为有用的物质，但是由于副产物的数量往往不大，而且成分又比较复杂，要进行回收存在许多困难，经济上需要耗用一定的经费。所以往往将副产物作为废料排弃，引起环境污染。

4. 生产事故造成的化工污染

经常发生的事故是设备事故。因为化工生产的原料、成品或半成品很多都是具有腐蚀性的，容器、管道等很容易被化工原料或产品所腐蚀。如检修不及时，就会出现“跑、冒、滴、漏”等污染现象，流失的原料、成品或半成品就会造成对周围环境的污染。比较偶然的事故是工艺过程事故，由于化工生产条件的特殊性，如反应条件没有控制好，或者催化剂没有及时更换，或者为了安全而大量排气、排液，或者生成了不需要的东西；这种废气、废液和不需要的东西，数量比平时多，浓度比平时高，就会造成一时的严重污染。

第四节　化工废水处理方法

一、废水处理方法分类

化工废水的处理方法可按其作用原理划分为四大类，即物理处理法、化学处理法、物

理化学法和生物处理法。

(1)物理处理法，指通过物理作用，以分离、回收废水中不溶解的呈悬浮状态污染物质(包括油膜和油珠)的废水处理法。根据物理作用的不同，又可分为重力分离法(沉淀法)、离心分离法、筛滤截留法等。

(2)化学处理法，指通过化学反应和传质作用来分离、去除废水中呈溶解、胶体状态的污染物质或将其转化为无害物质的废水处理法。在化学处理法中，以投加药剂产生化学反应为基础的处理单元是混凝、中和、氧化还原等；而以传质作用为基础的处理单元则有萃取、汽提、吹脱、吸附、离子交换，以及电渗析、反渗透等，后两种处理单元又统称为膜处理技术。

(3)物理化学法，指利用物理化学作用去除废水中的污染物质的方法。主要有吸附法、离子交换法、膜分离法、萃取法、气提法、吹脱法等。

(4)生物处理法，指通过微生物的代谢作用，使废水中呈溶液、胶体以及微细悬浮状态的有机污染物质转化为稳定、无害的物质的废水处理方法。根据起作用的微生物不同，生物处理法又可分为好氧生物处理法、厌氧生物处理法。

二、物理处理法

在工业废水的处理中，物理法占有重要的地位。与其他方法相比，物理法具有设备简单、成本低、管理方便、效果稳定等优点。它主要用于去除废水中的漂浮物、悬浮固体、砂和油类等物质。物理法一般用作其他处理方法的预处理或补充处理。物理法包括重力分离、离心分离、过滤等。

(一)重力分离

废水中含有较多无机砂粒或固体颗粒时，必须采用沉淀法除掉，以防止水泵或其他机械设备、管道受到磨损，并防止淤塞。

1. 沉淀法的分类

从化工废水中除去悬浮固体一般常采用沉淀法。此法是利用固体与水两者之间的相对密度差异，使固体和液体分离。这是对废水预先进行净化处理的方法之一，被广泛用作废水的预处理方法。例如，对化工废水进行生化处理时，为减轻生化装置的处理负荷，先要从废水中除去砂粒固体颗粒杂质及一部分有机物质。因此，在生化处理前，废水先要通过沉淀池进行沉淀。设置在生化处理之前的沉淀池称为初级沉淀池，或称为一次沉淀池；而在生化处理之后的沉淀池称为二次沉淀池，其目的是进一步去除残留的固体物质，包括生化处理后多余的活性污泥。

2. 沉降设备

1)沉淀池

生产上用来对污水进行沉淀处理的设备称为沉淀池。根据池内水流的方向不同，沉淀池大致可分为5种，即平流式沉淀池、竖流式沉淀池、辐射式沉淀池、斜管式沉淀池及斜板式沉淀池等。

各类沉淀池的构造，简单介绍如下。

图 9-1 所示为附有链条刮泥机的平流式沉淀池。废水由进水槽经进水孔流入池中。进水挡板的作用是降低水流速度，并使水流均匀分布于池中过水部分的整个断面。沉淀池出口为孔口或溢流堰，有时采用锯齿形(三角形)溢流堰。堰前设置浮渣管(或浮渣槽)及挡板，以拦阻和排除水面上的浮渣，使其不致流入出水槽。在沉淀池前部设有污泥斗，池底污泥由刮泥机刮入污泥斗内，污泥借助池中静水压力从污泥管中排出。当有刮泥机时，池底坡度为 0. 01 ~0. 02。当无刮泥机时，池底常做成多斗形，每个斗有一个排泥管，斗壁倾斜 45° ~60°。

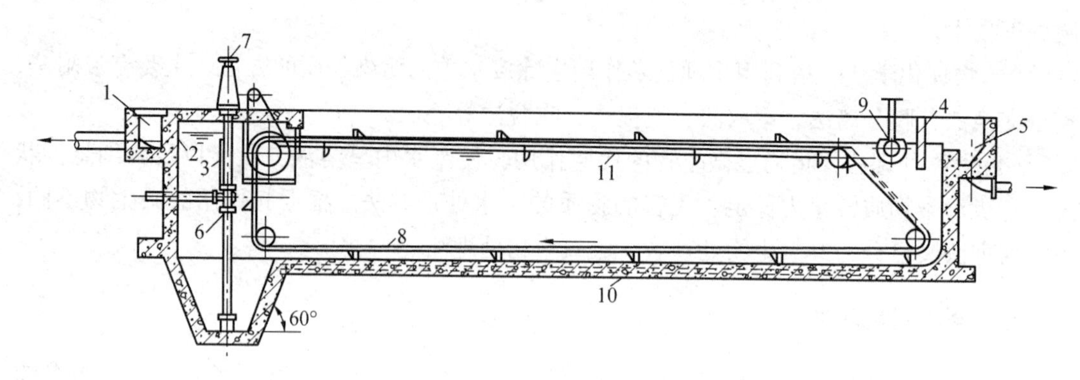

1—进水槽；2—进水孔；3—进水挡板；4—出水挡板；5—出水槽；6—排泥管；
7—排泥阀门；8—链带；9—排渣管槽(能转动)；10—刮板；11—链带支撑。

图 9-1　平流式沉淀池

平流式沉淀池的优点是构造简单、效果良好、工作性能稳定，但排泥较为困难。当废水含大量无机悬浮物且水量又大时，宜采用辐射式沉淀池(见图 9-2)；水量较小时，则采用平流式沉淀池。当废水含大量有机悬浮物而水量又不大时，可以考虑采用圆形竖流式沉淀池(见图 9-3)，如果废水量大，应采用平流式或辐射式沉淀池。

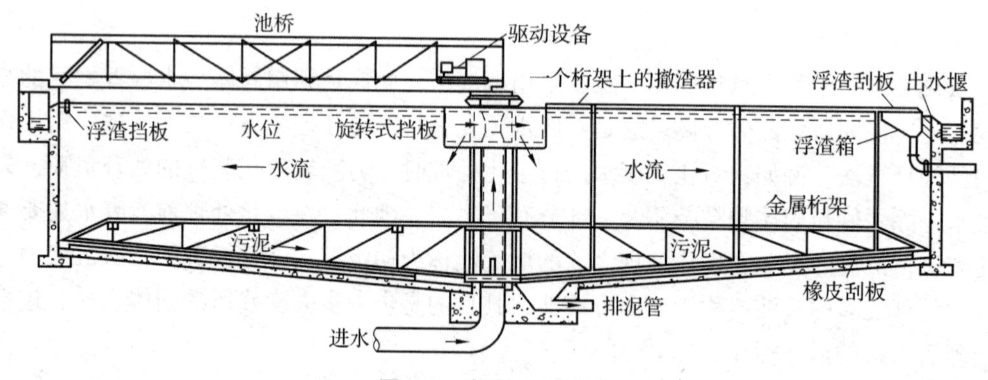

图 9-2　辐射式沉淀池

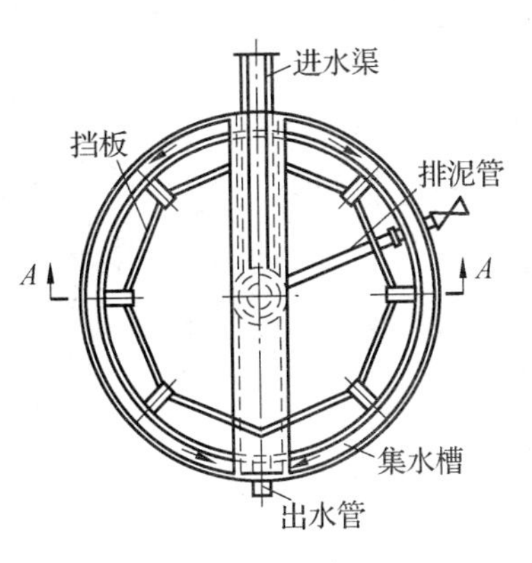

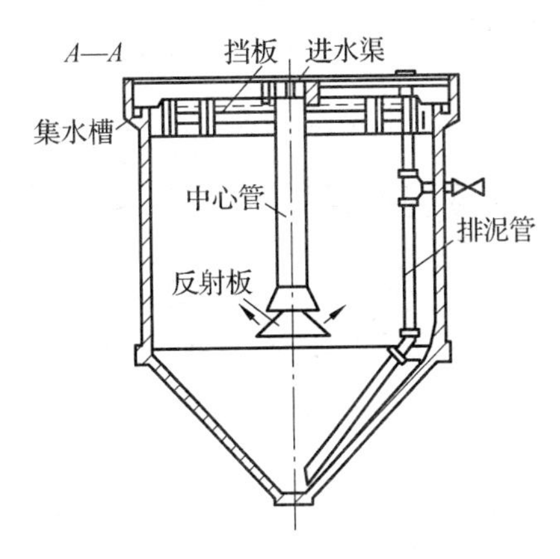

图 9-3　圆形竖流式沉淀池(重力排泥)

用沉淀法处理废水已有很长的历史，但此法所用的设备庞大，生产能力不高。近年来，由于浅层沉淀理论的发展，多层沉淀逐渐向斜板沉淀发展。据统计，当二次沉淀池中采用斜板沉淀时，如斜板与水平方向的倾斜角为 60°，板间距为 3. 2 cm 时，废水处理量可增加 2. 3 倍。由于废水在管或板间处于层流状态，而且斜管(或斜板)还大大增加了沉淀池的沉淀面积，所以斜管(斜板)沉淀的效率也就提高了。

图 9-4 所示为斜管沉淀池。

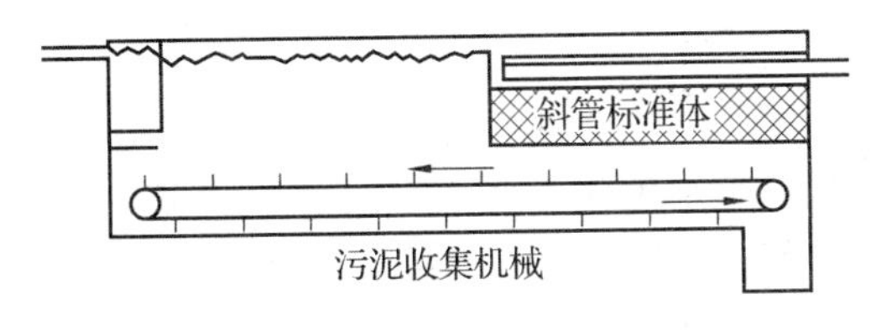

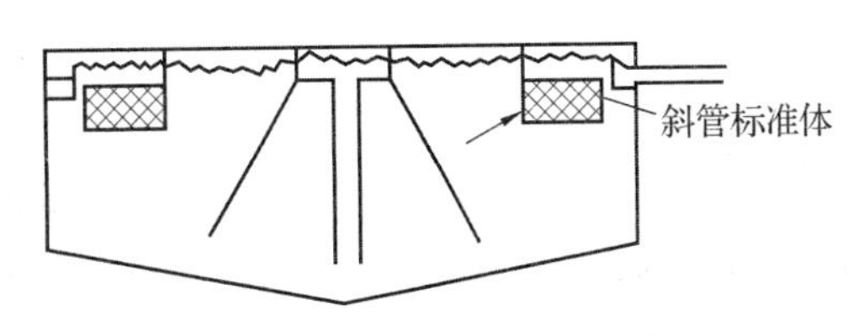

图 9-4　斜管沉淀池

2)沉砂池

沉砂池用以分离废水中相对密度较大的无机悬浮物，如砂、煤粒、矿渣等，避免其进入后面的沉淀池污泥中而给排除及处理污泥带来困难。沉砂池有平流式及竖流式两种。国内广泛应用的是平流式，平流沉砂池的效率较高，其构造如图 9-5 所示。

平流式沉砂池的过水部分是一条明渠，渠的两端用闸板控制水量，渠底有贮砂斗，斗数一般为 2 个。贮砂斗下部设带有闸门的排砂管，以排除贮砂斗内的积砂。也可以用射流泵或螺旋泵排砂。为了保证沉砂池能很好地沉淀砂粒，又防止密度较小的有机悬浮物颗粒被截留，应严格控制水流速度。一般沉砂池的水平流速在 0. 15 ~ 0. 30 m/s 为宜，停留时间不少于 30 s。沉砂池应不少于 2 个，以便可以切换工作。

平流式沉砂池最大的缺点就是尽管控制了水流速度及停留时间，废水中仍然会有一部分有机悬浮物在沉砂池内沉积下来。为了克服这个缺点，目前有采用曝气沉砂池，即在沉砂池的侧壁下部鼓入压缩空气，使池内水流呈螺旋状态运动。由于有机物颗粒的密度小，故能在曝气的作用下长期处于悬浮状态，同时，在旋流过程中，砂粒之间相互摩擦、碰撞，附在砂粒表面的有机物也能被洗脱下来。通常曝气沉砂池采用穿孔管曝气，穿孔管内孔眼直径为 2. 5 ~ 6. 0 mm，空气用量为 2 ~ 3 m^3/m^2(池面)，螺旋形水流周边最大旋转速度为0.25～0.3 m/s，池内水流速度为0.01～0.1 m/s，停留时间为1.5～3.3 min。

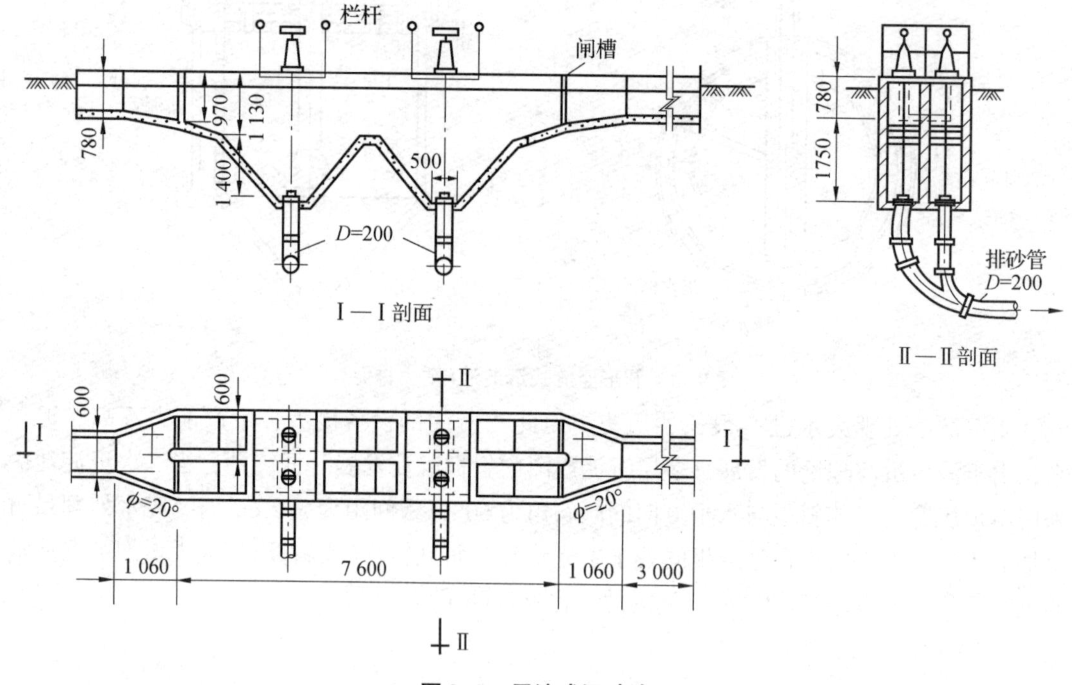

图9-5 平流式沉砂池

3）隔油池

石油开采与炼制、煤化工、石油化工及轻工业行业的生产过程会排出大量含油废水。化工、炼油废水中的油类一般以3种状态存在，即：悬浮状态，这部分油在废水中分散颗粒较大，易于上浮分离，占总含油量的60%～80%；乳化状态，油珠颗粒较小，直径一般在0.05～25 μm，不易上浮去除；溶解状态，这部分油的溶解度约为5～15 mg/L。

只要去除前两部分油，则废水中的绝大多数油类物质就都被去除，一般能够达到排放要求。对于悬浮状态的油类，一般用隔油池分离；对于乳化油则采用浮选法分离。

常用的隔油池有平流式、坚流式及板式3种。国内多采用平流式隔油池，其构造与平流式沉淀池相似，在实际运行中主要起隔油作用，但也有一定的沉淀作用。

国外常用的油分离器有平流式、平行板式和波纹板式等类型。波纹板式油分离器如图9-6所示。池内斜板大多数采用聚酯玻璃钢波纹板，板间距为20～50 mm，倾角不小于45°，斜板采用异向流形式，废水自上而下流入斜板组，油粒沿斜板上浮。

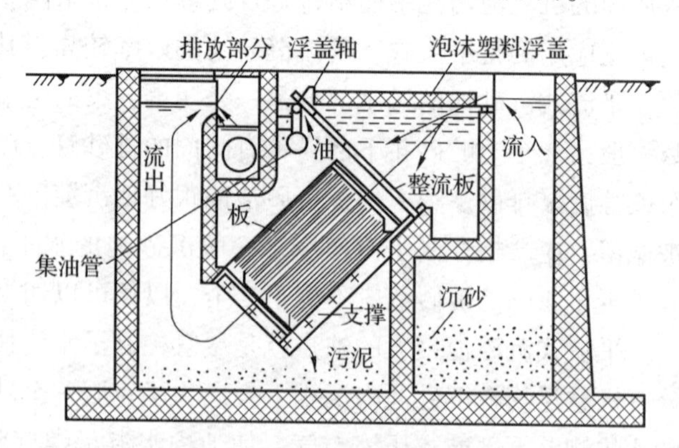

图9-6 波纹板式油分离器

（二）离心分离

1. 离心分离的原理

含悬浮物的废水在高速旋转时，由于悬浮颗粒和废水的质量不同，所受到的离心力大小不同，质量大的被甩到外圈，质量小的则留在内圈，通过不同的出口可将它们分别引导出来。

2. 离心分离方式

离心分离设备按离心力产生的方式不同可分为水力旋流器和高速离心机两种类型。水力旋流器（或称旋液分离器）有压力式（见图9-7）和重力式两种，其设备固定，液体靠水泵压力或重力（进出水头差）由切线方向进入设备，造成旋转运动产生离心力。高速离心机依靠转鼓高速旋转，使液体产生离心力。压力式水力旋流器，可以将废水中所含的粒径5 μm以上的颗粒分离出去。

压力水力旋转器具的优点是体积小，单位容积的处理能力高，处理能力可达1 000 $m^3/(m^2 \cdot h)$，此时沉淀池的生产能力为1～2.5 $m^3/(m^2 \cdot h)$；其次构造简单，使用方便；并易于安装维护，其分离效果与自然沉淀池相近。缺点是水泵和设备易磨损，所以设备费用高，耗电较多。

因为离心机的转速高，所以分离效率也高，但设备复杂，造价比较昂贵。一般只用在小批量的、有特殊要求的难处理废水方面。

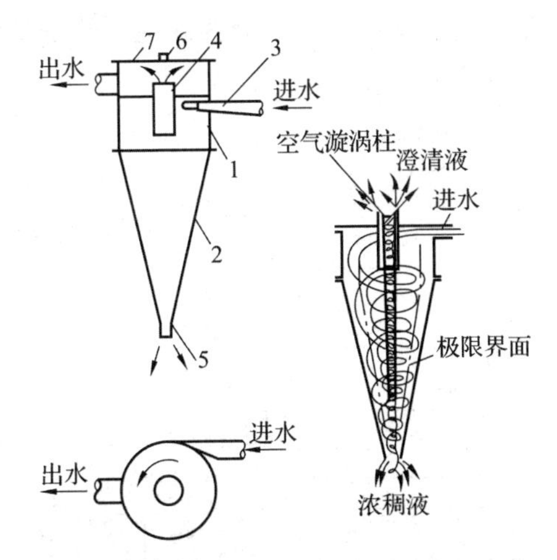

1—圆筒；2—圆锥体；3—进水管；4—上部清液排出管；
5—底部清液排出管；6—放气管；7—顶盖。

图9-7 压力式水力旋流器

（三）过滤法

废水中含有的微粒物质和胶状物质，可以采用机械过滤的方法加以去除。过滤有时作为废水处理的预处理方法，用以防止水中的微粒物质及胶状物质破坏水泵，堵塞管道及阀门等。另外过滤法也常用作废水的最终处理，使滤出的水可以进行循环使用。

1. 格栅过滤

格栅一般斜置在进水泵站集水井的进口处。一般当格栅的水头损失达到 10 ~ 15 cm 时就该清洗。

2. 筛网过滤

一些工业废水含有较细小的悬浮物，选择不同尺寸的筛网，能去除水中不同类型和大小的悬浮物，如纤维、纸浆、藻类等，相当于初级沉淀池的作用。

筛网过滤装置很多，有振动筛网、水力筛网、转鼓式筛网、转盘式筛网、微滤机等。

3. 颗粒介质的过滤

颗粒介质的过滤适用于去除废水中的微粒物质和胶状物质，常用作离子交换和活性炭处理前的预处理，也能用作废水的三级处理。

颗粒介质过滤器可以是圆形池或方形池。过滤器无盖的称为敞开式过滤器，一般废水自上流入，清水由下流出。有盖而且密闭的称为压力过滤器，废水用泵加压送入，以增加压力。

过滤介质的粒度及材料，取决于所需滤出的微粒物粒子的大小、废水性质、过滤速度等因素。在废水处理中常用的滤料有石英砂、无烟煤粒、石榴石粒、磁铁矿粒、白云石粒、花岗岩粒及聚苯乙烯发泡塑料球等。其中以石英砂使用最广；但废水呈碱性时，有溶出现象，此时一般常用大理石和石灰石。

图 9-8 为常用的颗粒介质过滤设备，即普通快滤池。快滤池一般用钢筋混凝土建造，池内有排水槽、滤料层、垫料层和配水系统；池外有集中管廊，配有进水管、出水管、冲洗水管、冲洗水排出管等管道及附件。

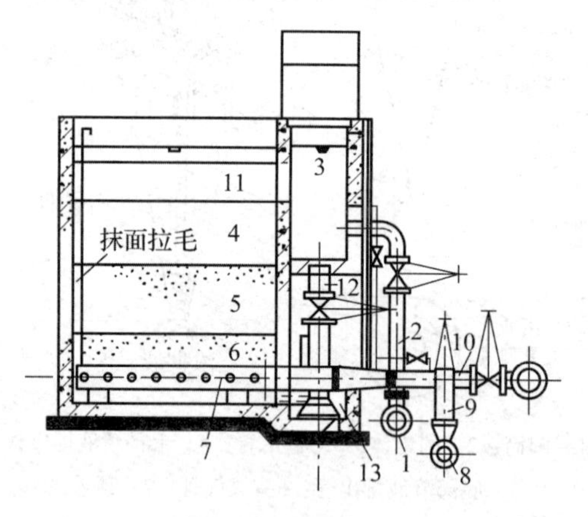

1—进水干管；2—进水支管；3—集水渠；4—水层；5—过滤层；6—承托层；7—排水系统；8—滤过水干管；9—滤过水支管；10—冲洗水管；11—洗砂排水管；12—排水管；13—废水渠。

图 9-8　普通快滤池

三、化学处理法

化学法是废水处理的基本方法之一。它利用化学作用来处理废水中的溶解物质或胶体物质，可用来去除废水中的金属离子、细小的胶体有机物、无机物、植物营养素(氮、磷)、乳化油、臭味、酸、碱等，对于废水的深度处理有着重要作用。

化学法包括中和法、混凝沉淀法、化学氧化还原法、电解法等方法。

(一)中和法

中和就是酸碱相互作用生成盐和水。对含酸或含碱废水，含酸浓度为4%、含碱浓度为2%以下时，如果不能进行经济有效的回收、利用，则应经过中和，将废水的pH值调整到呈中性状态，才能够排放；而对含酸、含碱浓度高的废水，则必须考虑回收及开展综合利用的方法。

1. 酸性废水的中和处理方法

对酸性废水，可采用以下一些方法进行中和：①使酸性废水通过石灰石滤床；②与石灰乳混合；③向酸性废水中投加烧碱或纯碱溶液；④与碱性废水混合，使废水pH值近于中性；⑤向酸性废水中投加碱性废渣，如电石渣、碳酸钙、碱渣等。

2. 碱性废水处理方法

对碱性废水，一般采用以下途径进行中和：①向碱性废水中鼓入烟道废气；②向碱性废水注入压缩的二氧化碳气体；③向碱性废水投入酸或酸性废水等。

(二)混凝沉淀法

1. 混凝原理

混凝沉淀法的基本原理是在废水中投入混凝剂，因混凝剂为电解质，在废水里形成胶团，与废水中的胶体物质发生电中和，形成绒粒沉降。混凝沉淀不但可以去除废水中的粒径为10^{-6}～10^{-3} mm的细小悬浮颗粒，而且能够去除色度、油分、微生物、氮和磷等富营养物质、重金属以及有机物等。

2. 混凝剂和助凝剂

混凝剂按其化学成分可分为无机混凝剂及有机混凝剂两大类。无机混凝剂主要是铝和铁的盐类及其水解聚合物。目前常用无机混凝剂的主要品种如表9-1所示。

表9-1　常用无机混凝剂一览表

类　别	药品名称	分子式
高分子	聚合氯化铝(PAC)	$[Al_2(OH)_nCl_{6-n}]_m$
	聚合硫酸铝(PAS)	$[Al_2(OH)_n(SO_4)_{3-n/2}]_m$
	聚合氯化铁(PFC)	$[Fe_2(OH)_nCl_{6-n}]_m$
	聚合硫酸铁(PFS)	$[Fe_2(OH)_n(SO_4)_{6-n/2}]_m$

续表

类别	药品名称	分子式
低分子	硫酸铝(AS)	$Al_2(SO_4)_3 \cdot nH_2O$
	三氯化铝(AC)	$AlCl_3 \cdot 6H_2O$
	明矾(硫酸铝铵)(AA)	$(NH_4)_2SO_4 \cdot Al_2(SO_3)_3 \cdot 24H_2O$
	含铁硫酸铝(MICS)	$Al_2(SO_4)_3 + Fe_2(SO_4)_3$
	硫酸亚铁	$FeSO_4 \cdot 7H_2O$
	硫酸铁(FS)	$Fe_2(SO_4)_3 \cdot 12H_2O$
	氯化铁(FC)	$FeCl_3 \cdot nH_2O$
	氯化绿矾	$FeCl_3 + Fe_2(SO_4)_3$
	氯化锌(ZC)	$ZnCl_2$
	硫酸锌(ZS)	$ZnSO_4$
	氧化镁	MgO
	碳酸镁	$MgCO_3$
	电解铝	$Al(OH)_3$
	电解铁	$Fe(OH)_3$

有机混凝剂分为天然有机混凝剂与人工合成有机高分子混凝剂。天然有机混凝剂是人类使用较早的混凝剂，不过其用量远少于人工合成有机高分子混凝剂。人工合成有机高分子混凝剂都是水溶性聚合物，重复单元中常包含带电基团，因而也被称为聚电解质。表9-2为水和废水处理中常用的聚电解质。

表9-2　水和废水处理中常用的聚电解质

名称	离子型	说明
聚丙烯酰胺(PAM)	非	主要非离子混凝剂品种
聚氧化乙烯(PEO)	非	对某些情况很有效
聚乙烯吡咯酮	非	专用混凝剂
部分水解聚丙烯酰胺(HPAM)	阴	主要阴离子混凝剂品种，均聚物
聚乙烯磺酸盐(PSS)	阴	M为金属离子，负电性强，电荷对pH值不敏感，均聚物
聚乙烯胺	阴	均聚物，电荷与pH值有关
聚羟基丙基-甲基氯化铵	阳	均聚物，电荷与pH值有关
聚二甲基二烯丙基氯化铵	阳	均聚物，正电性强，电荷对pH值不敏感，主要阳离子混凝剂品种
聚羟基丙基二甲基氯化铵	阳	均聚物，正电性强，电荷对pH值不敏感
聚二甲基铵甲基丙烯酰胺	阳	主要阳离子混凝剂品种，电荷与pH值有关
聚二甲基丙基甲基丙烯酰胺	阳	水解为阳离子丙烯酰胺衍生物

(三)化学氧化还原法

废水经过化学氧化还原处理，可使废水中所含的有机物质和无机物质转变成无毒或毒性不大的物质，从而达到废水处理的目的。

投加化学氧化剂可以处理废水中的 CN^-、S^{2-}、Fe^{2+}、Mn^{2+} 等离子。废水处理中常用的有空气氧化法和氯氧化法。

(1)空气氧化法。空气氧化法是利用空气中的氧气氧化废水中的有机物和还原性物质的一种处理方法，主要用于含还原性较强物质的废水处理，如炼油厂的含硫废水。

(2)氯氧化法。通常的含氯药剂有液氯、漂白粉、次氯酸钠、二氧化氯等。氯氧化法目前主要用在对含酚、含氰、含硫化物的废水治理方面。

(四)电解法

1. 原理

电解是利用直流电进行溶液氧化还原反应的过程。电解的装置为电解槽。在电解槽中，与电源正极相连接的极称为阳极，与电源负极相连接的极称为阴极。当接通直流电源后，电解槽的阴极和阳极之间产生了电位差，驱使正离子移向阴极，进行还原反应；负离子移向阳极，进行氧化反应，转化为无害成分被分离除去。

2. 分类

目前对电解还没有统一的分类方法，一般按照污染物的净化机理可以分为电解氧化法、电解还原法、电解凝聚法和电解上浮法；也可以分为直接电解法和间接电解法。按照阳极材料的溶解特性，可分为不溶性阳极电解法和可溶性阳极电极法。

四、物理化学法

废水经过物理方法处理后，仍会含有某些细小的悬浮物及溶解的有机物，可以进一步采用物理化学方法进行处理。常用的物理化学方法有吸附、浮选、电渗析、反渗透、超过滤等。

(一)吸附法

吸附法是利用多孔性固体物质作为吸附剂，以吸附剂的表面吸附废水中的某种污染物的方法。在废水处理中，吸附法处理的主要对象是废水中用生化法难以降解的有机物或用一般氧化法难以氧化的溶解性有机物，包括木质素、氯或硝基取代的芳烃化合物、杂环化合物、洗涤剂、合成染料、除锈剂等。常用的吸附剂有活性炭、硅藻土、铝矾土、磺化煤、矿渣及吸附用的树脂等，其中以活性炭最为常用。

1. 吸附的原理

在表面积一定的情况下，要使吸附剂表面能减少，只有减小其表面张力。而如果吸附剂在吸附某物质后能降低表面能，则该吸附剂便能吸附此种物质。所以吸附剂只可以吸附那些能够降低它的表面张力的物质。

2. 吸附工艺及设备

吸附操作分间歇吸附和连续吸附两种。前者是将吸附剂(多用粉状炭)投入废水中，不断搅拌，经一定时间达到吸附平衡后，用沉淀或过滤的方法进行固液分离。间歇吸附工艺适用于规模小、间歇排放的废水处理。

连续吸附是废水不断地流进吸附床，与吸附剂接触，当污染物浓度降至处理要求时，排出吸附柱。按照吸附剂的充填方式，吸附床又分为固定床、移动床和流化床 3 种。其中常用的 2 种如图 9-9 和图 9-10 所示。

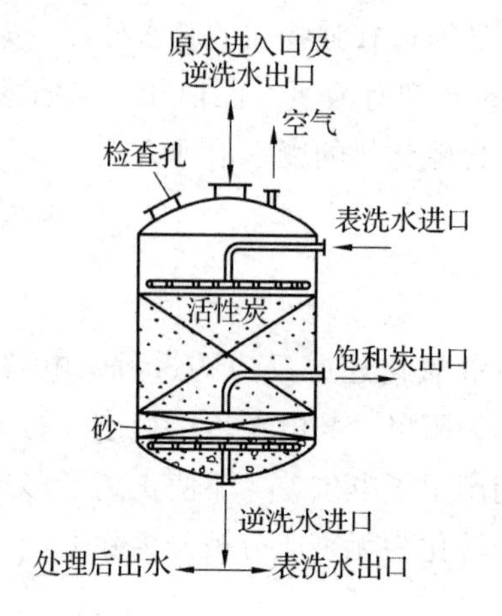

1—通网阀；2—进料斗；3—溢流管；4、5—直流式衬胶阀；6—水射器；7—截止阀。

图 9-9　固定床吸附塔结构图

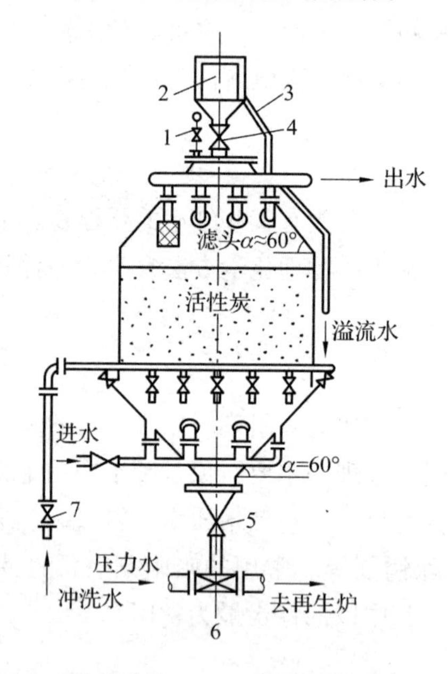

1—通网阀；2—进料斗；3—溢流管；4、5—直流式衬胶阀；6—水射器；7—截止阀。

图 9-10　移动床吸附塔构造示意图

(二)浮选法

浮选法就是利用高度分散的微小气泡作为载体去黏附废水中的污染物，使其密度小于水而上浮到水面，实现固液或液液分离的方法。在废水处理中，浮选法已广泛应用于：①分离地面水中的细小悬浮物、藻类及微絮体；②回收工业废水中的有用物质，如造纸厂废水中的纸浆纤维及填料等；③代替二次沉淀池，分离和浓缩剩余活性污泥，特别适用于那些易于产生污泥膨胀的生化处理工艺中；④分离回收油废水中的悬浮油和乳化油；⑤分离回收以分子或离子状态存在的目的物，如表面活性剂和金属离子等。

1. 浮选法的基本原理

浮选法主要原理是表面张力的作用。当空气通入废水时，废水中存在细小颗粒物质，共同组成三相系统。细小颗粒黏附到气泡上时，使气泡界面发生变化，引起界面能的变化。亲水性颗粒易被水润湿性，水对它有较大的附着力，气泡不易把水排开取而代之，因此，这种颗粒不易附着在气泡上；相反，疏水性颗粒则容易附着于气泡而被除去。易被润湿的颗粒，就容易附着在气泡上。润湿性可以由颗粒与水的接触角 θ 表示（见图 9-11）。$\theta<90°$，为亲水性物质；$\theta>90°$，为疏水性物质。

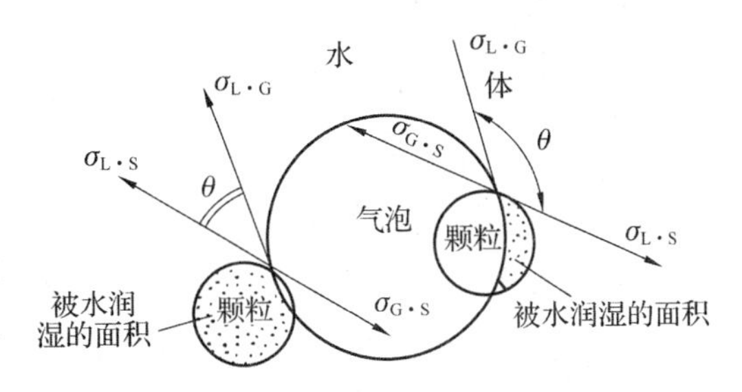

图 9-11 不同悬浮颗粒与水的润湿情况

若要用浮选法分离亲水性颗粒（如纸浆纤维、煤粒、重金属离子等），就必须投加合适的药剂，以改变颗粒的表面性质，使其表面变成疏水性，易于黏附于气泡上，这种药剂通常称为浮选剂。

浮选剂的种类很多，如松香油、石油及煤油产品、脂肪酸及其盐类、表面活性剂等。对不同性质的废水应通过试验选择合适的浮选剂品种和投加量，也可参考矿冶工业浮选的资料。

2. 浮选法设备及流程

浮选法的形式比较多，常用的浮选方法有加压浮选、曝气浮选、真空浮选、电解浮选和生物浮选法等。

加压浮选法（见图 9-12）在国内应用比较广泛。几乎所有的炼油厂都采用这种方法来处理废水中的乳化油。使用这种方法出水中含油可以降到 10 ~ 25 mg/L 以下。其原理是在加压的情况下将空气通入废水中，使空气在废水中溶解达饱和状态，然后由加压状态突然减至常压，这时溶解在水中的空气就成了过饱和状态，水中空气迅速形成极微小的气泡，不断向水面上升。气泡在上升过程中，捕集废水中的悬浮颗粒及胶状物质等，将其一同带出水面，然后从水面上将其加以去除。

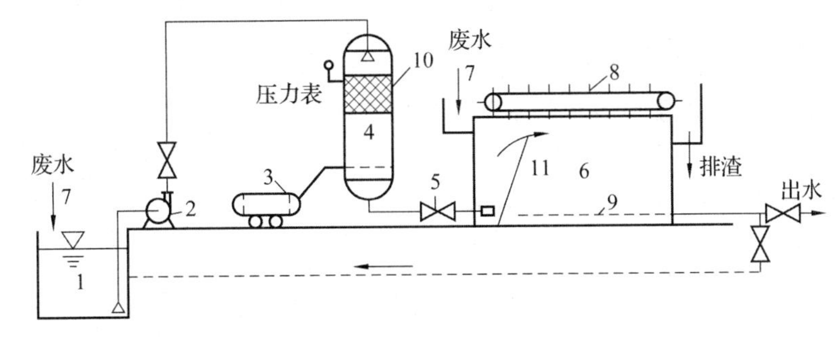

1—吸水井；2—加压泵；3—空压机；4—压力容器罐；5—减压释放器；6—浮上分液器；7—原水进水管；8—刮渣机；9—集水系统；10—填料层；11—隔板。

图 9-12 加压溶气气浮流程

五、生化处理法

化工工业发展初期，化工污染物主要是酸、碱等无机污染物。有机化学工业迅速发展以后，化工废水中含有大量的有机污染物，采用传统的物理或化学的方法很难达到治理的要求，因此生化处理法逐渐得到发展。

(一) 生化处理方法分类

根据微生物代谢过程是否需要氧，生化处理方法主要分为好氧处理和厌氧处理两大类型；按照微生物的生长方式，可分为悬浮生长型和固着生长型两类；此外，按照系统的运行方式可分为连续式和间歇式；按照主体设备中的水流状态，可分为推流式和完全混合式等类型。

好氧生物处理过程中，有机物最终分解为 CO_2 和 H_2O，此过程释放能量多，代谢速度快，代谢产物稳定。但好氧生物处理也有其致命的缺点，即对有机物浓度很高的废水，由于要供给好氧生物所需的足够氧气(空气)比较困难，需先对废水进行稀释，要耗用大量的稀释水，而且在好氧处理中要不断地补充水中的溶解氧，从而使处理成本比较高。

厌氧生物处理是在无氧的条件下，利用厌氧微生物(主要是厌氧菌的作用)，来处理废水中的有机物。过程中受氢体不是游离氧，而是有机物质或含氧化合物，如 SO_4^{2-}、NO_3^-、NO_2^-、CO_2 等。因此，最终代谢产物是一些低分子有机物、H_2S、NH_4 等。

(二) 活性污泥法

活性污泥法是处理工业废水最常用的生物处理方法，是利用悬浮生长的微生物絮体处理有机废水一类好氧生物的处理方法。这种生物絮体称为活性污泥，它由好氧性微生物(包括细菌、真菌、原生动物及后生动物)及其代谢的和吸附的有机物、无机物组成。

1. 活性污泥

活性污泥法处理的关键在于具有足够数量和性能良好的污泥，它是大量微生物聚集的地方。活性污泥对废水中的有机物具有很强的吸附和氧化分解能力，故活性污泥中还含有分解的有机物及无机物等。污泥中的微生物在废水处理中起主要作用的是细菌和原生动物。

2. 活性污泥法处理废水流程

采用活性污泥法处理工业废水的基本流程如图 9-13 所示。

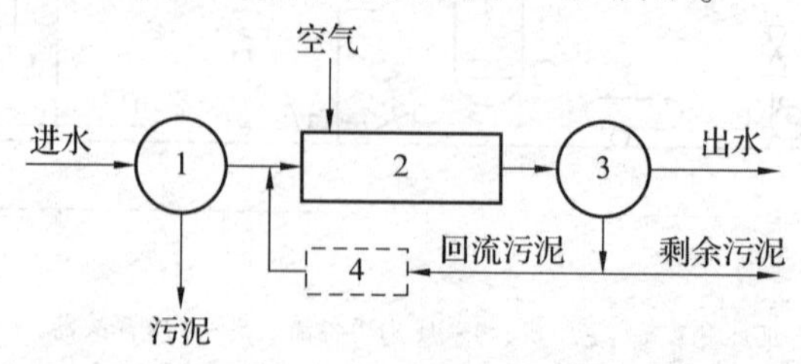

1—初次沉淀池；2—曝气池；3—二次沉淀池；4—再生池。

图 9-13　活性污泥法处理工业废水的基本流程

流程中的主体构筑物是曝气池，废水经预处理(如初沉)后，进入曝气池与池内活性污泥混合成混合液，并在池内充分曝气，水中的有机物被活性污泥吸附、氧化分解。处理后的废水和活性污泥一同流入二次沉淀池进行分离，上层净化后的废水排出。沉淀的活性污泥部分回流入曝气池进口，与进入曝气池的废水混合。由于微生物的新陈代谢作用，不断有新的原生质合成，所以系统中活性污泥量会不断增加，多余的活性污泥应从系统中排出，这部分污泥称为剩余污泥；回流使用的污泥，称为回流活性污泥。

(三)生物膜法

生物膜法是通过废水同生物膜接触，生物膜吸附和氧化废水中的有机物并同废水进行物质交换，从而使废水得到净化的过程，常用的设备有生物滤池、塔式滤池、生物转盘、生物接触氧化床和生物流化床等。

生物滤池一般由钢筋混凝土或砖石砌筑而成，池平面有矩形、圆形或多边形，其中以圆形为多，主要组成部分是滤料、池壁、排水系统和布水系统(见图9-14)。

含有有机物质的工业废水，由布水装置均匀地分布在滤料的表面上，并沿着滤料的间隙向下流动时，滤料截留了废水中的悬浮物质及微生物，在滤料表面逐渐形成一层黏膜，由于膜内生长有大量的微生物，故称这种黏膜为生物膜，微生物吸附滤料表面上的有机物作为营养，很快繁殖，并进一步吸附废水中的有机物。去除了有机物的废水进入池底的集水沟，然后排出池外。

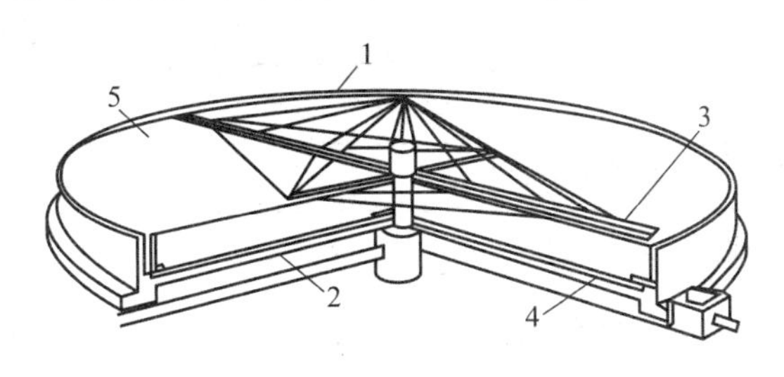

1—池壁；2—池底；3—布水器；4—排水沟；5—滤料。

图9-14 生物滤池的构造示意

第五节 化工废气处理技术

一、除尘技术

化学工业所排放出废气中的粉尘污染物，主要是含有硅、铝、铁、镍、钒、钙等氧化物及粒度在10 μm以下的浮游物质。这些物质都会污染周围的环境。因此，控制所排放出废气中的粉尘污染物的数量，是大气环境保护的重要内容。

1. 除尘装置分类

根据各种除尘装置作用原理的不同，可以将除尘装置大致分为四大类，即机械除尘器、湿式除尘器、电除尘器和过滤除尘器。

2. 除尘器的除尘机理及适用范围

表9-3列出了常用除尘器的除尘机理及适用范围。

表 9–3　常用除尘器的除尘机理及适用范围

除尘器	除尘机理								适用范围
	沉降作用	离心作用	静电作用	过滤	碰撞	声波吸引	折流	聚集	
沉降室	○								烟气除尘、磷酸盐、石膏、氧化铝、石油精制催化剂回收
挡板式除尘器					○		△	△	
旋风式除尘器		○			△			△	
湿式除尘器		△			○		△	△	硫铁矿焙烧、硫酸、磷酸、硝酸生产等
电除尘器			○						除酸雾、石油裂化催化剂回收、氧化铝加工等
过滤式除尘器				○	△		△	△	喷雾干燥、炭黑生产、二氧化碳加工等
声波式除尘器					△	○	△	△	尚未普及应用

注：“○”指主要机理；“△”指次要机理。

根据含尘气体的特性，可以从以下几方面考虑除尘装置的选择和组合。

(1)若尘粒粒径较小，几微米以下粒径占多数时，应选用湿式除尘器、过滤式除尘器或电除尘式除尘器等；若粒径较大，10 μm 以上粒径占多数时，可用机械除尘器。

(2)若气体含尘浓度较高时，可用机械除尘；若含尘浓度低时，可采用文丘里洗涤器(因为其喉管的摩擦损耗不能太大，所以只适用进口含尘浓度小于 10 g/m^3 的气体除尘，过滤式除尘器也适用于低浓度含尘气体的处理)；若气体的进口含尘浓度较高，而又要求气体出口的含尘浓度低时，则可采用多级除尘器串联的组合方式除尘，先用机械式除尘器除去较大的尘粒，再用电除尘器或过滤式除尘器等，去除较小粒径的尘粒。

(3)对于黏附性强的尘粒，最好采用湿式除尘器，不宜采用过滤式除尘器(因为易造成滤布堵塞)。同时也不宜采用电除尘器(因为尘粒黏附在电极表面上将使电除尘器的效率降低)。

(4)如采用电除尘器，尘粒的电阻率应在 $10^4 \sim 10^{11}$ Ω · cm 范围内，一般可以预先通过温度、湿度调节或添用化学药品的方法，满足此一要求。如果不能达到这一范围要求时，则不宜采用电除尘器进行气体的除尘处理。另外，电除尘器只适用在 500 ℃以下的情况。

(5)气体的温度增高，黏性增大，流动时的压力损失增加，除尘效率也会下降。但温度太低，低于露点温度时，即使是采用过滤除尘器，也会有水分凝出，使尘粒易黏附于滤布上造成堵塞，故一般应在比露点温度高 20 ℃的条件下进行除尘。

(6)气体成分中如含有易爆、易燃的气体，如 CO，应将 CO 氧化为 CO_2 再进行除尘。

除尘技术的方法和设备种类很多，各具有不同的性能和特点，在治理颗粒污染物时要选择一种合适的除尘方法和设备，除需要考虑当地大气环境质量、尘的环境容许标准/排放标准、设备的除尘效率及有关经济技术指标外，还必须了解尘的特性，如它的粒径、粒度分布、形状、密度、比电阻、亲水性、黏性、可燃性、凝集特性，以及含尘气体的化学成分、温度、压力、湿度、黏度等。总之，只有充分了解所处理含尘气体的特性，又能充分掌握各种除尘装置的性能，才能合理地选择出既经济又有效的除尘装置。图 9-15 ~ 图 9-18 为几种常用除尘器示意图。

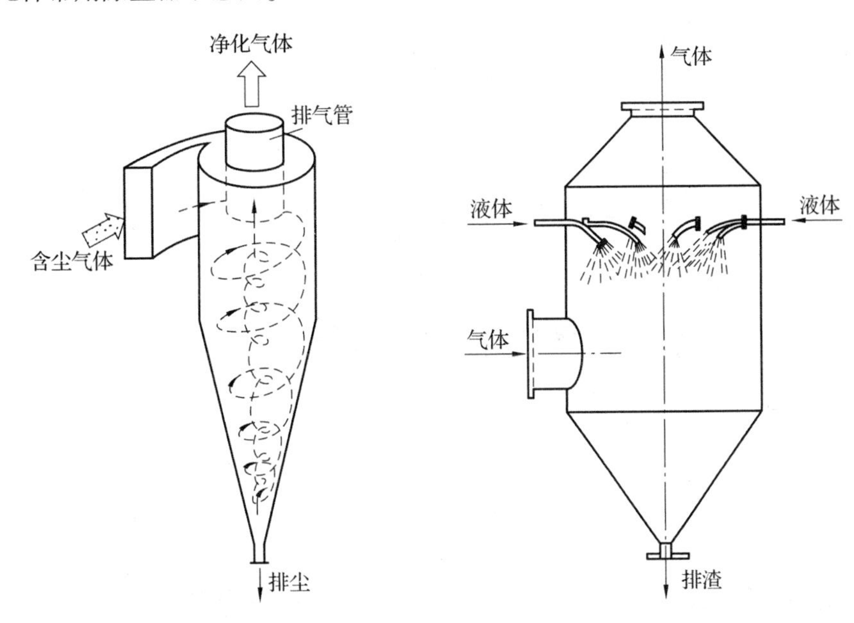

图 9-15　旋风式除尘器示意图　　　**图 9-16　空心重力喷淋塔示意图**

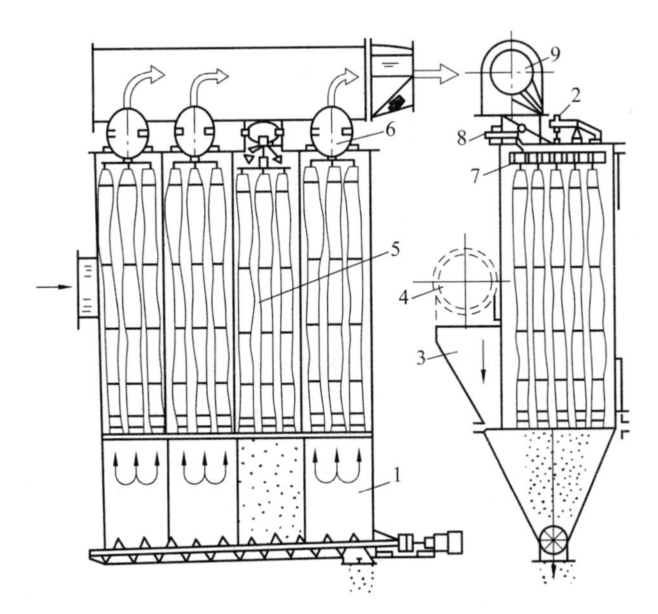

1—灰斗；2—机械振打部分；3—进气分布管道；4—进气管；5—滤袋；
6—主风道阀门；7—支撑吊架；8—反吹风阀门；9—排气管道。

图 9-17　带有振动及反吹清灰装置的多室袋式除尘器示意图

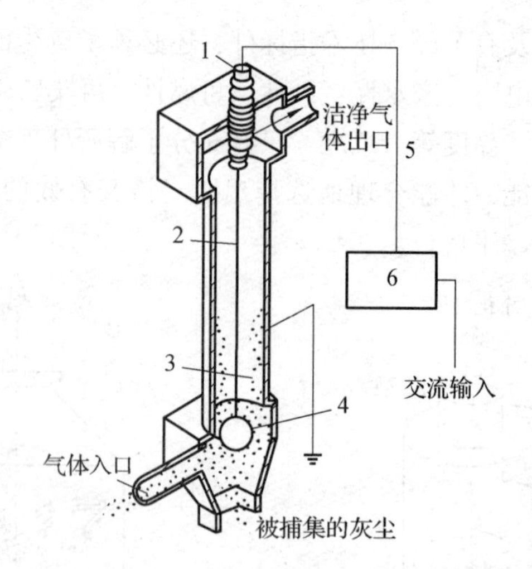

1—绝缘子；2—放电极；3—收尘极；4—重锤；5—高压电缆；6—高压电源

图 9-18　管式电除尘器示意图

二、气态污染物的处理技术

化学工业所排放废气中的主要污染物有二氧化硫、氮氧化物、氯化物、氟化物、碳化物及各种有机气体等。近年来，由于石油化工的迅速发展和大量利用含硫燃料作为能源，使得二氧化硫和氮氧化物对大气所造成的污染更为严重。

目前处理气态污染物的方法主要有吸收、吸附、冷凝和燃烧等。

(一) 吸收法

吸收是利用气体混合物中不同组分在吸收剂中溶解度的不同，或者与吸收剂发生选择性化学反应，从而将有害组分从气流中分离出来的过程。吸收法用于治理气态污染物，技术上比较成熟，实践经验比较丰富，适用性比较强，各种气态污染物如 SO_2、H_2S、HF、NO_x 等一般都可选择适宜的吸收剂和吸收设备进行处理，并可回收有用产品。因此，该方法在气态污染物治理方面得到广泛应用。

吸收法中所用吸收设备的主要作用是使气液两相充分接触，以便很好地进行传递。许多吸收设备与湿式除尘器设备是基本相似的。各种吸收装置的性能比较如表 9-4 所示。

表 9-4　各种吸收装置的性能比较

装置名称	分散相	气侧传质系数	液侧传质系数	所用的主要气体
填料塔	液	中	中	SO_2、H_2S、HCl、NO_2 等
空塔	液	小	小	HF、SiF、HCl
旋风洗涤塔	液	中	小	含粉尘的气体
文丘里洗涤塔	液	大	中	HF、H_2SO_4、酸雾
板式塔	气	小	中	Cl_2、HF
湍球塔	液	中	中	HF、NH_3、H_2S
泡沫塔	气	小	大	Cl_2、NO_2

用于净化操作的吸收器大多数为填料塔、板式塔或喷淋塔，它们的具体结构如图 9-19、图 9-20、图 9-21 所示。

填料塔内填充适当高度的填料(填料有环形、球形、旋桨形、栅板形等)，以增加两种流体间的接触表面。用作吸收剂的液体由塔的上部通过分布器进入塔内，沿填料表面下降。需要净化的气体则由塔的下部通过填料孔隙逆流而上与液体接触，气体中的污染物被吸收而达到气体净化的目的。

筛板塔内装若干层水平塔板，板上有许多小孔，其形状如筛，并装有溢流管(亦有无溢流管的)。操作时，液体由塔顶流入，经溢流管逐板下降，并在板上积有一层一定厚度的液膜。需要净化的气体由塔底进入，经筛孔上升穿过液层，鼓泡而出，因而两相可充分接触，气体中的污染物被吸收液所吸收而达到净化的目的。

喷淋塔内既无填料也无塔板，所以又称之为空心吸收塔。操作时液体由塔顶进入，经过安装在塔内各处的喷嘴，被喷成雾状或雨滴状；气体由塔底部进入塔体，在上升过程中与雾状或雨滴状的吸收液充分接触，使液体吸收气体中的污染物，而吸收后的吸收液由塔底流出，净化后的气体由塔顶排出。

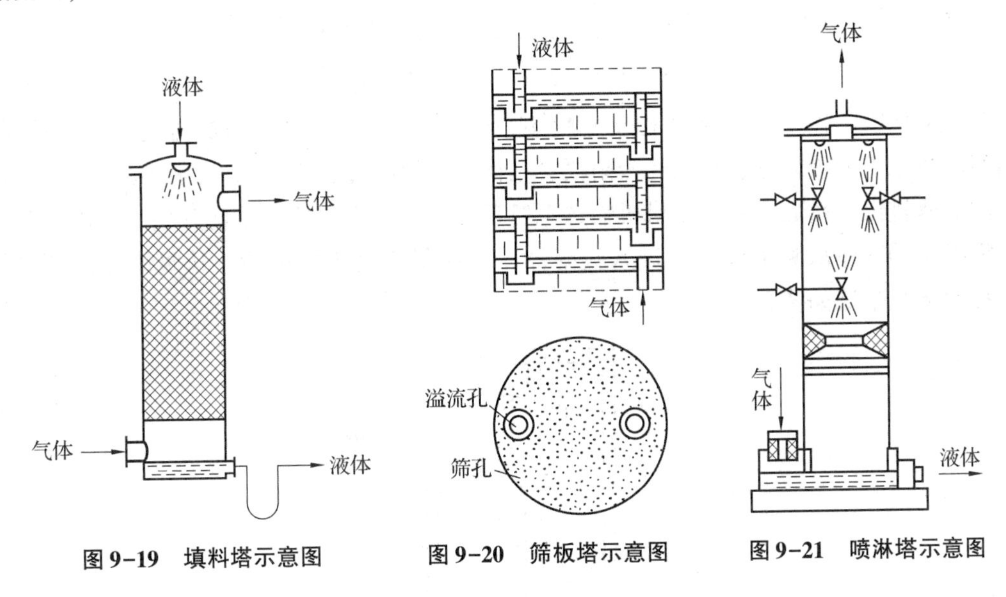

图 9-19　填料塔示意图　　**图 9-20　筛板塔示意图**　　**图 9-21　喷淋塔示意图**

(二)吸附法

气体混合物与适当的多孔性固体接触，利用固体表面存在的未平衡的分子引力或化学键力，把混合物中某一组分或某些组分吸留在固体表面上，这种分离气体混合物的过程称为气体吸附。由于吸附法具有分离效率高、能回收有效组分、设备简单、操作方便、易于实现自动控制等优点，其已成为治理环境污染物的主要方法之一。在大气污染控制中，吸附法可用于中低浓度废气的净化。

1. 吸附剂

常用的气体吸附剂有硅胶、矾土(氧化铝)、铁矾土、漂白土、分子筛、丝光沸石和活性炭等。在大气污染控制方面，应用最广的吸附剂是活性炭。

2. 吸附过程

吸附过程包括以下 3 个步骤：

(1)使气体和固体吸附剂进行接触，以便气体中的可吸附部分被吸附在吸附剂上；

(2)将未被吸附的气体与吸附剂分开；

(3)进行吸附剂的再生，或更换吸附剂。

3. 吸附设备

根据吸附器内吸附剂床层的特点，可将气体吸附器分为固定床、移动床和流化床 3 种类型。

固定床吸附器多为立式或卧式的空心容器，其中装有吸附剂。吸附过程中气体流动，而吸附剂固定不动。图 9-22 为卧式固定床吸附器示意图。

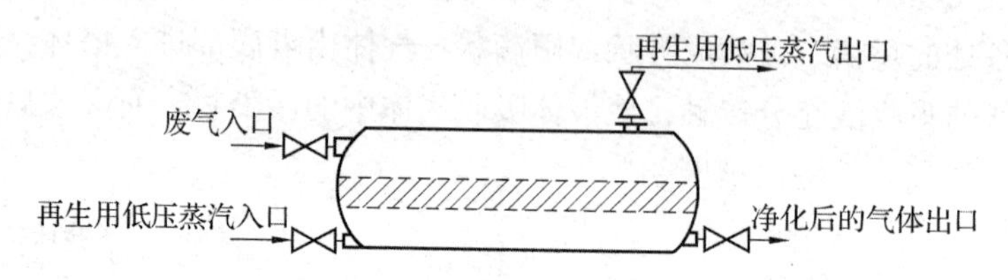

图 9-22　卧式固定床吸附器示意图

在移动床吸附器中，需要净化的气体和吸附剂各以一定的速度作逆流运动进行接触。吸附剂由塔顶进入吸附器，依次经吸附段、精馏段、解吸段，进入塔底的卸料装置，并以一定的流速排出，然后由升扬鼓风机输送至塔顶，再进入吸附器，重新开始上述的吸附循环。需净化的气体从吸附段底部进入吸附器，与吸附剂逆流接触后，从吸附段的顶部排出。移动床吸附器如图 9-23 所示。

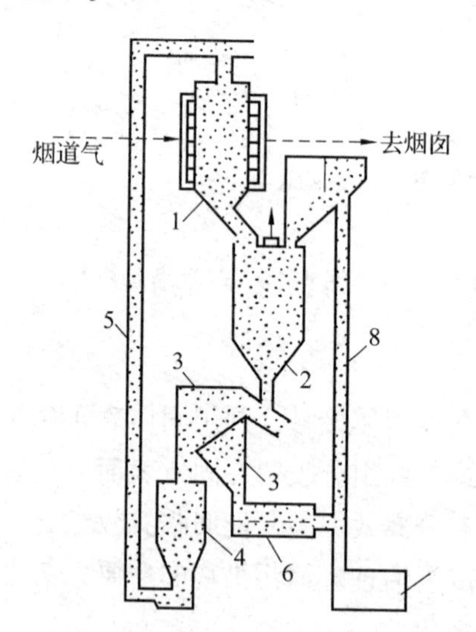

1—吸附器；2—脱附器；3—筛分机；4—活性炭冷却器；5—活性炭提升装置；
6—皮带运输机；7—燃烧炉；8—砂子提升立管。

图 9-23　移动床吸附器示意图

图 9-24 所示为流化床吸附塔，塔内吸附剂与净化气体逆流运动，吸附剂在筛板上处于流化状态。全塔分为两段，上段为吸附段，下段用热气流进行加热再生。再生后的吸附剂用空气提升至吸附塔顶进行循环使用。

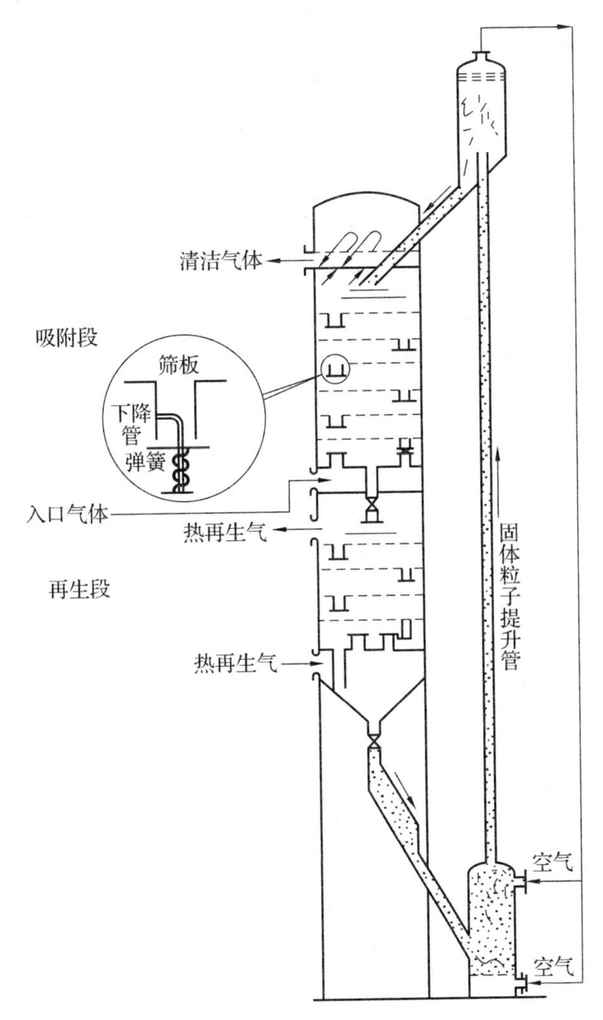

图 9-24　流化床吸附塔示意图

(三) 催化法

催化法是利用催化剂的催化作用，将废气中的气体有害物质转化为无害物质或易于去除的物质的一种废气治理技术。应用催化法治理污染物过程中，无须将污染物与主气流分离，可直接将有害物质转变为无害物质，这不仅可避免产生二次污染，而且可简化操作过程。此外，由于所处理的气体污染物的初始浓度都很低，反应的热效应不大，一般可以不考虑催化床层的传热问题，从而大大简化了催化反应器的结构。由于上述优点，促使了催化法净化气态污染物的推广和应用，目前此法已成为一项重要的大气污染治理技术。

绝大多数气体净化过程中所用的催化剂一般为金属盐类或金属，通常载在具有巨大表面积的惰性载体上。典型的载体为氧化铝、铁矾土、石棉、陶土、活性炭和金属丝等。

典型气体催化净化过程采用的转化装置是由一个接触器或反应器（通常称为转化器）所

组成，催化剂以单层或多层固定床形式排列装在管中或特殊结构的容器中。图 9-25 为转化器简图。转化器内装有催化剂，床层呈环状，中央有一气体导管。

(四)燃烧法

燃烧法是通过热氧化作用将废气中的可燃有害成分转化为无害物质的方法。例如，含烃废气在燃烧中被氧化成无害的 CO_2 和 H_2O。燃烧法已广泛应用于石油化工、有机化工、食品化工、涂料和油漆的生产、金属漆包线的生产、纸浆和造纸、动物饲养场、城市废物的干燥和焚烧处理等主要含有有机污染物的废气治理。该法工艺简单、操作方便，可回收含烃废气的热能。但处理可燃组分含量低的废气时，需预热耗能，应注意热能回收。

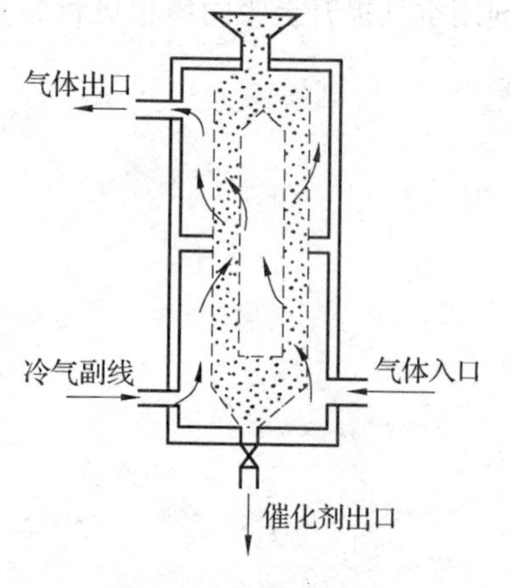

图 9-25　转化器简图

(五)冷凝法

冷凝法是利用物质在不同温度下具有不同饱和蒸气压这一性质，降低系统温度或提高系统压力，使处于蒸气状态的污染物冷凝并从废气中分离出来的过程。该法特别适用于处理污染物浓度在 10 000 cm^3/m^3 以上的有机废气。

冷凝法不适宜处理低浓度的废气，常作为吸附、燃烧等净化高浓度废气的前处理，以便减轻这些方法的负荷。

(六)生物法

废气的生物法处理是利用微生物的生命活动过程把废气中气态污染物转化成少害甚至无害的物质。与其他净化方法相比，生物法设备简单、费用低，并可以达到无害化目的。因此，生物处理技术被广泛地应用于废气治理工程中，特别是有机废气的净化，如屠宰场、肉类加工厂、金属铸造厂、固体废物堆肥化工厂的臭气处理。该法的局限性在于不能回收污染物质，只适用于污染物浓度很低的情况。

(七)膜分离法

混合气体在压力梯度作用下透过特定薄膜时，不同气体具有不同的透过速度，从而使气体混合物中的不同组分达到分离的效果。根据构成膜物质的不同，分离膜有固体膜和液体膜两种。目前在一些工业部门实际应用的主要是固体膜。膜分离法的优点是过程简单、控制方便、操作弹性大、并能在常温下工作，能耗低(因不耗相变能)。该法已用于石油化工、合成氨气中回收氢、天然气净化、空气中氧的富集，以及 CO_2 的去除与回收等。

第六节　化工废渣处理及其资源化

一、固体废弃物对环境的影响

固体废弃物由于产生量大，且综合利用少、占地多、危害严重，是我国的主要环境问题之一。

固体废弃物不仅占用了大量的土地，而且经过雨淋湿后会浸出有害物质，使土地毒化、酸化、碱化。固体废弃物对大气的污染也是极为严重的，如固体废弃物中的尾矿或粉煤灰，干污泥和垃圾中的尘粒将随风飞扬，进而移往远处；有些地区煤矸石含硫量高而自燃，像火焰山一样散发出大量的二氧化硫。化工和石油化工中的多种固体废弃物本身或在焚烧时能散发毒气和臭味，恶化周围的环境。

在固体废弃物的危害中，最为严重的是危险性废物的污染。易燃、易爆和腐蚀性、剧毒性废物，易造成突发性严重灾难，而且有毒性或潜在毒性的废弃物会造成持续性的危害。如美国纽约州的“拉夫”运河，20 世纪 50 年代曾埋进 80 多种化学废物，十余年后陆续出现水井变臭、儿童畸形、成年人患无名奇症等问题，曾迫使 200 余户搬迁，直至该区成为无人居住的“禁区”。

二、化工废弃物处理技术

化工废弃物的处理与处置包括处理、处置两个方面。化工废弃物处理是指通过物理、化学、物化、生物等不同方法，使化工废弃物转化成为适于运输、储存、资源化利用的物质，以及最终处置的一种过程。化工废弃物的处理方法主要有物理处理、物化处理、化学处理、生物处理 4 种，如表 9-5 所示。以下简要介绍化工废弃物常用的处理方法。

表9-5 化工废弃物常用的处理方法

化工废弃物综合利用及处理方法		
	物理法	筛选法
		重力分选法
		磁选法
		电选法
		光电分选法
		浮选法
	物理化学法	析离法
		烧结法
		挥发法
		蒸馏法
		汽提法
		萃取法
		电解法
	化学法	溶解法
		浸出法
		化学处理法
		热解法
		焚烧法
		湿式氧化法
	生物化学法	细菌浸出法
		消化法
	其他	浓缩干化
		代燃料
		填地
		农用
		建材

1. 压实

压实亦称压缩，指用物理方法提高固体废弃物的聚集程度，增大其在松散状态下的单位体积质量，减少固体废弃物的体积，以便于利用和最终处置。

目前，压实处理技术在我国还未广泛使用。压实处理的主要机械设备为压实器。

2. 破碎

破碎指用机械方法将废弃物破碎，减小颗粒尺寸，使之适合于进一步加工或能经济地再处理。破碎往往作为运输、储存、焚烧、热分解、熔融、压缩、磁选等的预处理过程。按破碎的机械方法不同，破碎分为剪切破碎、冲击破碎、低温破碎、湿式破碎和半湿式破碎等。

（1）剪切破碎是靠机械的剪切力（固定刀和可活动刀之间的啮合作用）将固体废弃物破碎至适宜尺寸的过程。这种处理技术当前已广泛使用于金属、木质、塑料、橡胶、纸等许多固体废弃物的破碎。

(2)冲击破碎是靠打击锤(或打击刃)与固定板(或打击板)之间的强力冲击作用将固体废弃物破碎的过程。这种处理技术主要适用于废玻璃、瓦砾、废木质、塑料及废家用电器等固体废弃物的处理。用于固体废弃物处理的冲击破碎机多数属旋转式，最常用的是锤式破碎机。

(3)低温破碎是利用固体废弃物低温变脆的性质而进行有效破碎的方法，主要适用于处理废汽车轮胎、包覆、电线、废家用电器等，通常采用液氮作致冷剂。

(4)湿式破碎是基于纸浆在水力作用下发生浆化的原理，因而可将废物处理与制浆造纸结合起来，主要通过湿式破碎机破碎。如图 9-26 所示，湿式破碎机为一圆形立式转筒装置，底部有许多筛眼，转筒内装有 6 只破碎刀，垃圾中的废纸投入转筒后，因受大水量的激流搅动和破碎刀的破碎形成浆状，浆体由底部筛孔流出，经固液分离器把其中的残渣分出，纸浆送到纤维回收工段，分离出纤维素后的有机残渣与城市下水污泥混合脱水至 50%，送去焚烧炉焚烧处理，回收废热。在破碎机内未能粉碎和未通过筛板的金属、陶瓷类物质从机器的侧口排出，通过提斗送到传送带上，在传送过程中用磁选器将铁和非铁类物质分开。

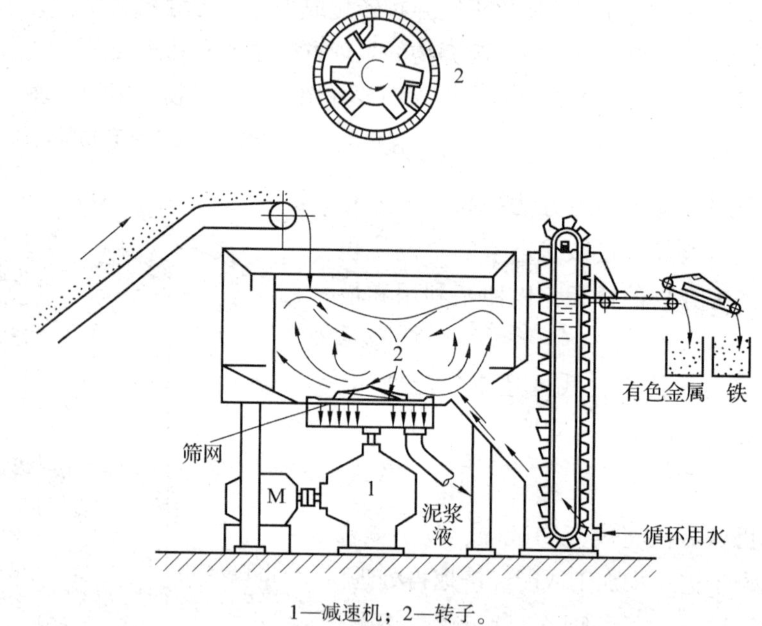

1—减速机；2—转子。

图 9-26　湿式破碎机

(5)半湿式选择破碎是基于废弃物中各种组分的耐剪切、耐压缩、耐冲击性能的差异，采用半湿式方法(加少量的水)在特制的具有冲击、剪切作用的装置中，对废物作选择性破碎的一种技术。半湿式选择破碎机如图 9-27 所示，物料在半湿式选择破碎机中的选择破碎和分选分三级进行。物料投入后，刮板首先将垃圾组分中的玻璃、陶瓷、厨余等性质脆而易碎的物质破碎成细粒、碎片，通过第一阶段的筛网分离出去。分出的第一组物质采用磁力分选、风力分选设备分别去除废铁、玻璃、塑料等得到堆肥原料，剩余垃圾进入滚筒。第二阶段，垃圾组分继续受到刮板的冲击和剪切作用，具有中等强度的纸类物质被破碎，从第二阶段筛网排出。分出的第二组物质采用分选设备先去除长形物，然后用风力分选器将相对密度大一些的厨余类和相对密度小的纸类分开。残余的垃圾在滚筒内继续受到刮板的冲击和剪切作用而破碎，从滚筒的末端排出，其主要成分为延伸性大的金属，塑料、纤维、木材、橡胶、皮革等物质。第三组物质的分选设备由磁选机和剪切机组成，剪切机把原料剪切到合乎热分解气化要求的粒度，然后利用其相对密度的差异，进一步将金属类废料和非金属类废料分开。

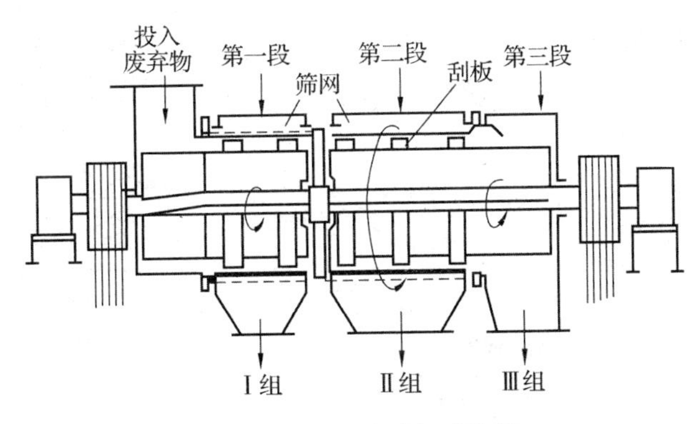

图 9-27 半湿式选择破碎机

3. 分选

分选主要是依据各种废弃物物理性能的不同进行分选处理的过程。分选的方法主要有筛分、重力分选、磁力分选、浮力分选等。

(1)筛分是利用固体废弃物之间的粒度差，通过一定孔径筛网上的振动来分离物料的一种操作方法，以把可以通过筛孔的和不能通过筛孔的粒子群分开。该技术已经在固体废弃物资源回收和利用方面得到广泛应用。

(2)重力分选是利用混合固体废弃物在介质中的相对密度差进行分选的。分选的介质可以是空气、水，也可以是重液、重悬液等，进而可分为风力分选、重液分选等几种形式。

风力分选是基于固体废弃物颗粒在风力作用下，相对密度大的沉降末速度大、运动距离比较近，相对密度小的沉降末速度小、运动距离比较远的原理，对不同相对密度的物质加以分选。

重液分选是将两种密度不同的固体废弃物放在相对密度介于两者之间的重介质中，使轻固体颗粒上浮、重固体颗粒下沉，从而进行分选的一种方法。重介质主要有固体悬浮液、氯化钙水溶液、四溴乙烷水溶液等。该方法在国外用于从废金属混合物中回收铝，已达到实用化程度。

(3)磁力分选是基于固体废弃物的磁性差异达到分选效果的一种技术。它是通过设置在输送带下端的一种磁鼓式装置来实现的：被破碎的废弃物通过皮带运输机传送到另一预处理装置时，下落废弃物中的碎铁渣被磁分选机吸在磁鼓装置上，从而得到优质的碎铁渣。

(4)静电分离技术是利用各种物质的电导率、热电效应及带电作用不同而分离被分选物料的方法，用于各种塑料、橡胶和纤维纸、合成皮革与胶卷等物质的分选。

(5)光电分离技术是利用物质表面光反射特性的不同而分离物料的方法。先确定一种标准的颜色，让含有与标准颜色不同颜色的粒子混合物经过光电分离器，在下落过程中，当照射到和标准颜色不同的物质粒子时，改变了光电放大管的输出电压，经电子装置增幅控制，瞬间地喷射压缩空气而改变异色粒子的下落方向。这样将与标准颜色不同的物质被分离出来，其工作原理如图 9-28 所示。

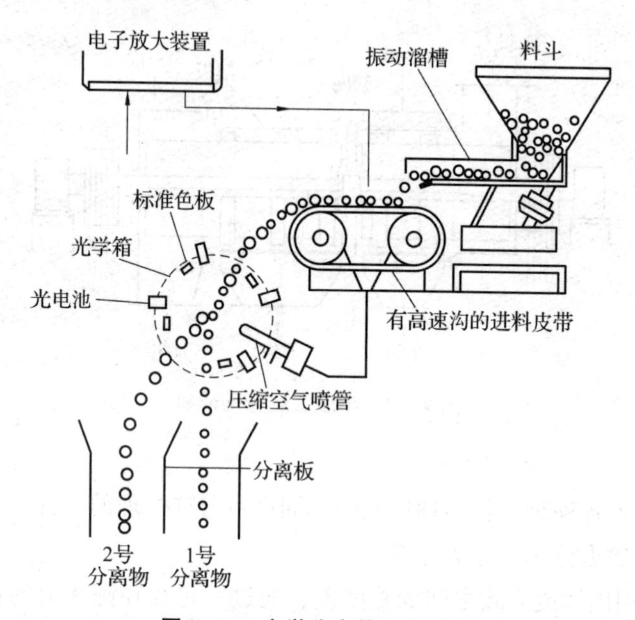

图 9-28 光学分离的工作原理

4. 固化技术

固化技术是指通过物理或化学法，将废弃物固定或包含在坚固的固体中，以降低或消除有害成分的溶出特性。目前，根据废弃物的性质、形态和处理目的可供选择的固化技术有以下 5 种方法，即水泥基固化法、石灰基固化法、热塑性材料固化法、高分子有机物聚合稳定法和玻璃基固化法，如表 9-6 所示。

表 9-6 固化技术及其比较

方 法	要 点	特 点
水泥基固化法	将有害废弃物与水泥及其他化学添加剂混合均匀，然后置于模具中，使其凝固成固化体，将经过养性后的固化体脱模，经取样测试浸出结果，若有害成分含量低于规定标准，便达到固化目的	方法比较简单，稳定性好，体积和质量增大；有可能作建筑材料，对固化的无机物，如氧化物可互容，硫化物可能延缓凝固和引起破裂，除非是特种水泥，卤化物易从水泥中浸出，并可能延缓凝固，重金属互容，放射性废物互容

续表

方法	要点	特点
石灰基固化法	将有害废弃物与石灰及其他硅酸盐类，并配以适当的添加剂混合均匀，然后置于模具中，使其凝固成固化体，将经过养性后的固化体脱模，经取样测试浸出结果，若有害成分含量低于规定标准，便达到固化目的	方法简单，固化体较为坚固，对固化的有机物，如有机溶剂和油等多数抑制凝固，可能蒸发逸出；对固化的无机物，如氧化物互容，硫化物互容，卤化物可能延缓凝固并易于浸出，重金属互容，放射性废物互容
热塑性材料固化法	将有害废弃物同沥青、柏油、石蜡或聚乙烯等热塑性物质混合均匀，经过加热冷却后使其凝固而形成塑胶性物质的固化体	该法与前两种方法相比，固化效果更好，但费用较高，只适用于某种处理量少的剧毒废弃物。对固化的有机物，如有机溶剂和油，则有机物在加热条件下，可能蒸发逸出。对固化的无机物的硝酸盐、次氯化物、高氯化物以及其他有机溶剂等则不能采用此法，但与重金属、放射性废弃物互容
高分子有机物聚合稳定法	将高分子有机物如脲醛等与不稳定的无机化学废弃物混合均匀，然后将混合物经过聚合作用而生成聚合物	此法与其他方法相比，只需少量的添加剂，但原料费用较昂贵，不适于处理酸性以及有机废弃物和强氧化性废弃物，多数用于体积小的无机废弃物
玻璃基固化法	将有害废弃物与硅石混合均匀，经高温熔融冷却后而形成玻璃固化体	该法与其他方法相比，固化体性质极为稳定，可安全地进行处理，但处理费用昂贵，只适于处理极有害的化学废弃物和强放射性废物

5. 焚烧

焚烧是让废物在高温下(800～1 000 ℃)燃烧，使其中的化学活性成分被充分氧化分解，留下的无机成分(灰渣)被排出，在此过程中废弃物的容积减少，毒性降低，同时可达到回收热量及副产品的双重功效。城市垃圾的焚烧已成为城市垃圾处理的三大方法之一，焚烧有以下优点：

(1)减容(量)效果好，占地面积小，基本无二次污染，且可以回收热量；

(2)焚烧操作是全天候的，不受气候条件所限制；

(3)焚烧是一种快速处理方法，使用传统的焚烧炉，垃圾只需在炉中停留 1 h 即可变成稳定状态，

(4)焚烧的适用面广，除可处理城市垃圾以外，还可处理许多种其他有毒废弃物；

当然焚烧处理也存在一些问题：

(1)基础建设投资大，占用资金期较长；

(2)对固体废弃物的热值有一定的要求；

(3)会排放一些不能够从烟气中完全除去的污染气体；

(4)操作和管理要求较高。

6. 热解技术

热解技术是在氧分压较低的条件下，利用热能使可燃性化合物的化合键断裂，由大相对分子质量的有机物转化成小相对分子质量的燃料气体、油、固形碳等。

热解法和其他方法相比，有以下优点：

(1)因热解是在氧分压较低的还原条件下进行，因此产生的 NO_x、SO_2、HCL 等二次污染较少，生成的燃料气或油能在低空气比下燃烧，因此废气量比较少，对大气造成的二次污染也不明显；

(2)能够处理不适于焚烧的难处理固体废弃物；

(3)热解残渣中，腐败性有机物含量少，能防止填埋厂的公害，排出物密度高，废物被大大减容，而且灰渣被熔融，能防止重金属类溶出；

(4)能量转换成有价值的、便于储存和运输的燃料。

7. 堆肥技术

堆肥技术是依靠自然界广泛分布的细菌、放线菌、真菌等微生物，人为地促进可被生物降解的有机物向稳定的腐殖质转化的生物化学过程。堆肥化的产物称为堆肥，可作为土壤改良剂和肥料，从而防止有机肥力减退，维持农作物长期的优质高产。因而这种方法越来越受到重视，成为处理城市生活垃圾的一种主要方法。

堆肥按需氧程度区分，有好氧堆肥和厌氧堆肥；按温度区分，有中温堆肥和高温堆肥；按技术区分，有露天堆肥和机械密封堆肥。习惯上使用第一种分类方法。

第七节　化工清洁生产

一、清洁生产的由来

随着工业化的发展，进入自然生态环境的废弃物和污染物越来越多。20 世纪 70 年代以来，面对环境的日益恶化，世界各国不断增加投入，治理生产过程中所排放出来的废气、废水和固体废弃物，以减少对环境的污染，保护生态环境，这种污染控制战略被称为末端处理。末端处理虽然在某种程度上能减轻部分环境污染，但并没有从根本上改变全球环境恶化的趋势。在实践中，人们逐渐认识到被动式的末端处理为主的污染控制战略必须改变，否则环境问题将难以得到根本的解决。为此，联合国环境规划署理事会于 1989 年 5 月做出了关于环境无害化技术的决定。

1990 年 10 月，在英国坎特伯雷清洁生产研讨会上，联合国环境规划署工业与环境中心推出了清洁生产计划。从此以后，清洁生产的发展势头越来越猛。清洁生产其核心是改变以往依赖末端处理的思想，以污染预防为主，推行清洁生产是实现可持续发展战略的重要举措。

二、什么是清洁生产

清洁生产是一个相对的、抽象的概念，没有统一的标准。因此，清洁生产的定义因时间的推移而不断发生变化，使其更为科学、更为完整，并且更具有现实的可操作性。1996年，联合国环境规划署在1989年定义的基础上对清洁生产的概念进行了重新定义：

清洁生产是指将整体预防的环境战略持续应用于生产过程、产品和服务中，以期增加生态效率并减少对人类和环境的风险。

对生产过程，清洁生产包括节约原材料、淘汰有毒原材料、减/降所有废物的数量和毒性；对产品，清洁生产战略旨在减少从原材料的提炼到产品的最终处置的全生命周期的不利影响；对服务，要求将环境因素纳入设计和所提供的服务中。

清洁生产战略的基本要素如图9-29所示。

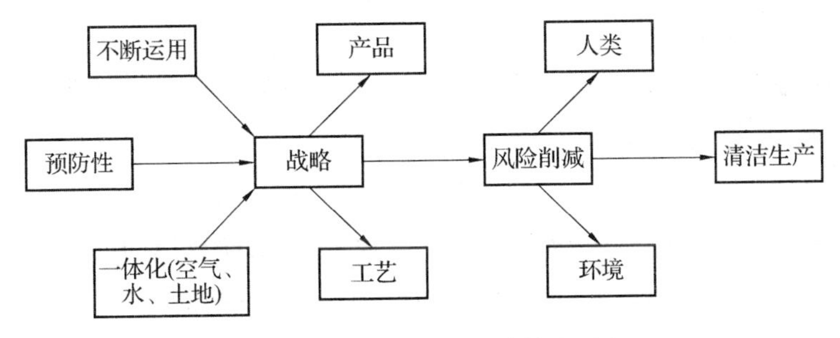

图9-29 清洁生产战略的基本要素

清洁生产主要包括以下内容。

1)清洁的能源

①常规能源的清洁利用，如采用洁净煤技术，逐步提高液体燃料、天然气的使用比例；②可再生能源的利用，如水力资源的充分开发和利用；③新能源的开发，如太阳能、生物质能、风能、潮汐能、地热能的开发和利用；④各种节能技术和措施等，如在能耗大的化工行业采用热电联产技术，提高能源利用率。

2)清洁的生产过程

①尽量少用、不用有毒有害的原料；②无毒、无害的中间产品；③减少或消除生产过程的各种危险性因素，如高温、高压、低温、低压、易燃、易爆、强噪声、强振动等；④少废、无废的工艺；⑤高效的设备；⑥物料的再循环(厂内、厂外)；⑦简便、可靠的操作和控制；⑧完善的管理等等。

3)清洁的产品

①节约原料和能源，少用昂贵和稀缺原料，利用二次资源作原料；②产品在使用过程中以及使用后不含有危害人体健康和生态环境的因素；③易于回收、复用和再生；④合理包装；⑤合理的使用功能(以及具有节能、节水、降低噪声的功能)和合理的使用寿命；⑥产品报废后易处理、易降解等。

三、化工清洁生产的途径

实现清洁生产的主要途径可以归纳如下：

(1)实现资源的综合利用，采用清洁的能源；

(2)改革工艺和设备，采用高效设备和少废、无废的工艺；

(3)组织厂内的物料循环；

(4)改进操作，加强管理，提高操作工人的素质；

(5)革新产品体系，如在农药产品上应开发低毒高效产品；

(6)采取必要的末端“三废”处理；

(7)组织区域范围内的清洁生产。

这些途径可以单独实施，也可以相互组合，要根据实际情况来确定。

四、清洁生产面临的障碍和实施步骤

(一)清洁生产面临的障碍

清洁生产作为刚刚兴起的新鲜事物，在实施过程中难免遇到各式各样的阻力，其障碍主要来自环保意识、经济能力、技术及政策等方面。

1. 环保意识障碍

企业领导往往过于强调生产，对清洁生产计划所需的时间和努力不够重视，中小企业尤其如此。如果法律上无规定，工业界内部一般不愿意促进清洁生产。一般企业是等待强制性立法，而不是主动改革。

2. 经济能力障碍

①自然资源、水、电等的低定价以及目前丰富的可得性，抑制了企业实施废物最少化的动力。②企业财力有限，对清洁生产的投资少，金融机构、银行等对资助成本密集的废物最少化措施(尤其是那些偿还期较长的措施)的兴趣不足，使企业难于开展清洁生产。③由于减少污染而自然产生的效益往往不是明显的，故企业没有把环境成本计入废物最少化措施的经济分析中，而只根据直接经济回报和近期财政收益计算。④与生产有关的财政鼓励措施盛行，也成为实施清洁生产的绊脚石。

3. 技术障碍

①企业缺乏开展研究所需的内部基础设施，即厂内监测仪器、分析设施等，阻碍清洁生产的研究。②企业职工缺乏其岗位技能的系统培训，企业内部无法独立承担废物最少化计划。③技术信息利用渠道有限，清洁工艺本身又常常是针对具体装置或生产而开发的，对大部分企业不适用。④企业出于战略考虑或者专利保护，而故意保密清洁工艺，成熟的清洁工艺往往难于推广。

4. 政策障碍

①资源的定价政策不合理(如工业用水、煤的定价太低)，企业不能从大多数节水、节能等措施中得到合理的经济回报。②强调末端管理办法，主管部门仍然只强调达到规定的排放标准，排污收费偏低。③市场经济导致企业产品的不确定性，企业不愿意实施中长期废物削减措施。

(二)促进清洁生产的手段

要排除清洁生产实施过程中的障碍，还是有计可施的。

1. 要制定足够的清洁生产政策

政府部门要适当地立法及有效地执法。制定激励开展清洁生产的经济政策，更多地运用市场规律及消费者压力，使资源的价格更合理，提高排污收费标准，要使很少作出清洁生产努力的企业不能得到竞争优势。对实施清洁生产计划提供长期、稳定的财政援助，让实施清洁生产的企业享有更多财政机会。在能源利用上，要推行清洁能源政策，由煤炭逐步改成燃气、电力等清洁能源。制定清洁生产目标，把清洁生产纳入管理范围。加强环境审计，作废物最少化评价，发放排污许可证，把排污目标及污染收费列入许可证。在一定程度上影响工业界的战略决策。

2. 加强清洁生产技术和装备方面的研究及推广

政府部门和企业要大力支持清洁生产技术和装备方面的研究和开发，加强国际间及国内的技术交流，建立计算机技术网络，使政府人员、企业管理和科技人员及时了解高质量、最新的清洁生产信息。建立国家清洁生产技术中心，建立清洁生产示范项目，用成功的清洁生产案例充分显示运用清洁生产的优势。

开展清洁生产技术和装备方面的研究，还应注意将其推广应用到工业生产实践中去。例如，我国的无氰电镀工艺极大地改善了工作环境和劳动条件，而且消除了剧毒氰化物的使用和排放。

3. 加强宣传教育

清洁生产是工业发展的一种新模式，贯穿产品的生产和消费的全过程，不单纯是一个生产技术的问题，而是一个复杂的系统工程。因此，要实现清洁生产，首先要开展以清洁生产促进可持续发展意义的宣传和培训，增强公众对清洁生产概念的了解。通过宣传争取工业界的理解、支持与合作。宣传对象还应包括银行及金融机构，必须使他们了解清洁生产及其经济回报、较低的债务风险和信贷风险，以及他们在清洁生产中发挥的作用，把清洁生产列入他们的贷款要求中。

4. 加强人员培训

进行岗位示范培训，提高职工的操作技能和环保意识。特别是要加强针对企业领导人和工程设计人员、清洁生产审核人员的培训。

5. 研究和开发无污染或少污染、低消耗的清洁生产工艺和产品

鼓励采用清洁生产方式使用能源和资源，提高能源和资源的使用效率，特别鼓励可再生资源、能源的使用。生产过程中尽可能使用如太阳能、电能等无污染和少污染的一次和二次原料；采用物料闭路循环、废物综合利用等工艺流程和措施。

6. 发展绿色产品

改进产品设计，调整产品结构，更新、替代有害环境的产品，大力发展绿色产品，特别要促进具有环境保护标志产品的生产与使用。如 1984 年，我国停止生产占农药产量 60% 以上的六六六、DDT，开发了高效、低毒、低残留的新农药。目前，我国又投入大量的资金用于研究生物可降解的农用薄膜，以期替代目前农村广泛使用的生物难以降解的聚

乙烯农用薄膜。

7. 发展环境保护技术

发展环境保护技术，搞好末端处理。为实现有效的末端处理，必须努力开发一些处理效果好、占地面积少、投资省、见效快、可回收有用物质等的实用先进环境保护技术。

（三）实施清洁生产的步骤

1. 转变观念

实施清洁生产的首要问题是转变观念，把"预防"真正放在首位。实施清洁生产是一项涉及各个方面工作的系统工程，除环保部门要起一定作用外，企业的领导一定要充分重视，肯花大力气抓，发动计划、财务、科研、技术、设备、生产等部门共同参与。要通过宣传教育，使各级领导和职工明白清洁生产的概念和重大意义，只有实施清洁生产才能真正实现经济、社会、环境三个效益的统一，同时也是企业生存和发展的必经之路。

2. 环境审计

企业环境审计是推行清洁生产、实行全过程污染控制的核心。环境审计包括现场工艺查定、物料能源平衡、污染源排序、污染物产生原因的初步分析等，以及积极推行 ISO 14000 评估。

3. 产生备选方案

通过转变观念和进行环境审计，广泛征求技术、管理、生产部门对来自生产全过程各环节的废物削减合理化建议和措施，从主/客观各种因素、技术复杂程度、投资费用高低等方面进行综合分析，产生备选方案。

4. 确定实施方案

备选方案产生后进行技术、环境和经济方面的评估，确定最佳实施方案。

（1）技术评估。从技术的先进性、可行性、成熟程度，对产品质量的保证程度、生产能力的影响、操作的难易性、设备维护等方面进行评估。

（2）环境评估。方案实施后，对生产中的能耗变化，污染物排放量和形式变化，毒性变化，是否增加二次污染，可降解性、可回用性的变化和对环境影响程度，是否有污染物转移的可能性等进行综合评估。对能够使污染物明显减少，尤其能使困扰企业生产发展的环境问题有所缓解的清洁生产方案应予优先选择。

（3）经济评估。通过对各备选方案的实施中所需的投资与各种费用，实施后所节省的费用、利润以及各种附加效益的评估，选择最少消耗和取得最佳经济效益的方案，为合理投资提供决策依据。

经上述技术、环境、经济等方面的综合评估，选择出一种切实可行的最佳方案。方案一旦选定，即开始落实资金，组织实施。最终还需要总结评价清洁生产方案的实施效果。

参考文献

[1] 温路新. 化工安全与环保[M]. 北京：科学出版社，2014.

[2] 蒋军成. 化工安全[M]. 北京：机械工业出版社，2008.

[3] 徐国财. 化工安全导论[M]. 北京：化学工业出版社，2010.

[4] 朱宝轩. 化工安全技术基础[M]. 北京：化学工业出版社，2008.

[5] 李振花. 化工安全概论[M]. 北京：化学工业出版社，2017.

[6] 许文. 化工安全工程概论[M]. 北京：化学工业出版社，2011.

[7] 范小花. 危险化学品安全管理[M]. 北京：石油工业出版社，2015.

[8] 闫晓琦. 危险化学品的分类分项及法律体系[M]. 天津：南开大学出版社，2015.

[9] 邵辉. 化工安全[M]. 北京：冶金工业出版社，2015.

[10] 崔克清，张礼敬，陶刚. 化工安全设计[M]. 北京：化学工业出版社，2004.

[11] 陆春荣，王晓梅. 化工安全技术[M]. 苏州：苏州大学出版社，2009.

[12] 刘作华. 化工安全技术[M]. 重庆：重庆大学出版社，2018.

[13] 中华人民共和国应急管理部. 危险化学品企业安全风险隐患排查治理导则[Z]. 2019.

[14] 中华人民共和国应急管理部. 化工园区安全风险排查治理导则(试行)[Z]. 2019.

[15] 国家安全生产监督管理总局. 生产经营单位安全培训规定[Z]. 2013.

[16] 国家安全生产监督管理总局. 国家安全监管总局关于印发危险化学品从业单位安全生产标准化评审标准的通知[Z]. 2011.

[17] 全国人大常委会. 中华人民共和国安全生产法[Z]. 2014.

[18] 国家安全生产监督管理总局. 安全监管总局关于加强化工过程安全管理的指导意见[Z]. 2013.

[19] 国家安全生产监督管理总局. 安全生产事故隐患排查治理暂行规定[Z]. 2007.

[20] 刘彦伟，朱兆华，徐丙根. 化工安全技术[M]. 1版. 北京：化学工业出版社，2012.

[21] 毕明树，周一卉，孙洪玉. 化工安全工程[M]. 北京：化学工业出版社，2014.

[22] 国家安全生产监督管理总局. 首批重点监管的危险化工工艺安全控制要求　重点监控参数及推荐的控制方案[Z]. 2009.

[23] 国家安全生产监督管理总局. 国家安全监管总局关于公布第二批重点监管危险化工工艺目录和调整首批重点监管危险化工工艺中部分典型工艺的通知[Z]. 2013.

[24] 赵亮，吴捷. 建设项目“三同时”现状剖析及思考[J]. 现代营销(下旬刊)，2018

(03)：152.
[25] 刘宝龙. 建设项目职业病危害评价[M]. 北京：煤炭工业出版社，2013.
[26] 中华人民共和国国务院. 危险化学品安全管理条例[Z]. 2011.
[27] 国家安全生产监督管理总局. 危险化学品生产企业安全生产许可证实施办法[Z]. 2011.
[28] 蒋军成，王志荣. 工业特种设备安全[M]. 2 版. 北京：机械工业出版社，2019.
[29] 陆廷康，陆荣根. 特种设备安全技术[M]. 上海：同济大学出版社，2003.
[30] 杨启明. 压力容器与压力管道安全评价[M]. 北京：机械工业出版社，2008.
[31] 陈长宏，吴恭平. 压力容器安全与管理[M]. 2 版. 北京：化学工业出版社，2015.
[32] 田宏. 消防安全技术与管理[M]. 西安：陕西科学技术出版社，2008.
[33] 刘双跃，刘天琪. 消防安全技术实务[M]. 北京：冶金工业出版社，2016.
[34] 田国勇. 消防与安全[M]. 成都：四川人民出版社，2009.
[35] 李云霞，吴春荣，谢飞. 消防基础知识教程：初级[M]. 天津：天津科学技术出版社，2011.

附录　安全标志

（一）通用安全标志

禁止吸烟

禁止烟火

禁止带火种

禁止用水灭火

禁止放易燃物

禁止启动

禁止合闸

禁止转动

禁止触摸

禁止跨越

禁止攀登

禁止跳下

禁止入内

禁止停留

禁止通行

禁止靠近

禁止吊篮乘人

禁止堆放

禁止抛物

禁止戴手套

禁止穿化纤服装

禁止穿带钉鞋

禁止饮用

注意安全

当心火灾

当心爆炸

当心腐蚀

当心中毒

当心感染

当心触电

当心电缆

当心机械伤人

当心伤手

当心扎脚

当心吊物

当心坠落

当心落物

当心坑洞

当心烫伤

当心弧光

当心塌方

当心冒顶

当心瓦斯

当心电离辐射

当心裂变物质

当心激光

当心微波

当心车辆

当心火车

当心滑跌

当心绊倒

必须戴防护眼镜

必须戴防护眼镜

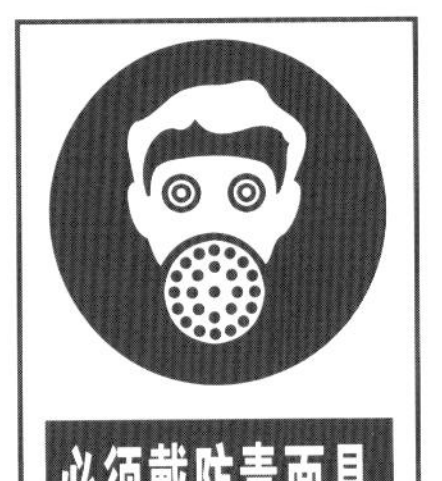

必须戴防毒面具

必须戴防尘口罩

必须戴防护耳器

必须戴安全帽

必须戴防护帽

必须戴防护手套

必须穿防护鞋

必须系安全带

必须穿救生衣

必须穿防护服

必须加锁

紧急出口A

紧急出口B

可动火区

避险处

(二)消防安全标志

消防手动启动器

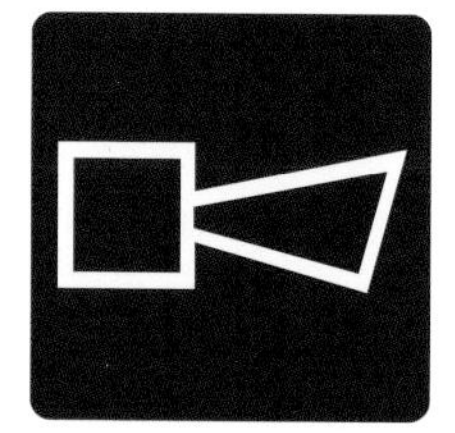
发声警报器

火警电话

滑动开门A

滑动开门B

推开

拉开

击碎板面

禁止阻塞

禁止锁闭

灭火设备

灭火器

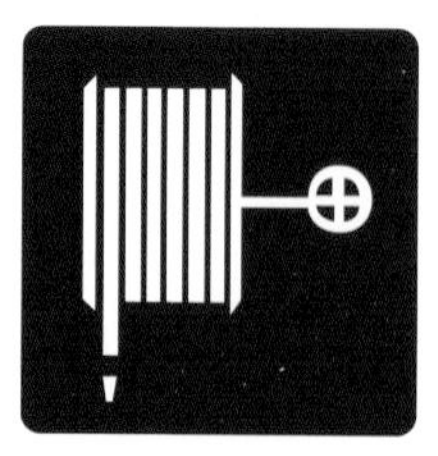
消防水带

地下消火栓

地上消火栓

消防水泵接合器

消防梯

当心火灾——氧化物

当心火灾——易燃物质

当心爆炸——爆炸物质